Beiträge zur Graphischen Datenverarbeitung

Herausgeber:
Zentrum für Graphische Datenverarbeitung e.V., Darmstadt (ZGDV)

Herausgeber:
Zentrum für Graphische Datenverarbeitung e.V., Darmstadt (ZGDV)

Beiträge zur Graphischen Datenverarbeitung

J. Encarnaçao (Hrsg.): Aktuelle Themen der Graphischen Datenverarbeitung. IX, 361 Seiten, 84 Abbildungen, 1986

G. Mazzola, D. Krömker, G. R. Hofmann: Rasterbild – Bildraster. Anwendung der Graphischen Datenverarbeitung zur geometrischen Analyse eines Meisterwerks der Renaissance: Raffaels „Schule von Athen". XV, 80 Seiten, 60 Abbildungen, 1987

W. Hübner, G. Lux-Mülders, M. Muth: THESEUS. Die Benutzungsoberfläche der UNIBASE-Softwareentwicklungsumgebung. X, 391 Seiten, 28 Abbildungen, 1987

M. H. Ungerer (Hrsg.): CAD-Schnittstellen und Datentransferformate im Elektronik-Bereich. VII, 120 Seiten, 77 Abbildungen, 1987

H. R. Weber (Hrsg.): CAD-Datenaustausch und -Datenverwaltung. Schnittstellen in Architektur, Bauwesen und Maschinenbau. VII, 232 Seiten, 112 Abbildungen, 1988

H. R. Weber (Hrsg.)

CAD-Datenaustausch und -Datenverwaltung

Schnittstellen in Architektur,
Bauwesen und Maschinenbau

Mit 112 Abbildungen

Springer-Verlag
Berlin Heidelberg New York
London Paris Tokyo

Reihenherausgeber:

ZGDV, Zentrum für Graphische Datenverarbeitung e.V.
Wilhelminenstraße 7, D-6100 Darmstadt

Bandherausgeber:

Helmut Richard Weber
ZGDV, Wilhelminenstraße 7, D-6100 Darmstadt

ISBN-13:978-3-540-18826-1   e-ISBN-13:978-3-642-73373-4
DOI: 10.1007/978-3-642-73373-4

CIP-Kurztitelaufnahme der Deutschen Bibliothek.
CAD-Datenaustausch und -Datenverarbeitung : Schnittstellen in Architektur, Bauwesen u.
Maschinenbau / Helmut Richard Weber (Hrsg.). – Berlin ; Heidelberg ; New York ; London ;
Paris ; Tokyo : Springer, 1988
  (Beiträge zur graphischen Datenverarbeitung)
  ISBN-13:978-3-540-18826-1

NE: Weber, Helmut Richard [Hrsg.]

Vorwort

Die in diesem Band zusammengestellten Beiträge behandeln Schnittstellenproblematiken aus einem aktuellen Bereich der CAD-Anwendungen. Zunehmende Komplexität der angebotenen Systeme, ein größerer Verbreitungsgrad und das Bedürfnis verschiedenartiger Partner, ihre Daten und Arbeiten auszutauschen, erzeugen mehrfache gordische Knoten. Sie zu lösen oder, realistischer gesehen, einen Schritt in Richtung auf eine Lösung zu tun, war Ziel der Seminarreihe am Zentrum für Graphische Datenverarbeitung, die im Sommer 1987 diese Beiträge vorstellte.

Bewußt wurde keine Definition des Begriffes "CAD-Schnittstelle" vorgegeben. So zeigt auch die Auswahl der Beiträge, daß je nach Betrachtungswinkel Benutzer, Hersteller, Anwender oder Vermittler ganz unterschiedliche Schwerpunkte finden. Die Diskussionen im Anschluß an die Vorträge zeigten einerseits, daß *alle* Schnittstellenprobleme als relevant und wichtig eingestuft wurden, anderseits bei den Strategien zu ihrer Lösung schon große Unterschiede deutlich sind, bis hin zur gegenseitigen Unverträglichkeit.

So wurde auch lang und breit über die Normung in diesem Bereich diskutiert. Bisherige Normungsaktivitäten wie STEPS, IGES, SET, VDAFS, PDDI, ESP, PDES usw. wurden als nicht ausreichend oder verfrüht betrachtet.

Interessant ist die Entwicklung, daß auch auf preisgünstigen Systemen der PC-Klasse bereits gute CAD-Anwendungen verfügbar sind. Dies zeigen betriebliche Anwendungen in großem Stil, wobei natürlich die Kopplung an Großsysteme nach wie vor ein Problembereich ist. Parallel hierzu nimmt die Migration in weiten Bereichen der Produktion und Arbeitsorganisation zu, so daß CIM bereits anerkanntes Ziel ist.

Die fachliche Verteilung der Beiträge und auch der Teilnehmer zeigt den Stand der Nutzung von CAD in Maschinenbau, Bauwesen und Architektur: Während im Maschinenbau die Einführung und Nutzung von CAD fast zum alltäglichen Geschäft geworden ist, stehen Bauwesen und Architektur noch an der Einführungsschwelle. Die Probleme dort sind besonders groß, da die marktgängigen Systeme aus dem Maschinenbaubereich kommen und den fachspezifischen Anforderungen nicht genügen. Dies führt zum Entwurf eigener Systeme, zum Teil mit ganz anderen Voraussetzungen, Methodiken, Datenstrukturen und Benutzeroberflächen.

Dank sei den Referenten/Autoren gesagt für ihre intensive Mitarbeit sowie dem Produktionsteam Articus, Christ, Kopanitsak, Lukacin, Nakonzer, Päplow, Werner und Winter für die rasche und sorgfältige Aufbereitung. Wenn sich 1989 die Reihe wiederholt, so hoffen wir, Lösungen vorstellen und auch zu neuen Problemen wieder ein gemeinsames Diskussions- und Austauschforum im *ZGDV* anbieten zu können.

Darmstadt, im Januar 1988   H. R. Weber

Inhaltsverzeichnis

Eine CAD-Schnittstelle für das Bauwesen
K. Beucke, P. Caprano, B. Firmenich 1

CAD auf Personal Computer - Weiterentwicklung von Standard
systemen zum praxisgerechten Einsatz im Bauwesen
L. Haefner 15

CAD-Schnittstellen im Bauwesen
W. Haas 27

Benutzer und Schnittstellen in der Architektur
J. Guthoff 39

Rechnerunterstütztes Formen und Strukturieren von räumlichen
Objekten mit Demonstration von Anwendungsbeispielen
aus der Architektur (CAAD)
H. Emde 49

Begriffssysteme für Informationsstrukturen als Grundlage
für den elektronischen Datenaustausch
U. Elwert 71

Graphik-COM: Computer-Output-Microfilm, der direkte Weg
vom CAD-System in ein Mikrofilminformationssystem
P. Wilck 93

CAD – Benutzerschnittstelle in Stahl- und Anlagenbau
P. Lorenz 131

Entwicklung graphischer Benutzerschnittstellen für die
Geometrieverarbeitung
M. Ziegler 145

STEP – Eine Schnittstelle zum Austausch integrierter Modelle
R. Anderl, B. Schilli 171

CAD-CAM-System für Hochgeschwindigkeitszerspanung
F. Liu 191

Beschreibung der CAD*I-Schnittstelle zum Austausch
von Volumenmodellen
W. Weick 199

Datenaufbereitung aus CAD-Systemen zur Durchführung
von Strukturoptimierungen
M. Weck, F. Förtsch, Th. Rochlitz 221

Autorenliste 231

Eine CAD-Schnittstelle für das Bauwesen

K. Beucke
P. Caprano
B. Firmenich

HOCHTIEF AG, Frankfurt

1. Bedeutung von CAD-Schnittstellen für das Bauwesen

Schwerpunkt der folgenden Ausführungen über eine CAD-Schnittstelle für das Bauwesen ist der Einsatz von CAD im Technischen Büro einer Baufirma.

Die Aufgabenstellungen eines Technischen Büros sind sehr vielfältiger Natur. Das Ergebnis einer Bearbeitung in einem Technischen Büro sind in der Regel jedoch Pläne und Listen. Dies bedeutet, daß eine Schnittstelle, die für diese Aufgabenstellung geeignet sein soll, in erster Linie korrekte Ausführungspläne entsprechend den Normen für das Bauwesen und die hiermit verbundenen Listen und Tabellen übertragen können muß.

Diese Zielvorstellung wird noch dadurch erschwert, daß vor allem größere Bauaufgaben in unterschiedlichen Phasen von sehr unterschiedlichen Partnern (sogar Firmen) mit völlig unterschiedlichen Interessen durchgeführt werden. Eine einheitliche Projektbearbeitung innerhalb einer Projektgruppe ist im Bauwesen die Ausnahme und nicht die Regel. Aus diesem Grunde ist das Schnittstellenproblem im Bauwesen ein allgemeines Problem, das sich auch völlig unabhängig vom Einsatz eines CAD-Systems stellt.

Es gibt Tendenzen im Bauwesen diese Problematik dadurch zu lösen, daß man versucht, total integrierte Konzepte zu entwickeln, mit denen eine einheitliche, durchgängige Datenbasis für die gesamte Bearbeitung geschaffen wird. Wir stehen bei HOCHTIEF diesem Vorhaben mit großer Skepsis gegenüber. Wir haben sehr starke Bedenken, daß durch ein solches Vorgehen vielfache zusätzliche Abhängigkeiten und Zwangsbedingungen entstehen, die gefährliche Konsequenzen zur Folge haben könnten. Wir wollen auf keinen Fall ein großes Kartenhaus bauen, das durch den Ausfall einiger weniger Bausteine funktionsuntüchtig werden könnte. Als Alternative zu einem solchen Konzept sehen wir die Entwicklung einiger selbständiger Einheiten, die völlig unabhängig voneinander arbeiten können und untereinander über Schnittstellen kommunizieren.

Unabhängige Schnittstellen bewahren insofern ein gewisses Maß an Unabhängigkeit und Flexibilität, daß einzelne Bausteine (Module) aus dem Gesamtablauf herausgelöst und ersetzt werden können. Dies kann sowohl aufgrund des Versagens einzelner Bausteine nötig werden als auch infolge der Verfügbarkeit eines neuen, anderen

Bausteines wünschbar sein, welcher im Gesamtablauf wesentliche Verbesserungen bringt. Hierdurch ist es zudem möglich, sich nicht fest an ausschließlich ein System zu binden, sondern es können unterschiedliche Systeme genutzt werden, die unterschiedliche Stärken für unterschiedliche Aufgaben haben.

Es wäre nicht praxisgerecht, von festgeschriebenen Zwangsabläufen in der technischen Bearbeitung von Bauaufträgen auszugehen. Nur wenige Projekte erlauben zur Zeit die ganze Bearbeitungstiefe auf CAD. Daher ist unbedingt sicherzustellen, daß ein Einstieg an jeder Stelle des Arbeitsablaufes möglich ist. Modulare Systeme, die über unabhängige Schnittstellen kommunizieren, bieten diese Möglichkeit.

2. Anforderungen

2.1 Allgemeine Anforderungen

An jede CAD-Schnittstelle wird die Minimalanforderung gestellt, daß das korrekte Bild der zu übertragenden Grafik aus der Schnittstelleninformation wieder generiert werden kann. Diese Minimalforderung wird z.B. schon durch ein Plotformat erfüllt. Für die Anforderungen, die in einem Zusammenspiel mehrerer Partner bei einer Bauaufgabe gestellt werden, ist diese Minimalforderung jedoch bei weitem nicht ausreichend. Praxisnahe, effiziente CAD-Systeme für Projekte im Bauwesen erlauben es, zusätzlich zur reinen Darstellung auf Plänen entsprechend den Baunormen noch eine Vielzahl organisatorischer oder logischer Strukturen aufzubauen, die für vielfältige Zusatzaufgaben genutzt werden können.

Beispiele hierfür sind z.B. eine ausgedehnte Folien-Ebenentechnik, Objektstrukturen und angehängte Daten. Diese Information kann z.B. genutzt werden, um aus einem Datenbestand ähnliche Pläne einer ganzen Plankette zu erzeugen (Schalplan, Belastungsplan, Ausbauplan, etc.). Sie kann genutzt werden, um eine Mengenermittlung vorzunehmen oder Listen und Tabellen zu erzeugen. Oder sie wird genutzt, um auf einem 2D-System Gebäudeschnitte und Ansichten aus der 2D-Grundrißinformation und angehängten Daten zu generieren.

Dieses letztere Vorgehen ist oftmals für die Belange eines Technischen Büros effizienter als ein kompletter Aufbau eines 3D-Modells eines Projektes. Hauptarbeitsmittel für die Belange eines Technischen Büros sind Pläne, die das Bauwerk im Grundriß und in der Untersicht darstellen. Zusätzlich zu diesen Plänen werden lediglich Vertikalschnitte in orthogonalen Längs- und Querachsen erstellt und manchmal noch Ansichten.

Der Aufbau eines kompletten 3D-Modells ist relativ aufwendig. Ein solches Modell erlaubt jedoch, wesentlich weitergehende Anforderungen zu erfüllen, als die hier genannten, z.B. eine geneigte Schnittführung im Raum. Diese Möglichkeiten werden aber für die hier definierte Aufgabenstellung kaum genutzt. Genutzt wird jedoch oft die Möglichkeit, die konkreten, eingegrenzten Anforderungen durch die Definition weniger zusätzlicher Daten zu erfüllen. In dem Fall muß diese Information auch durch die Schnittstelle übertragen werden.

2.2 Anforderungen an die Datenstruktur

Die allgemeinen Anforderungen an die Datenstruktur besagen lediglich, daß logische und organisatorische Strukturen übertragen werden müssen. Aus unserer Sicht ergeben sich hieraus für unsere Aufgabenstellung folgende, konkrete Anforderungen:

- Die Zahl der verwalteten Folien/Ebenen muß sehr groß sein.
  Einige CAD-Systeme verwalten mehr als 32000 Folien/Ebenen. Einige Anwendungen benutzen einige tausend hiervon. Diese Forderung ergibt sich einerseits aus der möglichen Vielzahl von ähnlichen Plänen, die aus einem Datenbestand abgeleitet werden. Man spricht hier auch manchmal von einer Plankette, die für Großprojekte aus bis zu 40 Planarten bestehen kann. Andererseits resultiert diese Forderung aus der möglichen Vielzahl der beteiligten Planer, ja sogar Firmen. Information, die einzelnen Sachverhalten oder einzelnen Partnern zugeordnet ist, muß auch nach einer Übertragung noch unterscheidbar sein.

- Graphische und nicht-graphische Information muß zu einer Einheit zusammengefaßt werden können.
  Planungsaufgaben im Bauwesen befassen sich mit physikalischen Objekten wie Wand, Stütze, Treppe etc., und diesen Objekten sind Eigenschaften/Attribute zugeordnet wie z.B. Material. Diese physikalischen Objekte mitsamt ihrer Attribute müssen vom CAD-System als eine Einheit (Komponente) verwaltet werden können, und diese Struktur darf auch bei einer Übertragung nicht verloren gehen.

- Teilsegmente (Primitive) einer graphischen Einheit müssen in unterschiedlicher Form dargestellt werden können sowie auch unsichtbar gemacht werden können.
  Diese Forderung ergibt sich aus der unterschiedlichen Form der Darstellung auf einem Plan nach Baunormen und dem tatsächlichen, physikalischen Zusammenhang. So wird z.B. eine Wand an der Stelle einer Türöffnung unterbrochen dargestellt, wohingegen sie physikalisch sehr wohl vorhanden ist und lediglich eine Öffnung an dieser Stelle aufweist. Oder wird z.B. ein Wandsystem durch verschiedene Polygonzüge dargestellt, so kann durchaus der Fall eintreten, daß eine Wandkante einem völlig anderen Polygonzug zugeordnet ist als die andere. Diesem Sachverhalt wird in einigen Systemen dadurch Rechnung getragen, daß jede Wand als ein getrenntes Objekt in der Datenstruktur abgelegt wird. Natürlich muß es trotzdem möglich sein, korrekte Pläne entsprechend den Normen für das Bauwesen zu erzeugen. Dies bedeutet z.B., daß deckungsgleiche Kanten zweier Wände ('verschmelzende' Wände) ausgeblendet werden müssen. Die Zuordnung dieser zeichnerisch korrekten Darstellung zu der Objektstruktur ist aber wiederum nicht eindeutig und muß daher dem Konstrukteur sichtbar gemacht werden können. Somit ergibt sich die obige Forderung, die auch von der Definition einer Schnittstelle erfüllt werden muß.

- Der Zusammenhang von Text und Daten sowohl mit einer graphischen Einheit wie auch mit Teilsegmenten muß übertragen werden können.
  Text ist sichtbare Information, die entweder eine Komponente kennzeichnen kann oder auch ein Teilsegment beschreiben kann. Der Zusammenhang, welches Teilsegment durch den Text beschrieben wird, kann hierbei wichtig sein. Daten sind nichtsichtbare Informationen, die entweder Eigenschaften einer Komponente be-

schreiben, hierarchische Strukturen von Komponenten definieren oder Teilsegmente einer bestimmten Verwendung zuordnen. Auch diese Zusammenhänge dürfen durch die Übertragung mittels einer Schnittstelle nicht verloren gehen.

- Die Zusammenfassung von Texten und Daten unter einem bestimmten Oberbegriff (Aspekt) muß erhalten bleiben.
  An einem Objekt können mehrere Texte oder Daten angehängt sein, die jeweils unterschiedlichen Sachverhalten zugeordnet sind. Besonders im Hinblick auf eine nachgeschaltete Listen- oder Tabellenauswertung muß es möglich sein, bestimmte Sachverhalte einer großen Menge von Objekten unter einem Oberbegriff ansprechen zu können.
  Es sollen z.B. sämtliche Texte, die eine Tür kennzeichnen, unter dem Oberbegriff 'Türkennzeichen' angesprochen werden können oder sämtliche Materialdaten von Wänden unter dem Oberbegriff 'Wandmaterial' aufgelistet werden können.

3. Realisierung

Ausgangspunkt der Realisierung einer optimierten Schnittstelle für die bestehende Aufgabenstellung war eine Analyse bestehender Schnittstellen. Ohne an dieser Stelle auf Details eingehen zu können, sollen hier nur Resultate erwähnt werden.

IGES erwies sich als zu wenig leistungsfähig und als zu allgemein für die konkrete Aufgabenstellung. Außerdem ist die Leistungsfähigkeit der IGES-Prozessoren verschiedener Hersteller sehr unterschiedlich, und die Möglichkeiten einer Einflußnahme auf diese Prozessoren sind sehr gering.

VDA/FS ist eine sehr spezielle Schnittstelle für die Belange der Automobilindustrie. Die Version, die bei HOCHTIEF getestet wurde, erwies sich als untauglich für die spezielle Problematik.

Basierend auf diesen Erfahrungen wurde eine eigene Schnittstelle nach folgenden allgemeinen Grundsätzen erstellt:

- Übertragungsformat ist ASCII
  Das ASCII-Format ist das wohl am weitesten verbreitete Format für eine Datenübertragung zwischen verschiedenen Systemen. Die Vorteile dieses Formates bestehen hauptsächlich darin, daß es ein genormtes Format ist, welches lesbar, leicht übertragbar und damit nahezu hardware-unabhängig ist.

- Übertragung von Definitionen über logische Namen
  Definitionen wie Linientypen, Farben, Daten-Aspekte, referenzierte Standardteile einer Zeichnung (Zellen) werden nicht mit ihrem Definitionsinhalt, sondern nur über einen logischen Namen übertragen. Zum einen ist die Art, in der Definitionen auf verschiedenen Systemen abgelegt werden, so unterschiedlich, daß eine spezielle Übertragung von Definitionsinhalten oft wenig nutzt. Zum anderen ist es bei einer häufigen Übertragung zwischen zwei Systemen oftmals viel effizienter, die korrekte Definitionsumgebung auf dem empfangenden System nur einmal einrichten zu müssen, um anschließend immer davon ausgehen zu können, daß sämtliche Definitionen in der gewünschten Form vorhanden sind. Hierbei kann sich die Form von Definitionen auf beiden Systemen - falls gewünscht - durchaus un-

terscheiden. Abweichend von dieser Festlegung ist es für Zelldefinitionen möglich, diese als getrennte Zeichnungen unabhängig zu übertragen.

- 2D, zeichnungsbezogene Übertragung
  Bestrebungen, eine umfassende Festlegung für die Übertragung 3-dimensionaler Datenbankinformation zu finden, sind bisher meistens an der Komplexität des Problems gescheitert. Benötigt wurde hier eine praxisgerechte Schnittstelle für die Übertragung zeichnungsbezogener Information. Auswertungen, Tabellen und Listen werden für die Belange eines Technischen Büros in der Regel bezogen auf einen Plan (eine Zeichnung) durchgeführt bzw. aufgestellt. Daher ist die Haupforderung, einen Plan mit all seiner zugeordneten Information komplett übertragen zu können.

Beschreibung der Schnittstelle:

Die Schnittstelle unterteilt sich grundsätzlich in drei verschiedene Blöcke:

- Der Initialisierungsblock enthält sämtliche Definitionen für Linienmuster, Linienwichten, Farben, Datenaspekte, Textaspekte und Text fonts.

- Der Zellen-Definitionsblock enthält Definition und zugeordnete Geometrie selbständiger Zeichnungselemente, die in der Zeichnung selber mehrfach auftreteten können und dort dann lediglich referenziert werden, d.h. einen Verweis auf die entsprechende Definition enthalten.

- Der Geometrieblock enthält die geometrische Information inklusive Text und Daten, die einer Zeichnung zugeordnet ist. Er ist seinerseits unterteilt in Information, die einer graphischen Einheit zugeordnet ist (Komponente), den Primitiven, aus denen diese Komponenten bestehen und Daten- und Textinformation.

3.1 Initialisierungsblock

>I = Kennung für den Block
Der Initialisierungsblock enthält je Namenstyp folgenden Block:

```
#X                        Kennung für den Namenstyp
NAME(1)                   !
NAME(2)                   ! 12 Zeichen für einen Namensstring. Die Zuordnung
  .                         geschieht implizit über den
NAME(N)                   ! Feldindex I.
```

          X = 'L'   : Linienmuster
          X = 'W'   : Linienwichten
          X = 'C'   : Farben
          X = 'D'   : Daten-Tags (Aspekt, Oberbegriff)
          X = 'T'   : Text-Tags (Aspekt, Oberbegriff)
          X = 'F'   : Textfonts

3.2 Zellen-Definitionen

>C = Kennung für den Block

#M,NAME	#M	= Kennung für interne Zelle
	NAME	= Name der Zelle (max. 9 Zeichen)

#B,NAME	#B	= Kennung für VIEW-Zelle
	NAME	= Name des VIEW (max. 9 Zeichen)

Geometrie der Zellendefinition analog zu c)
(Die Geometrie-Koordinaten sind so zu übergeben, daß der Plazierungspunkt der Koordinatenursprung ist.)

3.3 Geometrische Informationen incl. Text und Daten

>G = Kennung für den Block

i. KOMPONENTEN-HEADER

POLYGON:
#P,EBENE,FARBE1,LINIE1,FARBE2,LINIE2,REF,TYP

#P	= Kennung
EBENE	= Ebenennummer
FARBE1	= Feldindex der ersten Farbe
LINIE1	= Feldindex des ersten Linienmusters
FARBE2	= Feldindex der zweiten Farbe
LINIE2	= Feldindex des zweiten Linienmusters
REF	= Referenz (1=ja, 0=nein)
TYP	= Typ des Polygons (0 = allgemein, 1 = Bemassung)

ZELLEN:
#C,EBENE,XP,YP,DW,NAME,SCALE,FLIPX,FLIPY,REF

#C	= Kennung
EBENE	= Ebenennummer
XP	= X-Koordinate des Plazierungspunktes
YP	= Y-Koordinate des Plazierungspunktes
DW	= Drehwinkel
NAME	= Zellenname
SCALE	= Skalierungsfaktor (0 = ohne Skalierung)
FLIPX	= Spiegelung um lokale Y-Achse (1=ja,0=nein)
FLIPY	= Spiegelung um lokale X-Achse (1=ja,0=nein)
REF	= Referenz (1=ja, 0=nein)

ECKPUNKT (VERTEX):
#V,X,Y   #V   = Kennung
X   = X-Koordinate des Vertex
Y   = Y-Koordinate des Vertex

LINIEN-SEGMENT:
#L,VIS   #L   = Kennung
                          VIS   = Sichtbarkeit (0 = unsichtbar,
                                        1 = 1. Muster, 2 = 2. Muster)

KREISBOGEN-SEGMENT:
#A,XM,YM,UMLAUF,VIS
        #A   = Kennung
        XM   = X-Koordinate des Mittelpunktes
        YM   = Y-Koordinate des Mittelpunktes
        UMLAUF   = Umlaufsinn (1 = mathematisch
                                                     positiv,
                                             0 = im Uhrzeigersinn)
        VIS   = Sichtbarkeit (0 = unsichtbar,
                                        1 = 1. Muster, 2 = 2. Muster)

LÜCKEN-SEGMENT:
#S,   #S   = Kennung

− iii. DATEN

Die Daten der Komponente folgen dem Komponentenheader, und die Daten der
Primitiven folgen dem jeweiligen Primitiv.
Die Datensätze können im ASCII-Code oder hexadezimal ausgegeben werden.

− ASCII:
ASCII-Codes zwischen 0 und 31 werden beim Herausschreiben auf Datei um 128
erhöht.

− HEXADEZIMAL:
Jedes Datensatz-Byte wird durch zwei hexadezimale Zeichen (0,1,... F) dargestellt.

#D,TAG,SN,HEX
NCHAR,DATEN   (ggf. mehrere Zeilen)
        #D   = Kennung
        TAG   = Feldindex des Daten-Tags
        SN   = Satzname
        HEX   = 0 : Daten im ASCII-Format
                            1 : Daten in Hexadezimal-Format

HEX = 0: NCHAR   = Anzahl Zeichen in dieser Zeile
          DATEN   = ASCII-Daten

HEX = 1:   NCHAR   = Anzahl Zeichen in dieser Zeile/2
                       entspricht Anzahl
                       zu übertragender BYTES
           DATEN   = Hexadezimal dargestellte Daten

— iv. TEXT

Der Text der Komponente folgt dem Komponentenheader, und der Text von Primitiven folgt dem jeweiligen Primitiv. Als Trennzeichen für mehrzeiligen Text wird die binäre Null gewählt. ASCII-Zeichen zwischen 0 und 31 werden beim Herausschreiben auf Datei um 128 erhöht.

#T,EBENE,FARBE,XP,YP,DW,H,JUST,TAG,FONT,RATIO,SLANT,
WICHTE,REF,NCHAR,TEXT   (GGF. MEHRERE ZEILEN)

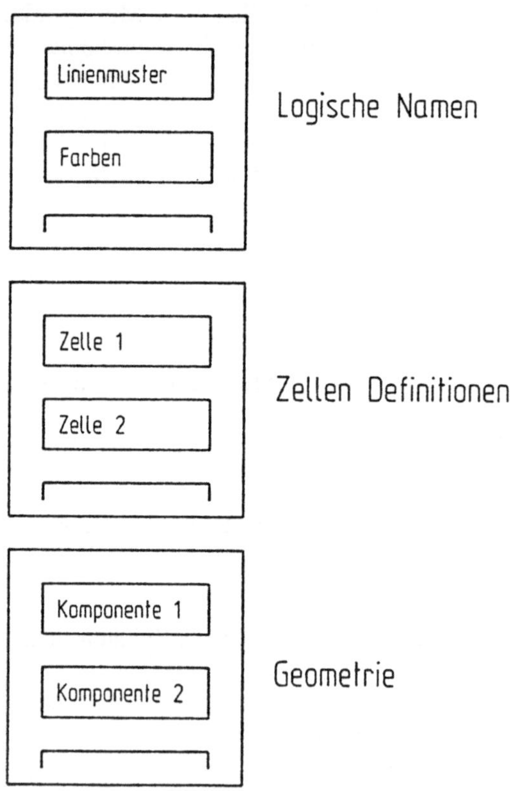

Abb. 1. Struktur der Übergabedatei

#T   = Kennung
EBENE   = Ebenennummer
FARBE   = Feldindex der Farbe
XP   = X-Koordinate des Plazierungspunktes

YP	= Y-Koordinate des Plazierungspunktes				
DW	= Drehwinkel				
H	= Texthöhe				
JUST	= Justierung :	I	links	mitte	rechts

	I	links	mitte	rechts
oben	I	6	8	7
halbe Höhe	I	3	5	4
unten	I	0	2	1

TAG   = Feldindex des Text-Tags (0 = ohne Tag)
FONT   = Feldindex des Textfonts
                (Schriftart, 0 = Standard)
RATIO   = Breitenfaktor (0 ...   1 : Verkürzung
                           1...128 : Verbreiterung
                              0 : Ratio = 1)
SLANT   = Schriftwinkel (-89 ... + 89 Grad)
WICHTE = Feldindex der Linienwichte
REF   = Referenz   (1=ja, 0=nein)

NCHAR   = Anzahl Zeichen in dieser Zeile
TEXT   = ASCII-Text

3.4 *Struktur der Übergabe Datei*

```
>I
  #L
  Name des 1. Linienmusters
    .
    .
  #C
  Name der 1. Farbe
    .
    .
  #D
  Name des 1. Daten-Tags
    .
    .
  #T
  Name des 1. Text-Tags
    .
    .
>C
  #M,NAME1
  #P,EBENE,FARBE1... (ANALOG BLOCK >G)
    .
    .
```

```
#M,NAME2
#P,EBENE,FARBE1... (ANALOG BLOCK > G)
        .
        .
        .
>G
  #P,EBENE,FARBE1,LINIE1,FARBE2,LINIE2,REF,...
    #D,TAG,...
    NCHAR,DATEN
    NCHAR,DATEN
    #D,TAG,...
    NCHAR,DATEN
    NCHAR,DATEN
    #T,EBENE,FARBE,XP,YP,DW,H,JUST,TAG,...
    NCHAR,TEXT
    NCHAR,TEXT
    #T,EBENE,FARBE,XP,YP,DW,H,JUST,TAG,...
    NCHAR,TEXT
    NCHAR,TEXT
  #V,X,Y
    #D,TAG,...
    NCHAR,DATEN
    NCHAR,DATEN
  #L,VIS
    #D,TAG,...
    NCHAR,DATEN
    NCHAR,DATEN
  #V,X,Y
    #D,TAG,...
    NCHAR,DATEN
    NCHAR,DATEN
  #P,EBENE,FARBE1...
        .
        .
```

4. Erfahrungen

Die hier definierte Schnittstelle befindet sich bei HOCHTIEF seit ca. 1,5 Jahren im produktiven Einsatz. Hauptanwendungsgebiet war dabei vornehmlich der Einsatz für interne Zwecke. Intern werden bei HOCHTIEF zwei Systeme eingesetzt: Ein zentral eingesetztes, leistungsfähiges 3D-System der Fa. APPLICON mit dem Namen 'BRAVO!', welches auf einer VAX 11/785 läuft, und ein dezentral eingesetztes 2D-System namens 'UNICAD', welches auf Personal Computer läuft von HOCHTIEF gemeinsam mit der Fa. SYCOTRONIC entwickelt wurde. Das UNICAD-System wird bei HOCHTIEF als völlig selbständiger Arbeitsplatz eingesetzt. Es dient aber auch als Ergänzung des zentral eingesetzten APPLICON-Systems. In diesem Einsatz wird es genutzt, um

– Spitzenanforderungen flexibel abdecken zu können,
– Zuarbeit für Teilaspekte unabhängig durchführen zu können und
– Zeichnungserstellung unabhängig vom zentralen 3D-System vornehmen zu können.

Für diese Zwecke hat sich die Schnittstelle ausgezeichnet bewährt. Der einzige Punkt, der noch nicht zufriedenstellend gelöst ist, ist die Übertragung von Bemaßung. Eine darstellungsmäßig korrekte Übertragung der Bemaßung wird zwar erreicht, die Bemaßung verliert jedoch durch eine Übertragung die spezifischen Eigenschaften, die für eine weitere Bearbeitung benötigt werden. Der Grund hierfür ist darin zu sehen, daß gerade für die Bemaßung noch keine allgemeinen Festlegungen bestehen, die einen einheitlichen Parametersatz auf verschiedenen Systemen definieren oder die gar eine verlustfreie Übertragung zwischen verschiedenen Systemen ermöglichen.

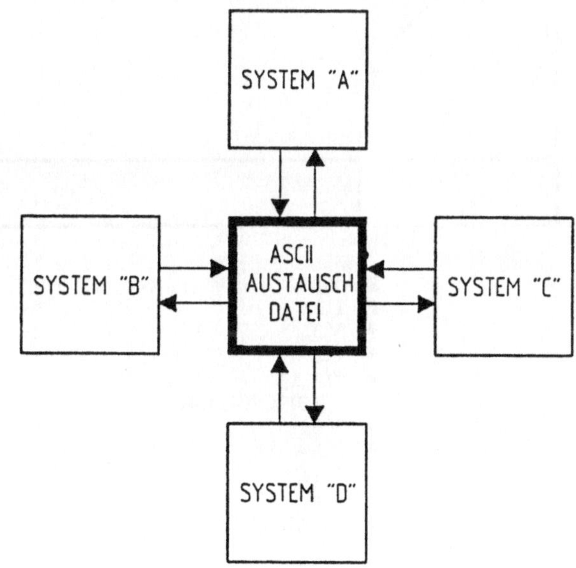

Abb. 2. Daten-Austausch

Der Aufwand, der für eine Übertragung erfolgen muß, sollte im Zusammenhang mit der angestrebten Arbeitsweise beurteilt werden. So ist der Aufwand einer Übertragung im Verhältnis zu einer klar definierten Weiterbearbeitung auf einem anderen System sicherlich relativ gering. Er ist jedoch im Verhältnis zu einer ständig wechselnden Bearbeitung (möglicherweise mehrmals täglich) auf zwei verschiedenen Systemen als zu hoch einzuschätzen.

Zusätzlich zum internen Gebrauch wurde die Schnittstelle auch zu externen Zwecken eingesetzt. Hierbei wurde die Schnittstelle sowohl fachgebietsbezogen wie auch völlig fachfremd eingesetzt. Fachgebietsbezogen wurde die obige Definition einer anderen Firma übergeben, und diese Firma hat ein Programm erstellt, das Daten entsprechend dieser Definition auf das dort vorhandene CAD-System CADAM von IBM übernimmt. Der Aufwand für dieses Programm war nicht sehr hoch, und die Ergebnisse waren gut. Diese Schnittstelle zum CAD-System CADAM wird auch zukünftig zum Datenaustausch zwischen den beteiligten Firmen genutzt werden.

Fachgebietsfremd wurde die Schnittstelle im Zusammenhang mit dem APPLICON-BRAVO! System genutzt. Auf dem APPLICON-System wurde mit dem dort vorhandenen SOLID-MODELING Modul ein Werkstück für den Bereich Maschinenbau erstellt, von diesem Werkstück wurde eine bestimmte Ansicht (VIEW) erzeugt und die verdeckten Kanten wurden ausgeblendet. Diese bestimmte Sicht eines aufwendigen 3D-Modells wurde auf das CAD-System UNICAD übertragen, um den weiteren, sehr aufwendigen Prozeß der Zeichnungserstellung auf einem wesentlich kostengünstigeren System vornehmen zu können.

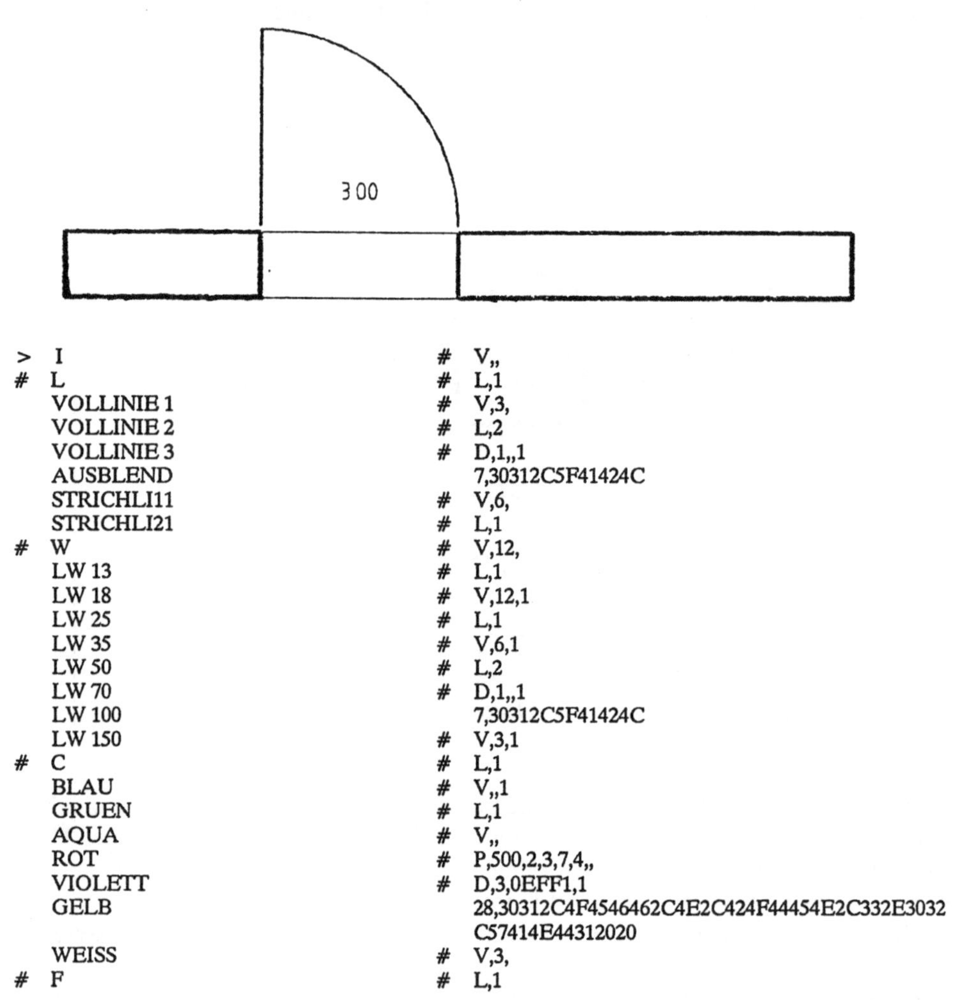


```
>   I                          #  V,,
#   L                          #  L,1
    VOLLINIE 1                 #  V,3,
    VOLLINIE 2                 #  L,2
    VOLLINIE 3                 #  D,1,,1
    AUSBLEND                      7,30312C5F41424C
    STRICHLI11                 #  V,6,
    STRICHLI21                 #  L,1
#   W                          #  V,12,
    LW 13                      #  L,1
    LW 18                      #  V,12,1
    LW 25                      #  L,1
    LW 35                      #  V,6,1
    LW 50                      #  L,2
    LW 70                      #  D,1,,1
    LW 100                        7,30312C5F41424C
    LW 150                     #  V,3,1
#   C                          #  L,1
    BLAU                       #  V,,1
    GRUEN                      #  L,1
    AQUA                       #  V,,
    ROT                        #  P,500,2,3,7,4,,
    VIOLETT                    #  D,3,0EFF1,1
    GELB                          28,30312C4F4546462C4E2C424F44454E2C332E3032
                                  C57414E44312020
    WEISS                      #  V,3,
#   F                          #  L,1
```

Abb. 3. (Fortsetzung)

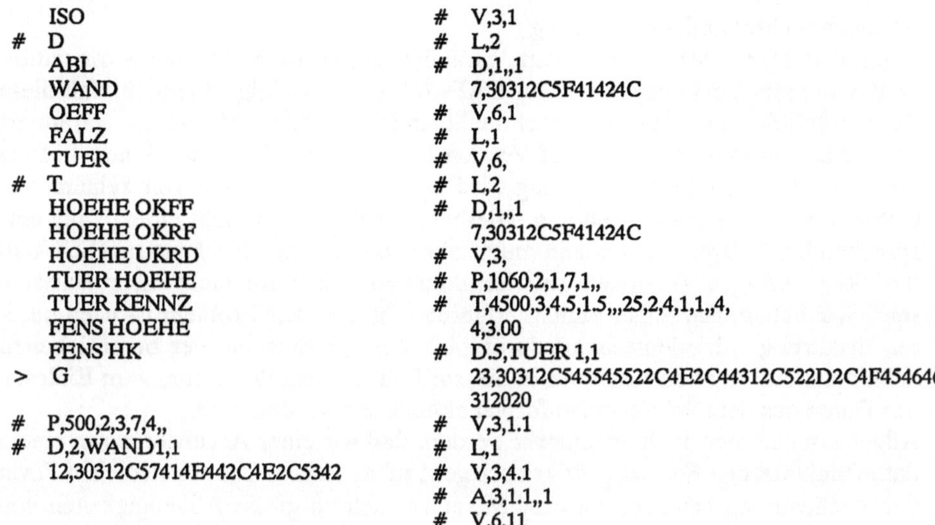

```
        ISO                          #   V,3,1
  #     D                            #   L,2
        ABL                          #   D,1„1
        WAND                             7,30312C5F41424C
        OEFF                         #   V,6,1
        FALZ                         #   L,1
        TUER                         #   V,6,
  #     T                            #   L,2
        HOEHE OKFF                   #   D,1„1
        HOEHE OKRF                       7,30312C5F41424C
        HOEHE UKRD                   #   V,3,
        TUER HOEHE                   #   P,1060,2,1,7,1„
        TUER KENNZ                   #   T,4500,3,4.5,1.5„,25,2,4,1,1„4,
        FENS HOEHE                       4,3.00
        FENS HK                      #   D.5,TUER 1,1
  >     G                                23,30312C545545522C4E2C44312C522D2C4F454646
                                         312020
  #     P,500,2,3,7,4„              #   V,3,1.1
  #     D,2,WAND1,1                 #   L,1
        12,30312C57414E442C4E2C5342  #   V,3,4.1
                                     #   A,3,1.1„1
                                     #   V,6,11
```

Abb. 3. Bild einer ASCII Datei

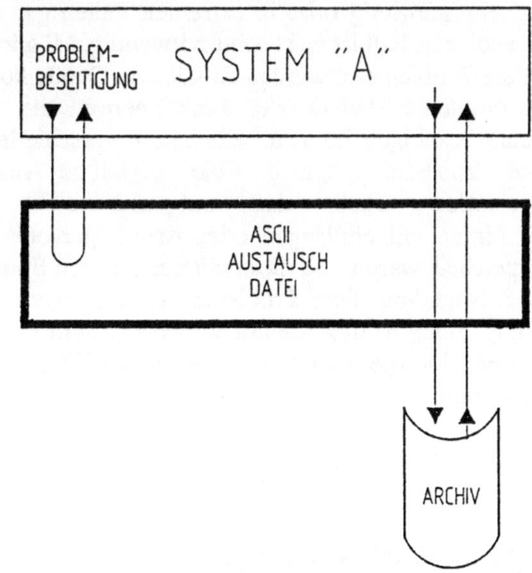

Abb. 4. Daten-Archivierung (Problembeseitigung)

5. Zusätzliche Einsatzmöglichkeiten

Zusätzlich zu den ursprünglichen Intentionen stellten sich, teilweise erst im nachhin-
ein, noch zusätzliche Einsatzmöglichkeiten für die Schnittstelle heraus, die sich als
sehr nützlich erwiesen.

14

- Versionswechsel und Archivierung
Jeder Anbieter eines CAD-Systems garantiert sogenannte 'Aufwärts-Kompatibilität' bei einem Versionswechsel der CAD-Software. Wichtig ist jedoch, daß diese Kompatibilität nur zwischen zwei aufeinanderfolgenden Versionen garantiert wird, d.h. nur von Version N auf Version N+1. Eine zufriedenstellende Lösung für eine längerfristige Archivierung wird nach unserem Wissen von keinem Anbieter von CAD-Software geboten. Hierbei genügt es noch nicht einmal, alle entsprechenden Software-Versionen aufzuheben, denn es ist durchaus möglich, daß die alten Software-Versionen auf der aktuellen Hardware nicht mehr lauffähig sind. Wir haben dies selber einmal erfahren müssen. Dies Problem ist nach unserer Erfahrung zufriedenstellend durch eine Archivierung im hier beschriebenen Schnittstellenformat zu lösen, da in diesem Fall nur das Programm zum Einlesen der Daten aus dem Schnittstellenformat aktualisiert werden muß.
Allgemein soll hier noch angemerkt werden, daß wir einer Archivierung in einem datenbankinternen Format sehr kritisch gegenüber stehen. Bei einer solchen Form der Archivierung bestehen unserer Meinung nach zu große Abhängigkeiten von der Software einerseits und mithin von dem Anbieter der Software andererseits.

- Problembeseitigung (Recover)
Bei jeder komplexen Software wie einem leistungsfähigen CAD-System muß man davon ausgehen, daß bestimmte Konstellationen auftreten können, die eine weitere Bearbeitung sehr schwierig oder in extremen Fällen gar unmöglich machen können. Für einen solchen Fall ist es absolut notwendig, Möglichkeiten zur Verfügung zu haben, diese Probleme beseitigen zu können. Große kommerzielle System bieten für solche Probleme 'RECOVER'-Funktionen an, die aber teilweise auch nicht alle Probleme beseitigen können. Wir hatten verschiedene Anwendungen, bei denen solche Probleme auftraten. Eine sorgfältige Analyse der lesbaren Schnittstelleninformation ergab, daß aufgrund nicht nachvollziehbarer Zusammenhänge Linien mit Nullängen oder Kreisbögen mit Nullradien in der Datenbank abgespeichert waren und diese mit bestimmten Funktionen nicht mehr zu bearbeiten war. Nachdem diese Probleme erkannt waren, war es relativ einfach, entsprechende Filter in das Schnittstellenprogramm einzubauen, die diese Probleme beseitigten, d.h. die Schnittstelle wurde als Filter für korrupte Datenbankinformation genutzt.

6. IGES im Bauwesen

Es besteht ein Arbeitskreis IGES im Bauwesen in Deutschland mit dem Ziel einer Normung einer CAD-Schnittstelle für das Bauwesen. HOCHTIEF ist Mitglied in diesem Arbeitskreis. Eine der Aktivitäten dieses Arbeitskreises war es, IGES-Daten, die auf verschiedensten Systemen erstellt waren, als Test von den Mitgliedern des Arbeitskreises auf deren Systeme zu übernehmen. Die Ergebnisse dieser Tests liegen noch nicht vollständig vor, sind jedoch bisher nicht befriedigend. Innerhalb des Arbeitskreises war es kurzfristig leider ausgeschlossen, zu einer umfassenden Definition zu kommen. Daher wird als Übergangslösung angestrebt, zu einer 2D, zeichnungsbezogenen Lösung zu kommen, die zunächst auf der Basis mehrerer bereits vorhandener Schnittstellen einen Vorschlag für diese Systeme darstellt.

CAD auf Personal Computer -
Weiterentwicklung von Standardsystemen zum
praxisgerechten Einsatz im Bauwesen

L. Haefner

Landesgewerbeanstalt Bayern BMC
CAD-Beratungsstelle

Zusammenfassung

Die verfügbare Computer Technik gestattet kleinen und mittleren Betrieben aus dem Bauwesen den Einsatz von CAD-Systemen für Planung und Konstruktion. Diese CAD-Systeme basieren auf Personal Computer und CAD Standard-Software-Pakete werden für spezielle Konstruktionen weiterentwickelt. Als Beispiel dienen praktische Anwendungen für Holzbaukonstruktionen.

Summary

The available computer technology allows small and medium sized companies in the civil engineering area to use CAD for planning and construction detailing. These CAD systems are Personal-Computer-based and CAD-standard-software packages are being further developed for special construction detailing. Practical applications for wood constructions serve as examples.

1. Einleitung

Die Entwicklung der Datenverarbeitung mit rapidem Fortschritt der Computergraphik gestattet kleinen und mittleren Betrieben und Planungsbüros aus dem Bauwesen den Einsatz von CAD-Systemen für Planung und Konstruktion.

Aus wirtschaftlichen Gründen werden dabei Personal Computer eingesetzt; dies sind persönlich am Arbeitsplatz verfügbare Computersysteme. Der Fortschritt dieser Entwicklung wird begünstigt durch das verfügbare Marktangebot in der Hardware, mit zunehmend leistungsfähigeren Softwaresystemen.

Leistungsfähige Softwaresysteme mit einem hohen Marktanteil - man spricht hier von sog. "CAD-Standardsystemen" - erfordern jedoch branchenspezifische Ergänzungen und Weiterentwicklungen für den praxisgerechten Einsatz. Hierzu verfügen solche CAD-Systeme über Schnittstellen mit einfachen Programmiersprachen für Makroerstellung und Zugriff auf die Datenbank des CAD-Systems. Hierdurch wird es möglich, solche CAD-Systeme effektiver in der Planung und Konstruktion des Bauwesens einzusetzen.

2. Marktangebot von CAD-Systemen

2.1 Klassifikation

Eine Klassifizierung von verfügbaren CAD-Systemen mit erforderlicher Hard- und Software ist nach verschiedenen Kriterien möglich. Ein für die Praxis wesentliches Kriterium ist der Preis für minimale Systemkonfiguration.

Technische Merkmale: Hardware u. Software		Klasse		
		I < 60 TDM	II < 200 TDM	III > 200TDM
Rechnertypen:				
Personal Computer	(PC)	PC	WS	WS
Workstation	(WS)			MC
Minicomputer	(MC)			UC
Universal Computer	(UC)			SC
Supercomputer	(SC)			
Mikroprozessor der Zentraleinheit:		16-/32-bit Beispiele: Intel 80x86	32-bit Beispiele: Motorola 68xxx	32-bit und größer
CAD-Geometrie- modelltypen:		2D-/2 1/2D-	2D-/3D-	2D/3D-
2D-Drahtmodelle	(DM)	-DM	-DM	-DM
3D-Flächenmodell	(FM)		-FM	-FM
3D-Volumenmodell	(VM)			-VM

Abb. 1. CAD-Systemklassen - Stand 5/87

Nach der Zusammenstellung in Abb. 1 werden hier drei Klassen unterschieden:

- Klasse I
  unter 60 TDM (Tausend Deutsche Mark) mit dem Rechnertyp eines Personal Computers (PC), /1/ ausgestattet mit 16-/32-bit Mikroprozessoren als CPU und

2D-, allenfalls 2 1/2D-Drahtmodellen für die Geometrieobjekte der CAD-Software.

- Klasse II
  unter 200 TDM mit dem Rechnertyp von Workstation (WS), 32-bit Prozessoren der CPU, integrierte Graphik-Subsysteme und Netzwerkfähigkeit /2/. Die CAD-Software gestattet hier die Modellierung im 2D- und 3D-Bereich mit Draht- und Flächenmodellen.

- Klasse III
  über 200 TDM mit Rechnern wie Minicomputer (MC) /3/, Universal Computer (UC) oder gar Supercomputer (SC), die wenigstens über 32-bit Zentraleinheit verfügen. Mit entsprechend leistungsfähigen Graphikbildschirmen oder in Kombinationen mit vernetzten Workstation-Anlagen sind hier komplexe 2D- und 3D-Modellierungen im CAD-Bereich (FE-Analysen, Solid Modeling) möglich /4/.

Aufgrund der Unternehmensstrukturen der Baubranche, mit kleinen und mittleren Betrieben und Planungsbüros, werden zur Zeit CAD-Systeme der Klasse I bzw. allenfalls noch Systeme der Klasse II für Bauplanung und Baukonstruktion wirtschaftlich eingesetzt.

2.2 Marktanalyse von CAD-Systemen für das Bauwesen

Abb. 2 zeigt das Ergebnis einer Marktanalyse von CAD-Systemen für das Bauwesen mit einer Klassifikation nach Ursprung der Entwicklung und die erforderlichen Rechnertypen, auf denen die Systeme laufen. Bei der Entwicklung wird unterschieden nach Systemen für verschiedene Industriebranchen, wie z.B. Maschinenbau und Anlagenbau, mit Bauzusatzmoduln und solchen CAD-Systeme die speziell für den Einsatz im Bauwesen entwickelt wurden. Bei den Systemgruppen, unterschieden nach Rechnertypen wie Personal Computer, Workstation und Minicomputer Anlagen, zeigen sich dabei Verschiebungen, wie dies die Pfeile in Abb. 2 veranschaulichen. So sind zukünftig leistungsfähige Systeme auf PC-Basis auch auf Workstations verfügbar, wobei natürlich auch die umgekehrte Entwicklung stattfindet. CAD-Systeme für Minicomputer sind durch das Standard-Betriebssystem UNIX meistens problemlos lauffähig auf einer Workstation.

2.3 Tendenzen bei der Entwicklung von CAD-Software

Zukünftig ist CAD-Software am Markt verfügbar, die aus anwenderneutralen Software-Moduln besteht und jeweils um das erforderliche Branchen-Modul erweitert wird. Dieses Branchen-Modul, z.B. für Architektur oder Maschinenbau, wird dabei unter Verwendung der vorhandenen Grundlagen Software-Moduln erstellt. Diese Grundlagen-Software-Moduln beruhen wiederum auf fortschrittlichen Software-Standards, wie z.B. objektorientierte Programmiersprachen /5/, graphische Grundsysteme wie GKS /6/ oder PHIGS /7/ und relationale Datenbanksysteme mit Abfragesprachen der vierten Generation /8/. Als Beispiel sei hier auf das bereits verfügbare UNICAD

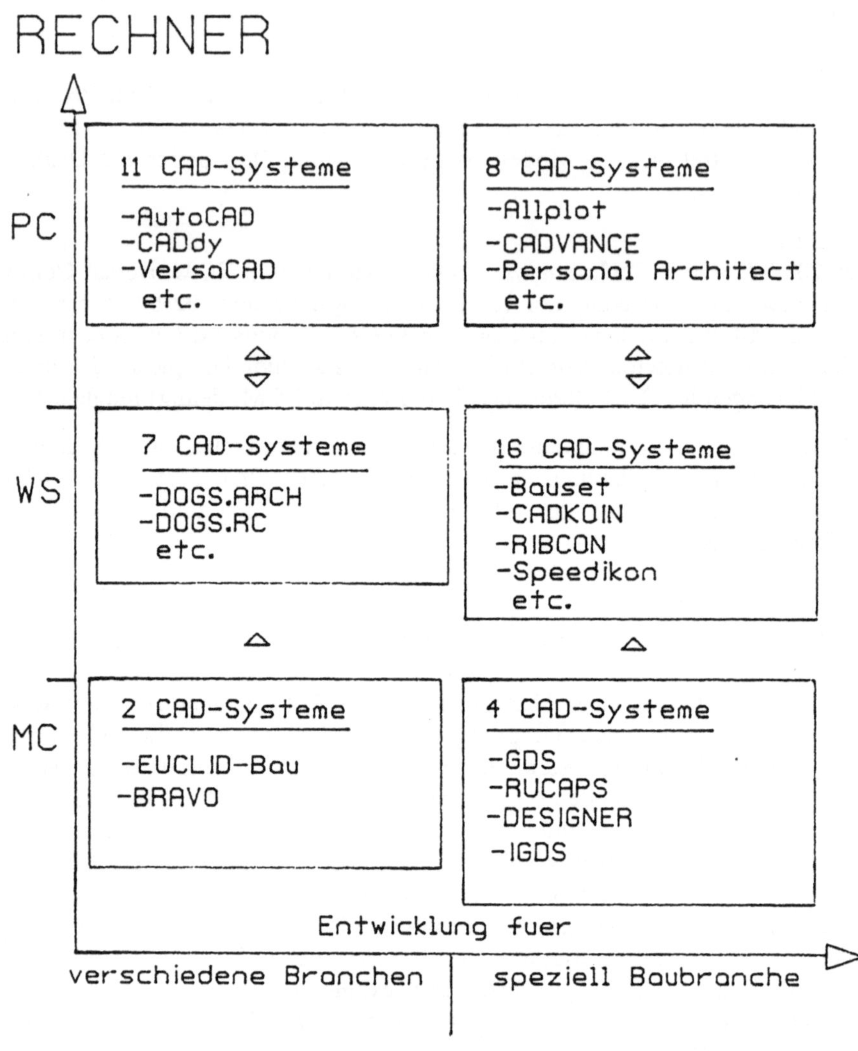

Abb. 2. Marktanalyse von CAD-Systemen

M/P/E System /9/ verwiesen. Mit dieser modular strukturierten CAD-Software kann eine Branchen-Software für das Bauwesen erstellt werden (siehe Abb. 3).

3. CAD-Systeme auf PC-Basis

Für die kleinen und mittleren Unternehmen der Baubranche werden zur Zeit aus wirtschaftlichen Gründen CAD-Systeme auf PC-Basis zum Einsatz kommen. Im wei-

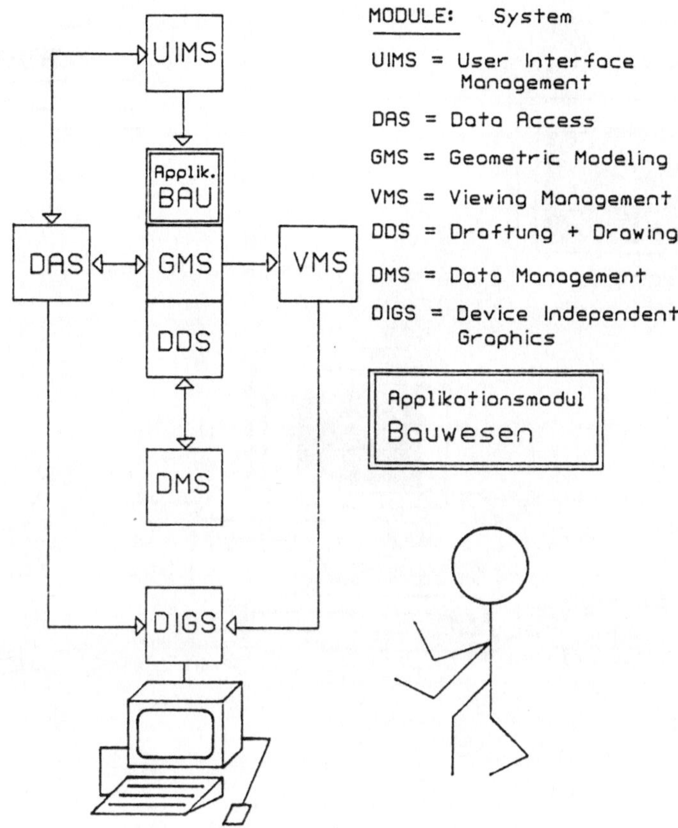

Abb. 3. CAD Branchen-Software UNICAD M/P/E System

teren wird sich daher auf dieses System mit erforderlicher Hard- und Software beschränkt.

3.1 Hardware-Komponenten und Betriebssystem

Nach Abb. 4 besteht solch ein System aus der PC-Systemeinheit, einem graphikfähi-
gen Bildschirm, einer Maus, einem Stiftplotter und Drucker.

Für die PC-Systemeinheit mit ihrem modularen Aufbau ist der De-facto-Indu-
strie-Standard eines IBM-kompatiblen AT-Rechner mit Mikroprozessoren der Reihe
Intel 80286 bzw. 80386 angebracht. Hierzu sollte natürlich der entsprechende Gleit-
kommaprozessor in der Systemeinheit eingebaut sein.

Als minimaler RAM-Arbeitsspeicher sind 640 KB bei Betriebssystem MS-DOS
angebracht, jedoch mit dem Betriebssystem UNIX/XENIX, bei verfügbarer CAD-
Software können durchaus 2 bis 3 MB RAM-Arbeitsspeicher in der Systemeinheit
eingebaut sein. Zum Anschluß der erforderlichen Peripherie, wie Maus oder Tablett,

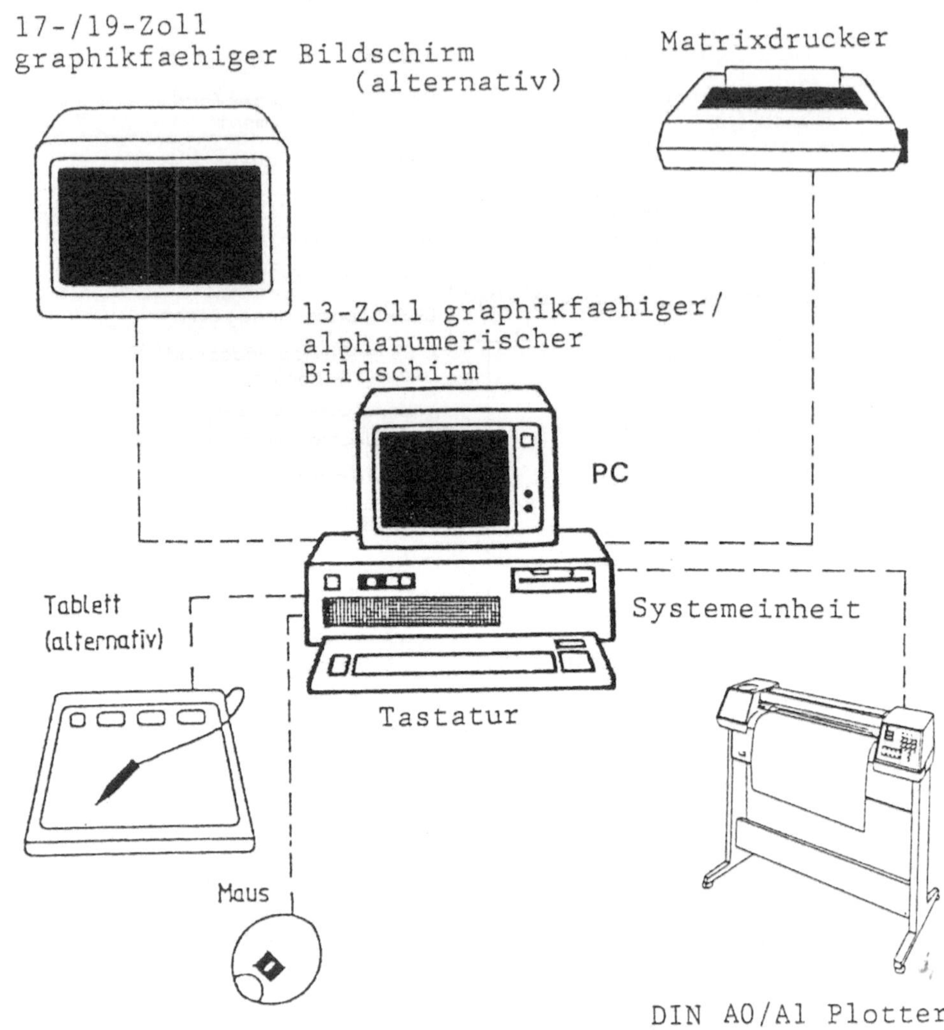

Abb. 4. Hardware für ein CAD-System auf PC-Basis

Plotter und Drucker, müssen die entsprechenden Schnittstellen in der Systemeinheit eingebaut sein. Dies sind zwei serielle Schnittstellen vom Typ V24/RS-232C und eine parallele Centronics-Schnittstelle; dabei kann eine Multifunktionskarte wirtschaftlicher sein als jeweils einzelne Karten.

Als Massenspeicher für die Software sind entsprechende Festplatten mit Kapazitäten von 30/40 MB in der Systemeinheit vorzusehen. Zum Installieren neuer Software und Datensicherung werden 1.2 MB Floppy-Disketten verwendet, jedoch mit größer werdender Festplattenkapazität, wie zum Beispiel 120/130 MB (Stand 5/87), ist eine Datensicherung mit 1/4-Zoll Magnetbändern angebracht.

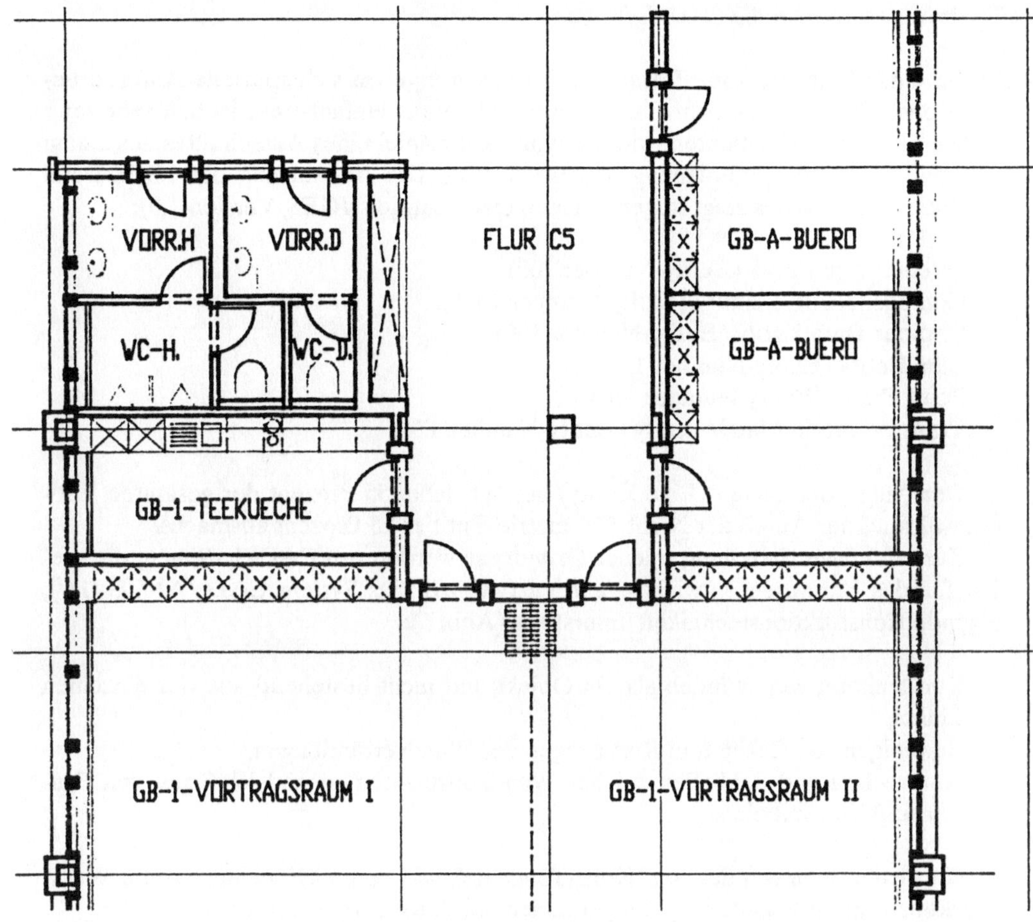

Abb. 5. Grundriß einer Hochbaukonstruktion

Zum 13-/14-Zoll Graphikbildschirm ist der De-facto-Standard einer EGA-Karte mit Auflösung von 640x350 Pixels und 16 Farben wenigstens erforderlich. Wesentlich effektiver ist natürlich ein 17-/19-Zoll Graphikbildschirm mit einer höheren Auflösung, wie z.B. 1024x764 Pixels der Artist 1+ Graphikkarte.

Der Stiftplotter ist ein wesentlicher Kostenfaktor solch einer CAD-Systemkonfiguration, zumal im Bauwesen große DIN-Formate wie DIN A0 bzw. A1 erforderlich sind. Durch eine sinnvolle Beschränkung auf die Papierformate DIN A1/A2 läßt sich jedoch gegenüber DIN A0 eine Kostenreduzierung beim Plotter von bis zu 30% erzielen.

Eine Alternative zu einer optischen oder mechanischen Maus ist ein Tablett mit Stift zur Eingabe über Menüfelder.

Die Standard-Betriebssysteme für Personal Computer der unterschiedlichen Ausbaustufe sind das Einplatz-System MS-DOS und das Mehrplatzsystem UNIX/XENIX.

3.2 *Anforderungen an die CAD-Software*

An die CAD-Software zum Einsatz im Bauwesen ergeben sich spezielle Anforderungen. Konstruktionen aus dem Bauwesen bestehen aus einfacheren, jedoch sehr zahlreichen Geometrie-Elementen, wie das typische Beispiel eines Ausschnittes aus einem Grundriß einer Hochbauplanung in Abb. 5 zeigt. Die Auswertung der IGES-Datei /10/ dieses Grundrisses zeigt folgende Geometrie-Entities (IGES-Version 1.0):

- Circular Arc Entity (Entity-Number 100)
- Composite Curve Entity (Entity-Number 102)
- Copious Data Entity (Entity-Number 106)
- Line Entity (Entity-Number 110)
- Point Entity (Entity-Number 116)
- Transformation Matrix Entity (Entity-Number 124)

Der Anteil der Linien (Line Entity) beträgt dabei 55 Prozent der gesamten Entities, während der Anteil der Nicht-Geometrie-Entities 15 Prozent ausmacht.

Zur effektiven Erstellung solcher Grundrisse werden von CAD-Systemen, die speziell für das Bauwesen entwickelt wurden (wie z.B. das System CADVANCE /11/), folgende Konstruktionstechniken unterstützt (Abb. 6):

- Konstruktion von Wänden als ein Objekt und nicht bestehend aus vier einzelnen Linien,
- Bereinigen von Ecken und Kreuzungen der Wandverbindungen,
- Aufbrechen und Schließen solcher Wandkonstruktionen und Einfügen von Fenster und Türsymbolen.

Konstruktionen von der Art "Kreis-Tangente", wie sie im Maschinenbau für Werkstückkonstruktion sehr wichtig sind, kommen bei Baukonstruktion sehr selten vor.

4. Weiterentwicklung von CAD-Standardsystemen

Für die Zeichnungserstellung von Baueingabe-, Werk-, Schal- und Bewehrungsplänen durch CAD-Systeme auf Minicomputer-Basis werden Rationalisierungsfaktoren von 1.5 bis 5.0 im Schrifttum /12/ angegeben. Um solche Werte durch CAD-Systeme auf PC-Basis zu erreichen, bedarf es einer ergänzenden Weiterentwicklung von Standardsystem und Systematisierung von Konstruktionen über entsprechende Schnittstellen.

4.1 *Schnittstellen von CAD-Standardsystemen*

Das System AutoCAD /13/ bietet neben der interaktiven Erzeugung von Makros eine Programmiersprache zur Erstellung von parametrisierten Makros. Diese Programmiersprache AutoLISP beruht dabei auf "Common-LISP" /14/.

Andere Systeme bieten vergleichbare Makroprogrammiersprachen. So können in dem CAD-System CADVANCE /11/ die standardmäßigen Kommandos, wie

- Erzeugen von Graphikelementen
- Manipulation von Objekten und
- Änderung der Bildschirmansichten

aus der Makroprogrammiersprache heraus erzeugt werden.

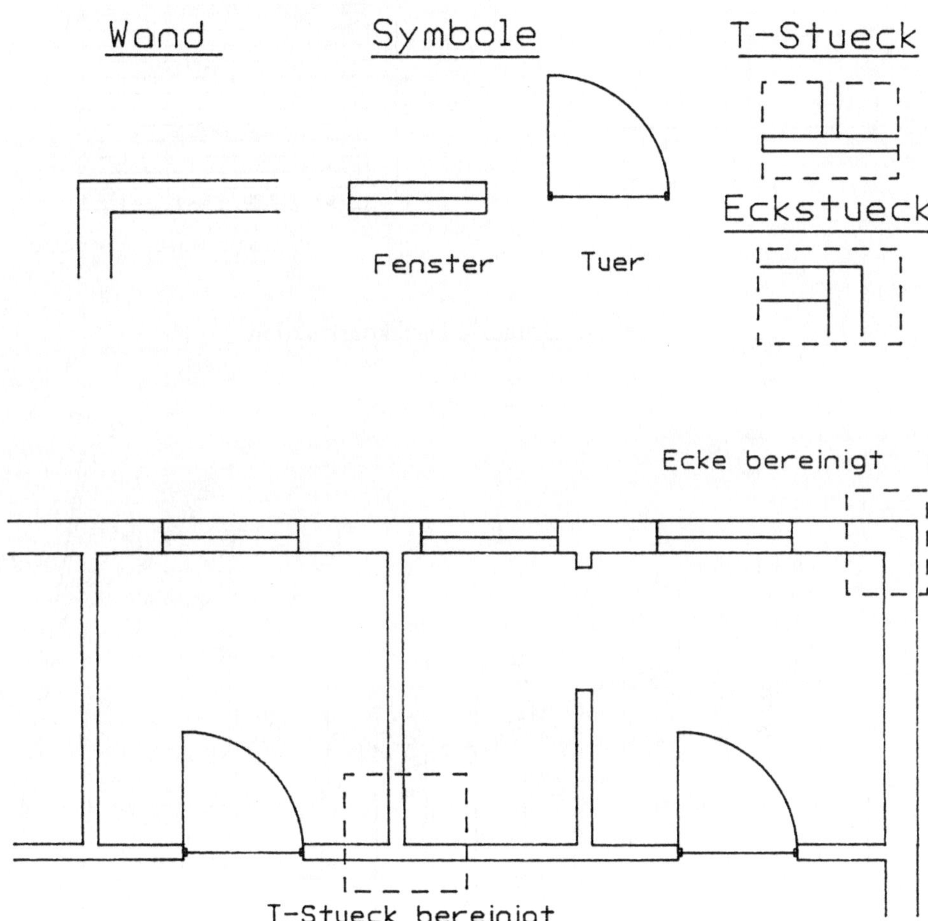

Abb. 6. Bauspezifische Konstruktionstechniken

Die vorhandene einfache Programmiersprache unterstützt Register, Operanden und Anweisungen. Hiermit können eine Reihe von Variablen unterschiedlichen Typs im CAD-System gespeichert werden, und nach entsprechenden Berechnungen erfolgt eine graphische Darstellung der Konstruktion.

Die somit erstellten Makros gestatten einen erweiterten Dialog gegenüber dem üblichen interaktiven Zeichnen bzw. Konstruieren durch Bildschirmmenüs und statischen Makros und Symbolen.

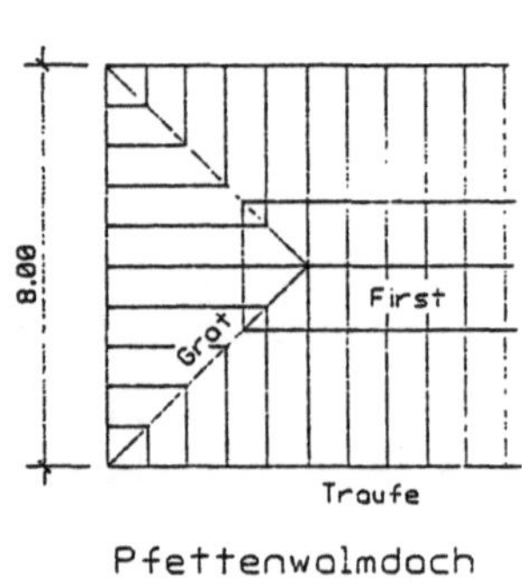

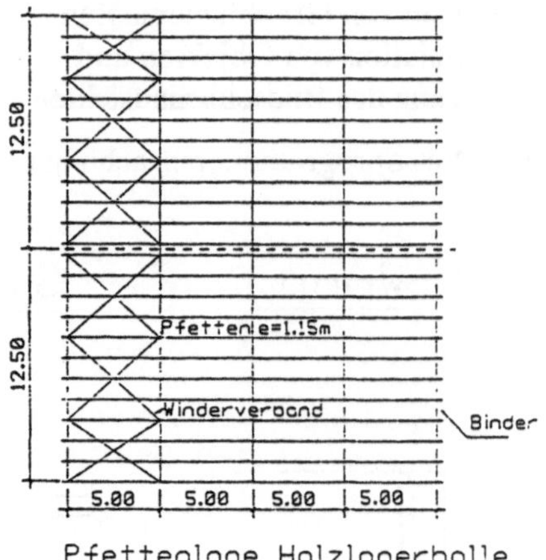

Abb. 7. Grundriß Dachkonstruktion

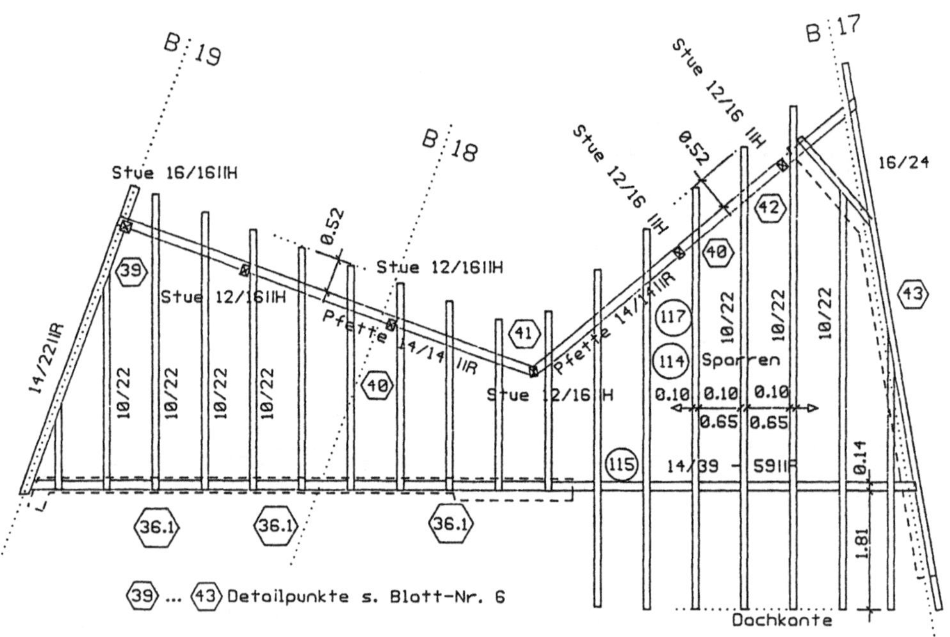

Abb. 8. Dachkonstruktion eines Pultdaches für ein Altenheim

Die Programmierung erfolgt mit einem üblichen Text-Editor oder mit dem im CAD-System bereits vorhandenen vereinfachten Editor. Dies erfordert natürlich Wissen auf der Ebene der Programmierung, was in kleinen und mittleren Betrieben und Planungsbüros nicht immer vorhanden ist.

4.2 Praktische Anwendung für Holzbaukonstruktionen

Zum praktischen Einsatz des CAD-System CADVANCE in einem Zimmereibetrieb wurde eine Symbol- und Makrobibliothek als Weiterentwicklung zum effektiven Konstruieren erstellt. Für den Grundriß von Dachkonstruktionen, wie z.B. von Dächern über zusammengesetzten Grundrissen (Abb. 7), werden die Sparren und Pfettenlagen mit gleichen Abständen entlang einer Leitlinie wie First oder Traufe durch ein programmiertes Makro erzeugt.

Hierzu werden die Balkenabstände, die Anzahl der Balkenfelder und die Balkenbreite abgefragt. Nach dem Konstruieren der Leitlinie und Schnittlinie, wie z.B. Kehle und Grat erfolgt eine Darstellung der Balkenlage. Abb. 8 zeigt als Beispiel einen Ausschnitt der Dachkonstruktion eines Pultdaches für ein Altenheim.

Neben dem Makro für die Balkenkonstruktion wurden natürlich eine Reihe von Symbolen für die üblichen Holzbauverbindungen erstellt.

Als weitere Ergänzung sind Datenbankauszüge für dbase-Dateien /15/ zum Erstellen von Materiallisten im Rahmen einer integrierten Planung vorgesehen.

5. Schlußbemerkung

Die heutzutage verfügbaren CAD-Systeme auf PC-Basis erlauben auch kleinen und mittleren Betrieben des Bauwesens einen effektiven Einsatz dieser Technik für Planung und Konstruktion. Am Markt verfügbare CAD-Standardsysteme bedürfen dabei jedoch einer Weiterentwicklung und praktischer Ergänzungen für spezielle Konstruktion, wie z.B. für einen Zimmereibetrieb.

6. Literatur

/1 /   ANONYM: "BYTE-Inside the IBM PC",Vol. 10, Nu. 11, 1985

/2 /   FÄBER, G.: "Fortschrittliche, netzfähige und graphisch-interaktive Arbeitsplatzrechnerkonzepte", in: "Aktuelle Themen der Graphischen Datenverarbeitung", J. Encarnacao (Hrsg.), Springer-Verlag Berlin, Heidelberg, New York 1986

/3 /   LEVY, H.M., ECKHOUSE, R. H. JR.: "Computer Programming and Architecture -The VAX 11", Digital Press, Mass. 1980

/4 /   ÜBELMESSER, R.: "Einsatzmöglichkeiten von Höchstleistungsrechnern für CAD/CAE Anwendungen", in: VDI-Bericht Nr. 570.5 "Datenverarbeitung in der Konstruktion '85 - CAD und Informatik", VDI Verlag GmbH, Düsseldorf 1985

/5 /   COX, J. C.: "Object-Oriented Programming - An Evolutionary Approach", Addison - Wesley Publishing Company Massachussets 1986

/6 /   ENDERLE, G., KANSY, K., PFAFF, G.: "Computer-Graphics Programming - The Graphics Standard", Springer-Verlag, Berlin, Heidelberg, New York, Tokyo 1984

/7 /   ANONYM: "Understanding PHIGS - The Hierarchical Computer Graphics Standards", Template, the Software Division auf Megatek Cooperation 1985

/8 /   MARTIN, J.: "Fourth Generation Languages, Vol. I Principles", Prentice-Hall, Inc. Englewood Cliffs, N. J. 1985

/9 /   ANONYM: "M/P/E System UNICAD/Universal CAD-Software Product Description", INICAD, Inc. Boulder, Colorado, 1987

/10/   ANONYM: "Initial Graphics Exchange Specification (IGES), Vers. 2.0", National Bureau of Standard, Washington DC, 20234, Febr. 1983

/11/   ANONYM: "CADVANCE, Vers. 1.2 - Benutzerhandbuch",Calcomp GmbH, Düsseldorf 1986

/12/   GÖDEL, S.: "Die Wirtschaftlichkeit des CAD-Einsatzes bei fachübergreifenden Planungen - ein Erfahrungsbericht" in VDI Bericht Nr. 610.3 "Datenverarbeitung in Konstruktion '86 CAD im Bauingenieurwesen", VDI Verlag GmbH, Düsseldorf 1986

/13/   RAKER, D., RICE, H.: "Inside AutoCAD",News Riders Publishing, Thonsands Oaks, Ca. Sec. Ed. 1986

/14/   ANONYM: "AutoLISP-Programmers Reference 2.5", Autodesk, Inc. 1986

/15/   ANONYM: "dBASE II/III Handbuch", Ashton Tate 1985

CAD-Schnittstellen im Bauwesen

W. Haas
RIB/RZB Datenverarbeitung im Bauwesen GmbH,
Stuttgart

1. Einführung

Die Standardisierung des Datenträgeraustausches hat eine lange Tradition im Bauwesen in Deutschland. Die Anstrengungen konzentrierten sich zunächst auf die Entwicklung eines Austauschformates für Bauabrechnungsdaten. Ein erstes Ergebnis war die Entwicklung der vorläufigen Richtlinien für die elektronische Bauabrechnung (REB) durch die Forschungsgesellschaft für das Straßenwesen e.V. /1/ im Jahre 1964.

Die Sammlung REB wurde ständig verbessert und erweitert. Die neueste Ausgabe /2/ umfaßt so gut wie alle Anwendungsgebiete aus dem Bauwesen. Mit der Sammlung REB werden nicht nur der Datenträgeraustausch, sondern auch die Berechnungsverfahren standardisiert.

In 1985 erschien eine Veröffentlichung des GAEB /3/, die den Austausch von alphanumerischen Ausschreibungs- und Auftragsunterlagen erheblich umfassender standardisierte als dies bei der REB der Fall ist.

Für den Datenträgeraustausch graphischer oder geometrischer Informationen zwischen unterschiedlichen CAD-Systemen gibt es in Deutschland keinen Standard, der sich im Bauwesen durchsetzen konnte. Internationale Standards wie IGES /4/ werden nicht akzeptiert.

Ebenso ergeht es nationalen Standards, die aus anderen Industriezweigen kommen, wie VDA-FS /5/ und VDA-IS /6/, die aus der Automobilindustrie kommen. Wenn überhaupt CAD-Daten zwischen unterschiedlichen Systemen ausgetauscht werden, so wird dies mit direkten Übersetzern bewerkstelligt, die das Format des sendenden CAD-Systems unmittelbar in das Format des empfangenden CAD-Systems übertragen.

Dieses Verfahren ist für die große Anzahl der Architektur- und Ingenieurbüros mit ihrer Vielzahl unterschiedlicher CAD-Systeme unbrauchbar. Aus diesem Grunde wurde 1986 ein spezieller Bauarbeitskreis gegründet, der in Anlehnung an die nationalen und internationalen Standards ein neutrales Austauschformat zum Einsatz im Bauwesen entwickeln soll.

DA 11	Ordnungszahl			V	K/Z	Erläuterung	-	Anzahl Faktor :	91 FN	Rechenansätze in freier Schreibweise										Adresse Blatt Nr.	Zeile	inger	z.b.V.
	Z1	Z2	Pos	i						1. Wert	H/Z	2. Wert	R/Z	3. Wert	R/Z	4. Wert	H/Z	5. Wert	H/Z				

Allgemeine Bauabrechnung

Figur	Skizze	Formeln	FN (30 31)	1	2	3	4	5	Ergebnis
Dreieck		$\dfrac{a \cdot h}{2}$	01	a	h				F
Prisma (Deckfläche = Grundfläche)		$\dfrac{a \cdot h \cdot H}{2}$	01	a	h	H			R
Trapez		$\dfrac{a + b}{2} \cdot h$	05	a	b	h			F
Trapezprisma (parallel)		$\dfrac{a + b}{2} \cdot h \cdot H$	05	a	b	h	H		R
Masse zwischen 2 Flächen		$\dfrac{F_1 + F_2}{2} \cdot L$	05	F_1	F_2	L			R
Kreisbogen (Vollkreis = 400.000 ^{g})		$\dfrac{r \cdot \alpha \cdot \pi}{200}$	06	r	α				L
Zylindermantel		$\dfrac{r \cdot \alpha \cdot H \cdot \pi}{200}$	06	r	α	H			M

Abb. 1. Beispiel für REB

2. Austausch alphanumerischer Daten

2.1 Austausch von Bauabrechnungsdaten

Der Austausch von Bauabrechnungsdaten zwischen dem Bauherrn, dem Architekten und den Bauunternehmungen kann auf der Grundlage der Sammlung REB /2/ erfolgen. Das Austauschformat sieht in Anlehnung an die ehemals weit verbreitete Lochkarte ein festes Format mit 80 Spalten vor. Der REB-Standard umfaßt nicht nur die Standardisierung des Austauschformates, sondern auch eine Sammlung von Formeln für die Berechnung von Mengen. Abb. 1 zeigt ein typisches REB-Format und eine Anzahl derartiger Formeln.

Heute umfaßt die Sammlung REB so gut wie alle Arten von Bautätigkeiten und zugehörige Abrechnungsverfahren. Obwohl bei der Berechnung von Mengen Computer häufig eingesetzt werden, ist der Austausch von Bauabrechnungsdaten zwischen dem Auftraggeber und dem Auftragnehmer weit weniger üblich. Der Hauptgrund für diesen Mangel an Datenträgeraustausch ist weniger in dem Austauschformat der REB

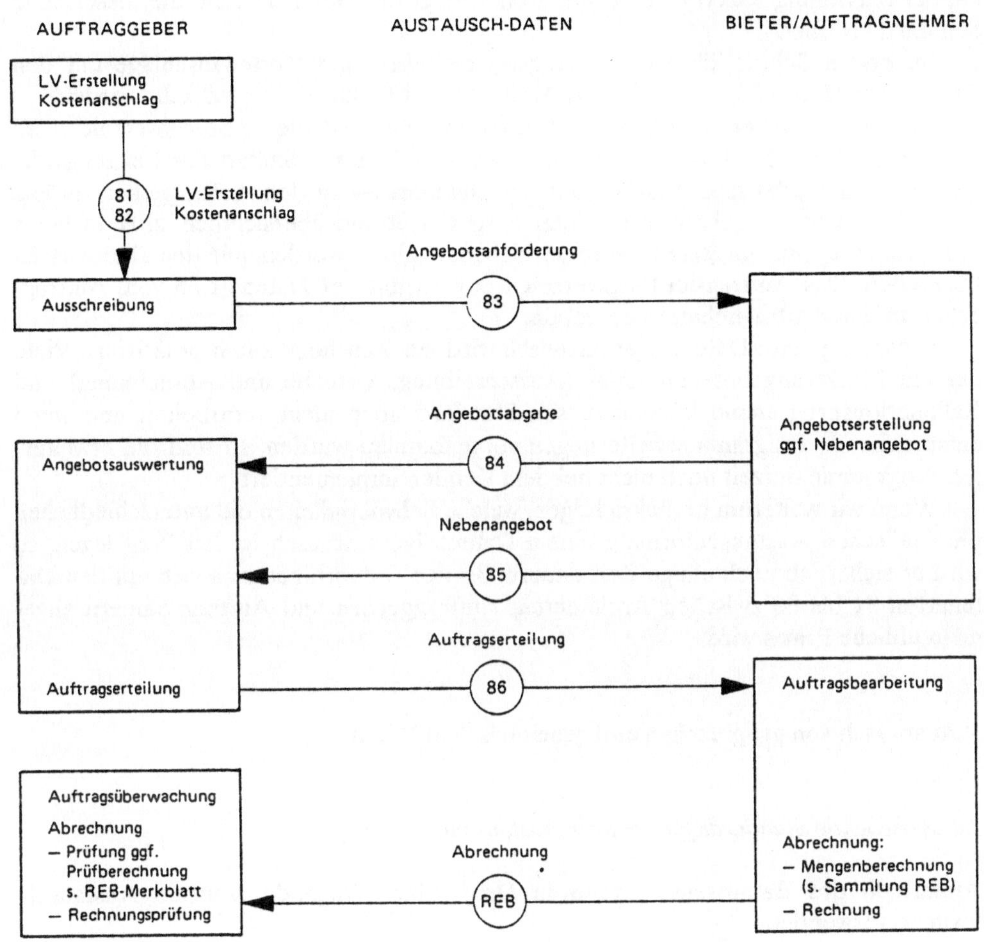

Abb. 2. Datenträgeraustausch entsprechend GAEB /3/

zu suchen als in den unterschiedlichen Typen und Formaten der Austauschmedien, wie 8", 5¼" und 3½" Disketten mit unterschiedlichen Schreibdichten, unterschiedliche Typen von Magnetbändern und unterschiedliche Codes (ASCII EBCDIC). In vielen Fällen haben die Austauschpartner nicht dieselben physikalischen Ein- und Ausgabegeräte für den Datenträgeraustausch.

2.2 Austausch von Ausschreibungs- und Auftragsunterlagen

Im Jahre 1985 veröffentlichte der GAEB (Gemeinsamer Ausschuß Elektronik im Bauwesen) einen neuen Standard /3/, für den Austausch von Ausschreibungs-, Angebots-, und Auftragsunterlagen zwischen Auftraggebern und Auftragnehmern. Damit wird der Datenträgeraustausch in einem weit umfassenderen Sinn ermöglicht als dies bei der Sammlung REB der Fall war. Abb. 2 zeigt die Möglichkeiten, die dieser neue Standard eröffnet.

Im ersten Schritt können Leistungsverzeichnisse und Kostenanschläge mit den Datenarten 81 und 82, z. B. zwischen Architekt und Bauherr, ausgetauscht werden.

Der Auftraggeber oder Architekt kann anschließend die Leistungsverzeichnisse mit der Datenart 83 an die Bieter versenden. Der Bieter kalkuliert das Leistungsverzeichnis und sendet sein Angebot mit der Datenart 84 an den Auftraggeber zurück. Dort können die Angebote aller Bieter ausgewertet und übersichtlich, z. B. in Form von Preisspiegeln, dargestellt werden. Nebenangebote werden mit der Datenart 85 übergeben. Das Auftragsleistungsverzeichnis wird mit der Datenart 86 vom Auftraggeber an den Auftragnehmer übergeben.

Dieser geplante Datenträgeraustausch wird zur Zeit noch kaum praktiziert. Viele der am Markt angebotenen AVA (Ausschreibung, Vergabe und Abrechnung) und Kalkulationsprogramme können diesen Standard noch nicht verarbeiten und wenn entsprechende Programmerweiterungen vorgenommen wurden, so sind die erweiterten Programme derzeit noch nicht bei dem Kunden implementiert.

Wenn wir weiterhin berücksichtigen, welche Schwierigkeiten die unterschiedlichen physikalischen Austauschformate einem Datenträgeraustausch in den Weg legen, so wird es sicherlich noch einige Zeit dauern, bis der Datenträgeraustausch mit den Datenarten 81 bis 86 zwischen Architekten, Auftraggebern und Auftragnehmern allgemein übliche Praxis wird.

3. Austausch von graphischen und geometrischen Daten

3.1 Bestehende Standards für neutrale Austauschformate

Außerhalb des Bauwesens werden in Deutschland folgende neutrale Austauschformate verwendet:

- IGES /4/
- VDA-FS /5/
- VDA-IS /6/.

Es ist interessant zu beobachten, daß außerhalb des Bauwesens IGES durchaus akzeptiert wird und in Industriebetrieben wie dem Volkswagenwerk als neutrales Format für den Austausch von CAD-Daten zwischen den unterschiedlichen CAD-Systemen verwendet wird /7/. Die Pre- und Postprozessoren, die in diesen Firmen zum Einsatz kommen, wurden entweder von ihnen selbst entwickelt oder die von den Systemanbietern gelieferten Prozessoren wurden überarbeitet, um ihren Anforderungen zu genügen. Die so entwickelten oder überarbeiteten Pre- und Postprozessoren erlauben einen Datenträgeraustausch ohne oder mit nur geringfügigen Informationsverlusten. Auf diese Art und Weise kann ein zuverlässiger Datenträgeraustausch zwischen den unterschiedlichen CAD-Systemen erzielt werden.

In der Bauplanung wird weder IGES noch eines der anderen genannten neutralen Austauschformate akzeptiert. Um dies besser zu verstehen, ist es zweckmäßig, den Einsatz von CAD-Systemen bei der Bauplanung in Deutschland zu schildern. Die

Mehrzahl der Planungsbüros sind kleine Architektur- und Ingenieurbüros. Wenn CAD-Systeme überhaupt eingesetzt werden, so sind es in der Regel Spezialsysteme, die von auf das Bauwesen spezialisierten Anbietern geliefert wurden. Die Mehrzahl dieser Systeme haben keine IGES-Prozessoren.

Allgemeine CAD-Systeme, wie INTERGRAPH, APPLICON oder COMPU-TERVISION mit speziellen Bauplanungszusätzen haben in den Planungsbüros nur geringe Marktanteile. Sie sind jedoch in den Bauabteilungen von Industrie- und Handelsunternehmungen durchaus anzutreffen. Low-Cost-Systeme, wie AUTOCAD, beginnen Marktanteile zu gewinnen.

Der Wunsch nach einem Datenträgeraustausch entwickelte sich in den letzten Jahren. Insbesondere die Bauabteilungen der Industrie- und Handelsunternehmungen wollen zunehmend für ihre Bestandsplanung die Entwurfsdaten so, daß sie sie auf ihre CAD-Systeme weiterverwenden können. Da sie in der Regel keinerlei Informationsverluste akzeptieren, wünschen sie die Daten in "ihrem" Format. In solchen Fällen müssen direkte Übersetzer eingesetzt werden.

Diese Situation ist durchaus vergleichbar mit der in anderen Ländern, wie sie in /8/ und /9/, beschrieben ist. Abb. 3 zeigt z. B. den Auszug aus einer in /8/ veröffentlichten Tabelle über den Datenträgeraustausch in Großbritannien. Bemerkenswert daran ist, daß nur einmal das neutrale Format IGES für den Datenträgeraustausch verwendet wurde. Bei weitem überwiegen Formate von Systemherstellern bis hin zu Plotformaten.

Wenn überhaupt ein Datenträgeraustausch zwischen unterschiedlichen CAD-Systemen praktiziert wird, so werden also direkte Übersetzer eingesetzt, die die Formate der Systemanbieter benutzen, wie:

- CALCOMP - Plotfile
- SIF (INTERGRAPH)
- DXF (AUTOCAD)
- Spezielles Austauschformat zwischen APPLICON BRAVO und UNICAD
- Spezielles Austauschformat zwischen RIBCON und MEDUSA
- Spezielles Austauschformat zwischen RIBCON und PDMS

Plotfiles, z. B. im CALCOMP-Format, eignen sich zum Übertragen von Zeichnungen, die nur gelesen werden sollen. In diesen Plotfiles werden keine echten Gebäudekoordinaten, sondern Zeichnungskoordinaten übertragen. Die Struktur von Bauzeichnung in Ebenen und Makros gegebenenfalls mit angehängten Attributen, die Assoziativität von Bemaßung und Schraffur gehen samt und sonders verloren. Eine Ebenenstruktur ließe sich bestenfalls dadurch übertragen, daß man eine Zeichnung in mehrere Plotfiles entsprechend den Ebenen zerlegt. Dieses Verfahren ist jedoch nicht praktikabel.

Will man die oben beschriebene Struktur der Bauzeichnung mit übertragen, so muß man "intelligentere" Austauschformate benutzen.

Die Formate SIF und DXF sind derartige "intelligente" Austauschformate. Sie wurden von den Herstellern gut dokumentiert und sollen hier nicht weiter geschildert werden. Dasselbe gilt für das bauspezifische Format zum Austausch von CAD-Daten zwischen UNICAD und APPLICON BRAVO. Es ist in /10/ beschrieben.
Prinzipiell dieselben Möglichkeiten bietet das Format zum Austausch von CAD-Daten zwischen RIBCON und MEDUSA. Es ist ebenfalls ein reines 2D-Format, mit

TABLE G7.	Analysis of exchange formats/translator used		
RECEIVING SYSTEM	EXCHANGE FORMAT/TRANSLATOR	SENDING SYSTEM	No. OF WAYS
1. Intergraph	DMC	Ordnance survey (Mapping Data)	2
2. Intergraph (VAX 11/730)	ISIF	Ordnance survey (Syscan)	1
3. Intergraph (VAX 11/730)	ISIF	Ordnance survey	1
4. Intergraph (PDP 11)	O.S. format, software by 3rd party	Ordnance survey	–
5. Intergraph (PDP 11)	ASCII file	IBM mainframe	–
6. Intergraph (PDP 11)	DMC	Ordnance survey	1
7. Intergraph (PDP 11)	DMC	Ordnance survey (Syscan on VAX)	1
8. Intergraph (PDP 11/70)	Internally developed format to enhance plotter data and send to receiving system.	Computer Aided Production System (CAPS).	2
9. Intergraph (VAX 11/730)	ISIF	Calcomp	1
10. Intergraph (VAX 11/730)	ISIF	GDS	1
11. Intergraph (VAX 11/751/730)	Moss Picture File	Computervision	1
12. Intergraph	SIF/BIF	GDS (Prime 550)	2
13. Intergraph	BIF/SIF	GDS (Prime 750)	2
14. Intergraph	BIF/SIF	GDS (Prime 2550)	1
15. Intergraph	BIF/SIF	GDS (Prime 9650)	–
16. GDS (Prime 750 & VAX 11/750)	IGES	Intergraph	1
17. GDS	Plot file format	Hewlett Packard	–
18. GDS	Plot file format	Ordnance Survey	–
19. GDS	Plot file format	Moss	–
20. GDS	ISIF	Intergraph (VAX 11/751/730)	2
21. GDS (Prime 550 II)	O.S. DMC & Arcad plot file format	Various mapping systems.	1
22. GDS	XQTRAN for PRIME to VAX	GDS (Prime 400)	–

Abb. 3. Auszug aus einer Erhebung zum CAD-Datenaustausch in England /3/

dem man die Strukturen von Bauzeichnungen detailliert nachbilden kann. Es ist in /11/ beschrieben. Ein anderer Weg wird beim Austausch von CAD-Daten zwischen RIB-

CON und PDMS beschritten. Hierbei werden, da beide Systeme 3D-Systeme sind, räumliche Bauteile, wie Wände, Stützen, aber auch Treppen und komplexe Träger von RIBCON an PDMS übergeben. Beide Systeme beruhen jedoch auf unterschiedlichen Modellier-Prinzipien. PDMS verwendet die CSG (Constructive Solid Geometry) zur Darstellung von Körpern und RIBCON die B-rep. (Boundry representation) Darstellung. Wie aus Abb. 4 ersichtlich, besteht das Hauptproblem darin, eine Darstellungsform in die andere zu überführen.

Bauteile, wie die in Abb. 4 gezeigte Pilzstütze, werden in RIBCON anhand der Rekonstruktionstechnik erzeugt. Aus dem so gebildeten Drahtmodell wird automatisch das Flächenmodell abgeleitet, welches parametrisiert werden kann. Dabei wird eine Makrosprache verwendet. Diese Makrosprache wird ebenfalls benutzt, um die parametrisierten RIBCON-Körper in die geometrischen Primitiven zu zerlegen, die als Eingabe von PDMS dienen.

Dieser Datenträgeraustausch von RIBCON nach PDMS ist seit ca. drei Jahren bei BBC in Mannheim im Einsatz. Er ist detailliert in /12/ beschrieben. Abb. 5 zeigt ein praktisches Beispiel für den Datenträgeraustausch. Alle Bauteile des perspektivisch dargestellten Kraftwerkes, also alle Träger, Stützen, Wände etc., wurden mit RIBCON erzeugt und anschließend an PDMS mit dem geschilderten Verfahren übergeben. Mit PDMS wurden die Aggregate und Rohre bezüglich des mit RIBCON erzeugten Gebäudes angeordnet.

Direkte Übersetzer, wie die hier geschilderten, sind sehr effizient und garantieren ein Minimum an Informationsverlust. Sie sind jedoch kostspielig in ihrer Entwicklung und können keinesfalls eine Lösung darstellen für die vielen Ingenieur- und Architekturbüros mit ihrer großen Vielzahl von unterschiedlichen CAD-Systemen und der daraus resultierenden Vielzahl von direkten Übersetzern.

Für den Datenträgeraustausch zwischen diesen Planungsbüros muß ein allgemein akzeptiertes neutrales Austauschformat entwickelt werden, mit nur einem Pre- und Postprozessor für jedes CAD-Programm.

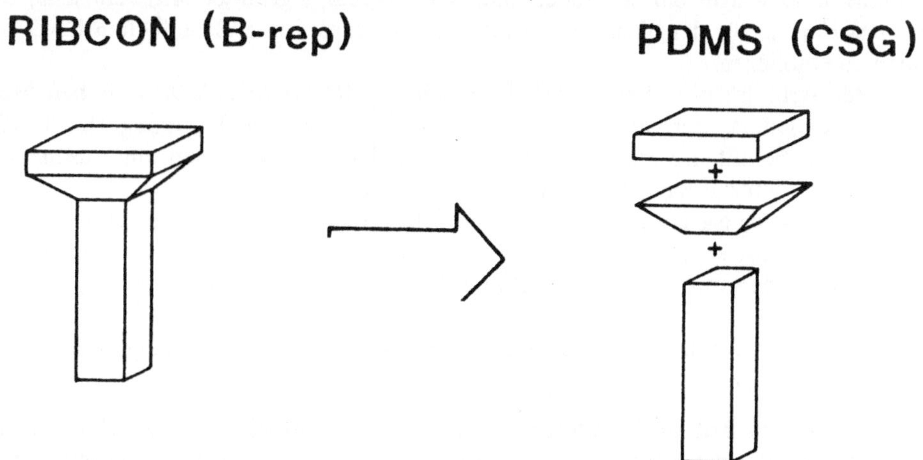

Abb. 4. Beispiel für eine Transformation der Darstellung von Körpern beim Datenträgeraustausch RIBCON-PDMS

Abb. 5. Mit RIBCON und PDMS gemeinsam erzeugtes 3D-Modell eines Kraftwerks
(Quelle: BBC, Mannheim)

3.2 Laufende Standardisierung

Im Jahre 1986 wurde ein spezieller Bau-Arbeitskreis gegründet mit dem Ziel, ein neutrales Format für den Datenträgeraustausch zwischen unterschiedlichen CAD-Systemen zu etablieren.

Dieser Arbeitskreis ist dem Arbeitsausschuß DIN NAM AA 96.4, Arbeitskreis AK12 angegliedert, der sich branchenübergreifend mit der Normung der CAD-Schnittstellen befaßt. Er arbeitet mit internationalen Arbeitskreisen eng zusammen. Der Stand der internationalen Normung ist in Abb. 6 dargestellt.

Der Bau-Arbeitskreis ist mit Vertretern aller an der Bauplanung beteiligten Institutionen besetzt. Auf seiner letzten Sitzung hat er ein Zweistufen-Konzept für die Etablierung eines neutralen CAD-Austauschformates beschlossen.

– Schnelle Entwicklung eines 2D-Austauschformates auf der Grundlage der existierenden Standards.

– Ab 1988 Mitarbeit an der internationalen Normung im Rahmen von ISO, z. B. an der Entwicklung von Referenzmodellen /16/ für den Austausch der gesamten produktdefinierenden Daten. Dieses Austauschformat umfaßt die gesamte 3D-Geometrie von Bauwerken mit allen alphanumerischen beschreibenden Informationen.

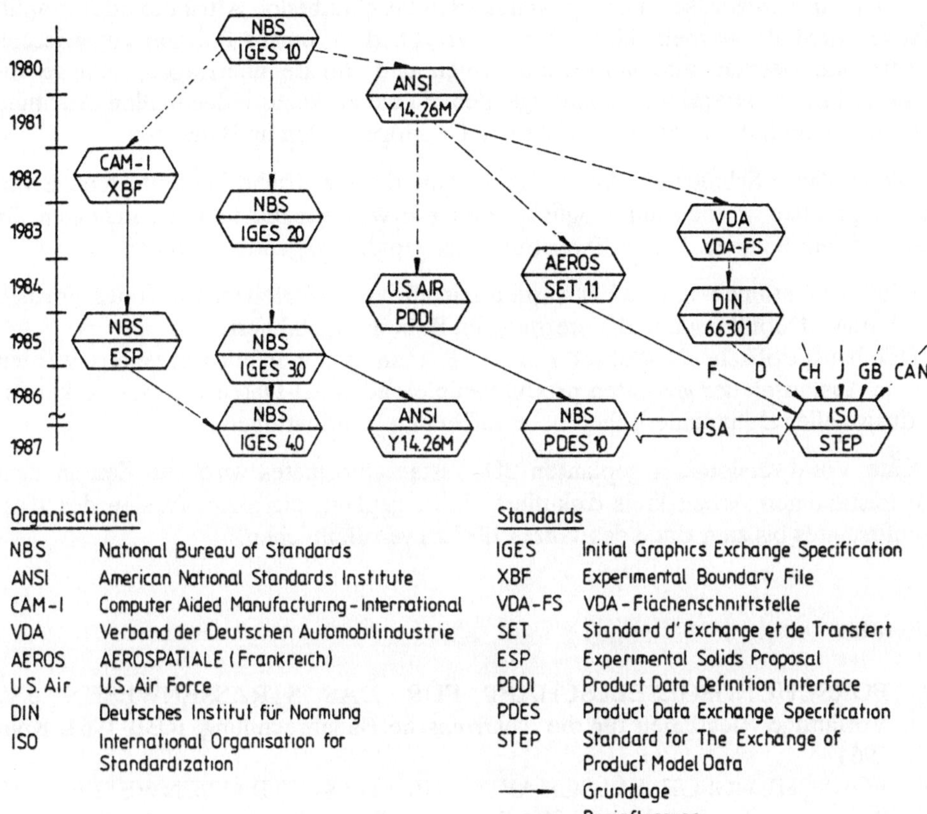

Organisationen	
NBS	National Bureau of Standards
ANSI	American National Standards Institute
CAM-I	Computer Aided Manufacturing-International
VDA	Verband der Deutschen Automobilindustrie
AEROS	AEROSPATIALE (Frankreich)
U.S. Air	U.S. Air Force
DIN	Deutsches Institut für Normung
ISO	International Organisation for Standardization

Standards	
IGES	Initial Graphics Exchange Specification
XBF	Experimental Boundary File
VDA-FS	VDA-Flächenschnittstelle
SET	Standard d' Exchange et de Transfert
ESP	Experimental Solids Proposal
PDDI	Product Data Definition Interface
PDES	Product Data Exchange Specification
STEP	Standard for The Exchange of Product Model Data
——►	Grundlage
——►	Beeinflussung

Abb. 6. Stand der internationalen Normung von CAD-Schnittstellen

Das schnell zu entwickelnde 2D-Austauschformat soll die notwendigsten Bedürfnisse von Architekten und Ingenieuren befriedigen. Es wird voraussichtlich auf den existierenden Konventionen des zu erwartenden internationalen STEP-Standards /13/, /14/ und /15/ basieren. Die vollständigen STEP-Konventionen liegen zwar noch nicht endgültig fest, die Mehrzahl der für den geplanten Standand relevanten Teile, z. B. die Filestruktur /14/, die Beschreibungssprache /15/ und die wesentlichen 2D-Geometrie-Entities /13/, haben sich in letzter Zeit kaum noch verändert und sind damit als stabil anzusehen. Die folgenden Eigenschaften von STEP sind für das Bauwesen besonders geeignet:

– *Rekursivität.* Ein Entity kann aus Entities von Entities desselben Typs beschrieben werden. Damit können z. B. neben den üblichen hierarchischen Strukturen (d. h. eine Zeichnung besteht aus Layern von Polygonen, von Linien und Punkten) auch rekursive Stukturen (d. h. ein Layer besteht aus anderen Layern) zusammengesetzt werden. Damit kann die Struktur von Bauzeichnungen hervorragend nachgebildet werden.

– *Vererbungsattribute*, seien es alphanumerisch beschreibende Attribute oder graphische Attribute werden "hierarchisch" vererbt, d. h. einem Polygon zugewiesene Attribute werden automatisch auf Linien und Punkte übertragen, solange für diese, in der "Hierarchie" nachfolgenden Elemente keine individuellen Attribute definiert sind. Auch dies entspricht den Gepflogenheiten im Bauwesen.

Die geplante Schnittstelle kann also als eine bauspezifische 2D-Untermenge von STEP angesehen werden mit möglichst wenig Erweiterungen und Ergänzungen für bauspezifische Belange. Dieses Zweistufen-Konzept hat folgende Vorteile:

– Die Konventionen von STEP werden mit all ihren Vorteilen, wie freies Format, rekursive Definitionen und Vererbung im Bauwesen, etabliert.
– Der bauspezifische 2D-Subset von STEP kann später nahtlos erweitert werden zum Austausch der gesamten produktdefinierenden 3D-Daten von Bauwerken inklusive aller alphanumerischen beschreibenden Informationen.

Eine Vorabversion des geplanten 2D-Austauschformates wird zur Zeit in dem dafür zuständigen Arbeitskreis diskutiert. Es ist geplant, die erste Version des Austauschformates bis zum Ende des Jahres 1987 zu veröffentlichen.

4. Literatur

/1 /   FORSCHUNGSGESELLSCHAFT FÜR DAS STRASSENWESEN e.V. Vorläufige Richtlinien für die elektronische Bauabrechnung, REB 1964, Köln 1964

/2 /   FORSCHUNGSGESELLSCHAFT FÜR DAS STRASSENWESEN e.V. Sammlung der Regelungen für die elektronische Bauabrechnung (Sammlung REB), Köln 1981

/3 /   GAEB, GEMEINSAMER AUSSCHUSS ELEKTRONIK IM BAUWESEN Regelungen für den Austausch von Leistungsverzeichnissen, Beuth Verlag 1981

/4 /   AMERICAN NATIONAL STANDARDS INSTITUTE IGES, Initial Graphics Exchange Specifications, Version 3.0, ANSI 1986

/5 /   VERBAND DER DEUTSCHEN AUTOMOBILINDUSTRIE e.V. VDA-FS, (VDA-Flächenschnittstelle, Version 2.0) VDA, Juni 1986

/6 /   VERBAND DER DEUTSCHEN AUTOMOBILINDUSTRIE e.V. VDA-IS (VDA-IGES-Subset), VDA, Febr. 1987

/7 /   BOHLE, D. Modelldatenaustausch mit Hilfe neutraler Schnittstellen Volkswagen AG 1986

/8 /   WIX, J., McLELLAND, C.: Data Exchange between Computer Systems in the Construction Industry, BSRIA, 1986

/9 /   PALMER, M. E.: The Current Ability of Architecture, Engineering and Construction Industry to Exchange CAD Data Sets digitally, US. Department of Commerce 1986

/10/   BEUCKE K., CAPRANO, P., FIRMENICH, B.: Eine CAD-Schnittstelle für das Bauwesen Hochtief AG, 1987

/11/   RIB/RZB DATENVERARBEITUNG IM BAUWESEN Datenformat zwischen RIBCON und MEDUSA RIB/RZB 1986

/12/ RISTAU, W., MOELLER, U., ZIVKOV, S.: Baupläne als ein Ergebnis des rechnerintegrierten Anwendungs-Planungs-Systems RAPAS VDI-CAD-Congress Datenverarbeitung in der Konstruktion München 1985

/13/ SCHNEIDER, D.: STEP/PDES Initial Testing Draft, London Edition, Mai 1987, STEP Document No. 138

/14/ ALTMÜLLER, J.: The STEP File Structure, Version 8.0 Januar 1987, STEP Document No. 109

/15/ SCHENK, D.: Express a Language for Information Modelling April 1987, STEP Document No. 119

/16/ GIELINGH, W.: General Reference Model for AEC Product Data Mai 1987, STEP Document No. 149

Benutzer und Schnittstellen in der Architektur

J. Guthoff
Stuttgart

Abstract:

The difference between the use of computer aided architecture design (CAAD) in the FRG and the use of CAD in the building industries of foreign countries or in other applications, like the mechanical industries, is decisive for the carefule use of other experiences of man machine interaction for CAAD in the FRG. The specific situation of the building industrie of the FRG, like handscraft production and large work-sharing between the projekt members, makes specific requirements for the interfaces for CAAD. Not only the interaction of architect and machine but also the interaction between the different tasks are important for the question, how we can increase the quality of architecture with CAAD.

1. Schnittstellen

Der Begriff der Benutzerschnittstelle wird oft nur begrenzt auf die Schnittstelle zwischen Mensch und Maschine, also als ergonomische Schnittstelle. Im Rahmen dieses Beitrages soll dargestellt werden, daß im Tätigkeitsfeld des Architekten für den Benutzer von CAD auch Schnittstellen relevant sind, die sich nicht an der Benutzeroberfläche des CAD-Systems befinden. Das Problem von Benutzer und Schnittstellen geht über die eingeschränkte ergonomische Fragestellung hinaus.

Die Diskussion um Benutzer von CAD-Systemen geht oft von einem Benutzermodell aus, was eine gefährliche Abstraktion und damit Vereinfachung der Realität ist. Bei dem individuellen Arbeitsstil der Architekten und der Einmaligkeit einer Bauaufgabe müssen Abstraktionen des Benutzerverhaltens sehr weitreichend sein, um allgemeine Gültigkeit zu haben. Sie sind damit aber wenig aussagefähig. Die Aussage: "Der Architekt entwirft" ist richtig, aber hilft uns nicht weiter.

Es ist zu unterscheiden zwischen dem Begriff der "Schnittstellen" und den "Funktionen". Schnittstellen sind Festlegungen der Darstellungsweisen von Informationen zwischen Funktionsträgern. Die Bearbeitung der Informationen wird nur indirekt festgelegt, indem bestimmte Bearbeitungsergebnisse gefordert werden. Schnittstellen liefern immer nur eine Abstraktion des Bearbeitungsgegenstandes, was zu falschen Interpretationen des Bearbeitungsgegenstandes führen kann. Je höher der Abstrakti-

onsgrad ist, desto größer ist die Gefahr einer Fehlinterpretation, z.B. bei Drahtmo-
delldarstellungen.

Schnittstellen sollen möglichst allgemein anwendbar sein. Sie sind daher unabhängig von dem jeweiligen Planungskontext definiert. Aber gerade für die Architektur
gilt, daß das Ganze mehr ist als die Summe seiner Teile. Architektur besteht nicht nur
aus der Addition von Formen und Materialien. Die ganzheitliche Bearbeitung der
Bauaufgabe ist ein wesentlicher Bestandteil der Arbeit des Architekten.

2. Architekt und Bauwesen

Das heutige Berufsbild des Architekten in der Bundesrepublik Deutschland ist aus
der historischen Entwicklung des Bauwesens entstanden. Ähnliche Entwicklungen in
anderen Ländern, insbesondere in außereuropäischen Ländern, lassen sich nicht ohne
weiteres mit den Entwicklungen in der BRD vergleichen. Es gibt überall nationale Ei-
genentwicklungen der gesellschaftlichen Anforderungen an die Architektur, der auf-
gabenabhängigen Arbeitsteilungen beim Planen und Bauen, der regionalen Anforderungen an die Bauproduktion und der nationalen berufsständischen Ordnungen, die
das Tätigkeitsfeld des Architekten abgrenzen und die Integration der Planungsergeb-
nisse in wirtschaftliche und gesellschaftliche Zusammenhänge festlegen. Erfahrungen
beim Einsatz von CAD und die Festlegung von Schnittstellen sind daher abhängig von
den nationalen Bedingungen.

Der Architekt in der BRD hat Leistungen zu erfüllen, die über das eigentliche
Entwerfen hinausgehen. Im Gegensatz zu anderen Ländern kommt der Bauherr mit
seinem Bauwunsch zuerst zu ihm. Er ist Treuhänder des Bauherrn in allen das Bauen
betreffenden Angelegenheiten. Dies hat für den Architekten den Vorteil, daß er die
einzelnen Aufgaben beim Planen und Bauen gemeinsam mit dem Bauherren verteilt
und somit die Schnittstellen zu den Projektbeteiligten selber festlegen kann. Er übernimmt aber auch dadurch viele Aufgaben, die mit der eigentlichen Gestaltung des
Gebäudes sehr wenig zu tun haben: die Projektorganisation, Ingenieurberechnungen,
konstruktive Festlegungen und Detaillierungen, Kostenplanungen, Mitwirkung bei der
Vergabe von Bauleistungen an Unternehmer und die Festlegung des Bauablaufs. Die
eigentliche, mit Graphik zu unterstützende Entwurfsarbeit macht nur ca. 20% der
Projektarbeitsstunden aus.

Es gibt nicht den Architekten schlechthin. Der individuelle, selbsbetimmte Arbeitsstil, künstlerische Intentionen und die persönliche Identifikation mit dem Ar-
beitsergebnis sind wesentliche Motivationsfaktoren für Architekten. So wird eine
Zeichnung danach beurteilt, ob die architektonische Intention anschaulich dargestellt
ist, und nicht, ob das Gebäude geometrisch exakt abgebildet ist, oder ob Zeichnungs-
normen eingehalten sind. Das Interesse innerhalb der Architektenschaft an allgemein
verbindlichen Standardisierungen und Normen ist äußerst gering. Standardisierung
und Normierung sind Reizworte. Normen können sich in der Praxis nur dann durchsetzen, wenn sie für die individuelle Arbeit des Einzelnen als sinnvoll empfunden werden, oder aber wenn sie von der öffentlichen Hand, die als größter Auftraggeber eine
Bauherrenmacht darstellt, vorgeschrieben wird.

Es gibt in der BRD überwiegend kleine Büros: ca. 75% 1-2 Mitarbeiter, ca. 15%
bis 15 Mitarbeiter. Der Rest sind sogenannte Großbüros, die oft auch Consultingauf-

gaben mit übernehmen. Die Einsicht, daß durch organisatorische Verbesserungen die Effektivität des Büros gesteigert werden kann, ist bei kleinen Büros nur wenig vorhanden. Obwohl man sich meist bewußt ist, daß die vorhandene Büroorganisation seit der Bürogründung zufällig gewachsen und auch "verwachsen" ist, werden moderne Organisationsformen und Arbeitshilfsmittel nur zögernd angenommen. Dies hat wesentlichen Einfluß auf die Akzeptanz von Schnittstellen, die oft abgelehnt werden, weil sie der gewohnten individuellen Arbeit nicht entsprechen, egal ob sie von der Sache her sinnvoll sind oder nicht.

Zur Beurteilung des Umfeldes von CAD muß man unterscheiden zwischen der Architektur und dem Bauwesen, da ein Großteil des Bauvolumens, z.B. Brücken, ohne Architekten nur von Ingenieuren geplant wird. Freiberuflich tätige Architekten planen nur etwa 1/3 des Bauvolumens innerhalb der BRD. Der Einsatz eines CAD-Systems im Bauwesen ist daher nicht nur danach zu beurteilen, was damit bearbeitet werden kann, sondern auch wer plant, denn die Arbeitsmethoden der Architekten und der Ingenieure unterscheiden sich erheblich . Das Bauwesen innerhalb der BRD ist bestimmt durch:

- überwiegend handwerkliche, traditionelle Produktionen
- historisch gewachsene Arbeitsteilung zwischen den Projektbeteiligten
- geringe Industrialisierung
- Einzelfertigung auf der Baustelle
- Überbetriebliche Zusammenarbeit mit unterschiedlichen Interessen
- räumliche Trennung von Planung und Ausführung
- große Entfernung der Beteiligten untereinander
- hoher Grad an Unsicherheit bei der Planung.

Für den Einsatz von CAD gelten im Bauwesen andere Ziele als in anderen Branchen. So bietet CAD/CAM zum Beispiel im Maschinenbau Möglichkeiten, die im Bauwesen nicht unbedingt erwünscht sind: Die Standardisierung wird weder vom Bauherren gewünscht, noch vereinfacht sie die Bauproduktion. Die flexible Einzelfertigung war im Bauwesen schon immer vorhanden. Wegen der geometrisch komplexen Formen brachte die Rechnerunterstützung im Maschinenbau eine Erleichterung der manuellen Fertigung und eine Steigerung der Ausführungsqualität. Im Bauwesen dagegen haben wir überwiegend geometrisch einfache Formen.

Um von dem Bauwunsch des Bauherren zu einem realisierten Bauprojekt zu gelangen, ist die Zusammenarbeit von unterschiedlichen Projektbeteiligten notwendig, die sich widersprechende Interessen und Informationsbedürfnisse haben: Bauherr, Architekt, Ingenieure und Sonderfachleute, Genehmigungsbehörden, Ausführungsunternehmer und die Nutzer des Gebäudes. Zur Regelung der Zusammenarbeit der Projektbeteiligten entsteht eine Projektorganisation, an der sich die einzelnen Projektmitglieder nur zeitweise, also nicht über die gesamte Projektdauer beteiligen. Für jedes Bauprojekt wird solch eine Projektorganisation neu aufgebaut und im Gegensatz zur permanenten Organisation nach der Fertigstellung des Gebäudes wieder aufgelöst. Die Unterscheidung zwischen der temporären Projektorganisation und den permanenten Organisationen der Projektbeteiligten, z.B. die Büroorganisation des Architekten, ist wichtig für die Integration von CAD. Während der Projektdauer ergeben sich unterschiedliche Anforderungen an die Arbeitsteilung und an die dabei notwendigen Schnittstellen, da in der Planungsphase andere Menschen andere Probleme bearbeiten als in der Ausführungsphase. Da nur wenige CAD-Systeme eine ausreichende Flexibilität aufweisen, um die dynamischen Anforderungen während des Projektablaufs zu erfüllen, existieren in der Praxis meist nur Insellösungen, die einzelne Planungsaufgaben abdecken, z.B. das Zeichnen von Perspektiven oder das Zeichnen von Ausführungsplänen.

3. Historische Schnittstellen

Das ständige Hinzukommen und Ausscheiden von Projektbeteiligten hat bereits beim manuellen Arbeiten zur Bildung von Schnittstellen geführt, die die Kommunikation zwischen den Projektbeteiligten vereinfachen. Sie sind entweder individuell auf Grund häufiger Zusammenarbeit der Büros bei unterschiedlichen Projekten gewachsen oder als Normen und Gesetze allgemein anerkannt. Davon sind für den Einsatz von CAD von Bedeutung:

3.1 VOB - Verdingungsordnung für Bauleistungen

Die VOB regelt die Vergabe von Bauleistungen zwischen Bauherrn und Unternehmer. Sie ist kein Gesetz, sondern nur eine Empfehlung und wird daher nicht immer angewendet. In ihr werden die Abrechnungsvorschriften für Bauleistungen beschrieben, da die einzelnen Gewerke nach unterschiedlichen Berechnungsvorschriften abgerechnet werden. Für den Einsatz von CAD ergibt sich aus der VOB das Problem, daß entsprechend den Anforderungen innerhalb der Projektorganisation drei Arten von Mengenermittlung notwendig werden:

— die geometrisch exakte Menge
— die VOB gerechte Menge, die entsprechende Abzugsmengen berücksichtigt
— die VOB gerechte Menge mit dem Ausdruck eines prüfbaren Berechnungsansatzes.

3.2 REB Richtlinien für die elektronische Bauabrechnung

Die REB sind Ende der sechziger Jahre für die Lochkarteneingabe entwickelt worden. Die damals sinnvolle Darstellung von Berechnungsansätzen in 80-spaltigen Datensätze ist heute zwar noch gültig, aber technologisch veraltet. Sie bestimmt immer noch wesentlich die Übergabe der Informationen von der grafischen zur alphanumerischen Datenverarbeitung und den Datenträgeraustausch im Bauwesen.

3.3 STLB - Standardleistungsbuch

Die Festlegung von Textbausteinen und ihre Vercodierung ermöglicht eine rasche Zusammenstellung von Leistungsverzeichnissen. Die zentrale Pflege und Fortschreibung der Textspeicher durch das Bundesbauministerium ermöglicht eine einheitliche Beschreibung von Bauleistungen. Die Gliederung der Textbausteine orientiert sich an der Gliederung der Leistungsverzeichnisse und nicht an der Gliederung von Bauteilen als Makros in CAD-Systemen. Die notwendige Aktualisierung der Texte macht die jeweilige Anpassung der bereits abgespeicherten Makros in CAD Systemen notwendig, da die Texte und ihre Gliederung nicht aufwärtskompatibel sind.

3.4 HOAI - Honorarordnung für Architekten und Ingenieure

Die Honorarordnung gliedert die Tätigkeit der Architekten und Ingenieure und beschreibt die jeweiligen Teilleistungen nicht durch die Tätigkeit an sich, sondern durch die Festlegung des Arbeitsergebnisses. Sie beschreibt damit die Schnittstellen zwischen den einzelnen Arbeitsabschnitten. Sie orientiert sich in ihrer Gliederung und in der Aufteilung des Honorars an der manuellen Arbeitsweise. Werden dem Architekten nicht sämtliche Planungsleistungen bis zur Fertigstellung des Gebäudes übertragen, so entstehen zum einen dadurch Probleme, daß mit dem CAD-System manuelle Arbeit nachvollzogen werden muß, ohne die Vorteile einer komplexeren Bearbeitung mit Hilfe der Maschine nutzen zu können; zum anderen verlangt das rechnergestützte Arbeiten in frühen Projektphasen einen Mehraufwand, der erst in späteren Projektphasen zu Rationalisierungsvorteilen führt. Dies kann bei der Abrechnung nach HOAI zu erheblichen Honorareinbußen führen.

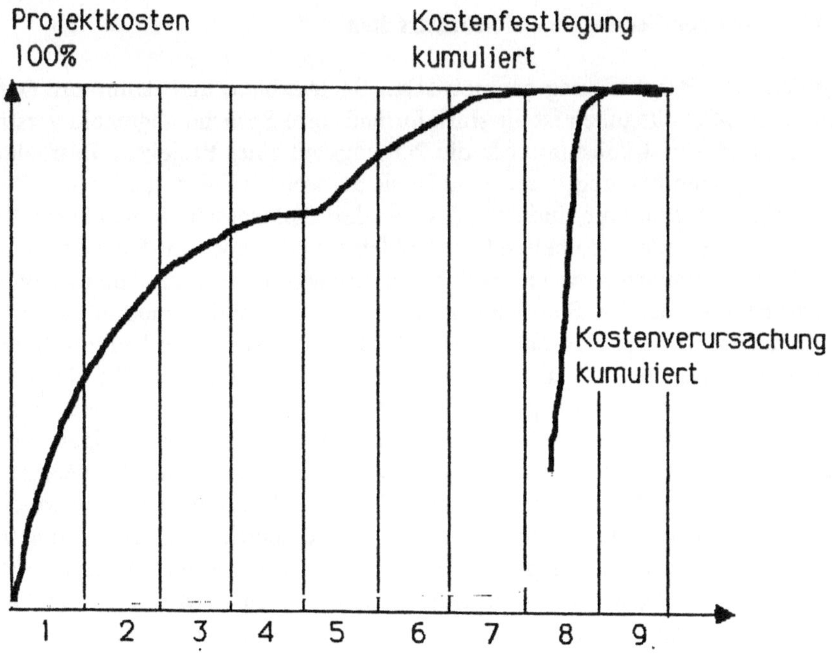

Abb. 1. Projektdauer nach HOAI Leistungsphasen

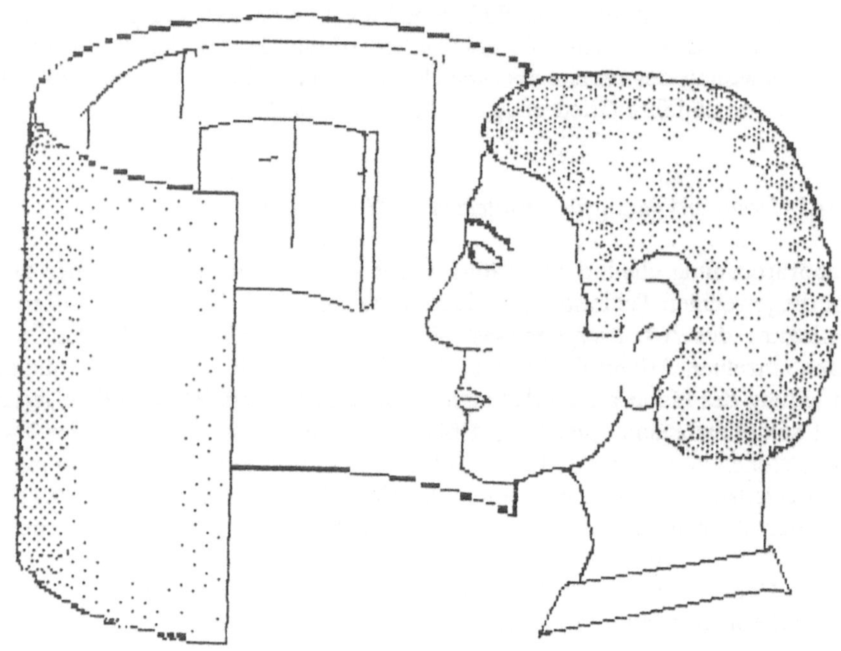

Abb. 2. Betrachtung eines gewölbten Bildes

4. Einflüsse aus der Geometrie auf Schnittstellen

Die Sprache zur Beschreibung geometrischer Sachverhalte und damit zur Definition von Geometrie-Schnittstellen ist als stark formalisierte Sprache allgemein verständlich und anwendbar. Sie ist konstant über die Planungszeit eines Projektes. Betrachtet man sie unabhängig vom Planungskontext, so ist sie als wohl definiert anzusehen. Sie ist im Maschinenbau, Architektur, Industriedesign oder Elektrotechnik gleichermaßen einzusetzen. Die speziellen geometrischen Probleme sind jedoch in den einzelnen Branchen und Bearbeitungsphasen unterschiedlich. Im Maschinenbau haben wir komplexe geometrische Formen. Im Bauwesen zwingen die Produktionsmethoden zu geometrisch einfachen Formen. Kompliziert ist jedoch im Bauwesen die Verknüpfung dieser einfachen Formen mit den nicht geometrischen Eigenschaften. Da die einzelnen Bauteile keine homogenen Körper sind, sondern sich aus verschiedenen Materialien mit unterschiedlichen Anschlußbedingungen zusammensetzen, ist weniger die mathematische Bearbeitung der Geometrie als vielmehr die Gliederung der geometrischen Informationen von Bedeutung. Ein einfaches Drahtmodell ist hier nicht ausreichend.

Da ein Gebäude immer mehr ist als nur die Geometrie, darf die Geometrie niemals kontextlos gesehen werden. Die Geometrie liefert nur die Quantität, Material und Gestaltung dagegen architektonische Qualität. Man muß immer die Quantität (Geometrie) und die Qualität (Material und Form) zusammen sehen, um die architektonische Intention darstellen und verstehen zu können.

Die Möglichkeiten zur Verwaltung geometrischer Informationen, die ein System bietet, sind entscheidend für die architektonische Qualität des Arbeitsergebnissses. Theoretisch läßt sich mit allen CAD-Systemen eine hohe Vielfalt an Formen erzeugen. Jedoch ist die Eingabe oft sehr kompliziert oder es ist eine hohe Rechnerleistung notwendig, so daß in der Praxis ein primitives System nur primitive Lösungen unterstützt.

Die Verwaltung der geometrischen Informationen erfolgt im Rechner für das gesamte Gebäude mit gleichem Detaillierungsgrad, was zu einer sprunghaften Zunahme der Datenmenge während des Entwerfens führt und dem Benutzer den Überblick über seine Arbeit erschwert. Beim manuellen Zeichnen wird Vorderes oder Wichtiges detailliert und weiter hinten Liegendes oder Unwichtiges abstrakt dargestellt. Diese Abstraktion ist abhängig von der architektonischen Intention und unterstützt die Anschaulichkeit der Darstellung. Die Maschine kann hier nicht abstrahieren. Dies ist der Grund dafür, daß rechnerunterstützt erstellte Architekturzeichnungen oft entweder überladen oder primitiv wirken.

Die Menschen haben bei der Nutzung neuer Technologien sich immer zunächst an alter Technik orientiert. So ähnelten die ersten Autos den Kutschen und die ersten Photos orientierten sich an Gemälden. Erst später hat man versucht, durch neue Technologie neue Arbeitsmöglichkeiten zu schaffen. Auch die Entwicklung von Rechnerunterstützung im Tätigkeitsfeld des Architekten ging bisher immer von der manuellen Bearbeitung aus. Als Beispiel zur Überwindung dieses Problems sei hier ein Ansatz genannt, die räumliche Darstellung von Architekturobjekten auf Grund der größeren Möglichkeiten, die die Analytische Geometrie gegenüber dem Zeichnen mit Zirkel und Lineal in der Darstellenden Geometrie bietet, zu verbessern. So arbeitet man bisher mit ebenen Bildflächen bei der räumlichen Darstellung, obwohl diese wenig anschauliche Darstellung nur für das manuelle Zeichnen mit Zirkel und Lineal notwendig ist. Der Verfasser verwendet daher zur Darstellung von Räumen die wesentlich anschaulichere Zylinderprojektion, mit der es möglich ist, ohne großen Aufwand den architektonischen Ausdruck eines Raumes anschaulich darzustellen. Dies kann sowohl durch die Betrachtung eines gewölbten Bildes als auch in einem sogenannten Raumlabor geschehen, bei dem auf die zylindrisch gewölbten Wandflächen mit Hilfe von Anamorphoten ein rechnerunterstützt erstelltes Bild projiziert wird, um somit durch die Projektion von 360 Grad einen intensiven Raumeindruck zu schaffen.

Beim manuellen Zeichnen ist die Motorik des Entwerfens von großer Bedeutung. In dem Wechselspiel von Kopf, Hand und Stift entsteht etwas auf dem Papier. Das ungenaue Herumschmieren auf der Skizzierrolle, das mehrfache Überzeichnen auf verschiedenen Papierschichten erlaubt ein vages, unverbindliches Erarbeiten des Entwurfs. Gerade in der Vielfalt der Interpretationsmöglichkeiten solcher Schmierskizzen entsteht eine neue Idee.

Obwohl die Striche ungenau und verschmiert sind, ist es einem Menschen möglich, die Handschrift des Zeichners zu lesen und zu erkennen, wann zum Beispiel eine Linie eine Gerade oder ein Bogen ist. Das Arbeiten mit einem CAD-System verlangt jedoch exakte Festlegungen der Eingaben. Bereits in der Entwurfsphase muß mit exakten Festlegungen der Gebäudeformen gearbeitet werden. Da der Mensch einmal exakt gezeichnete Linien nur selten ändert, kann die exakte Darstellung hinderlich für das Entwerfen sein, weshalb CAD-Systeme selten bei der Entwurfsarbeit eingesetzt werden.
Bei den meisten Systemen erfolgt die Eingabe zunächst als Liniengrafik eines Draht-

modells. Erst im Laufe der Bearbeitung wird dieses Drahtmodell zu einem Volumenmodell erweitert und als flächenfüllende Rastergraphik dargestellt. Beim Entwurf ist der Weg jedoch umgekehrt. Man hat zunächst nur vage Linien und Rasterflächen, die erst während der Bearbeitung zu einer eindeutigen Liniengraphik heranwachsen. Der Verfasser verwendet daher bei seiner Entwurfsarbeit ein System, das die Möglichkeit bietet, während der Bearbeitung einer Zeichnung von Bitmustergraphik zur Vektordarstellung umzuwechseln.

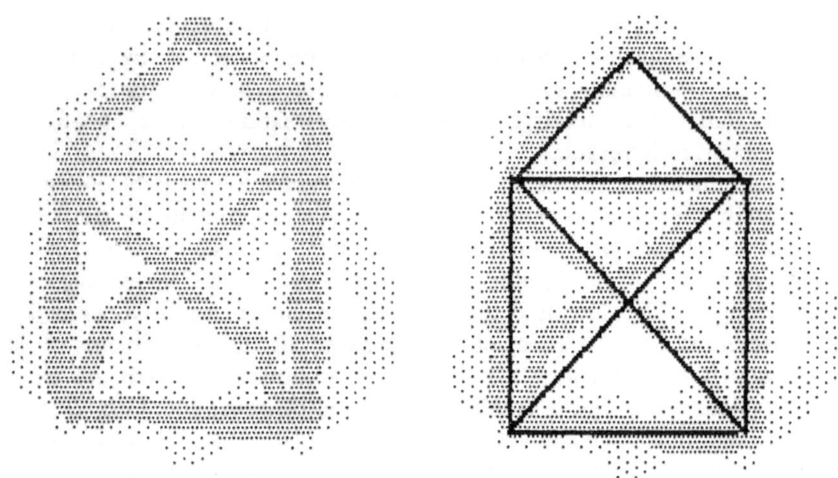

Abb. 3. Von der Bitmustergraphik zur Vektordarstellung

5. Einflüsse aus dem Planungsablauf auf Schnittstellen

Ein Gebäude läßt sich hierarchisch in einzelne Bauteile zerlegen, z.B. Fenster, Treppen, Dächer, die zusammen ein Ganzes ergeben. Solch eine hierarchische Gliederung nutzen daher viele Systeme zur Verwaltung ihrer Datenbank. So zergliedern diese Systeme die Geometrie eines Gebäudes in einzelne Bauteile, die dann additiv zu einem Gebäude zusammengesetzt werden. In einem bestimmten Bereich der Bauindustrie, z.B. im Fertigteilbau, entspricht dies auch dem tatsächlichen Vorgehen bei der Planung. Für die Entwurfsarbeit ist solch ein Vorgehen jedoch unbrauchbar. Entwerfen ist ein ganzheitliches Vorgehen, bei dem man von einer ganzheitlichen architektonischen Idee ausgehend einzelne Teile erarbeitet und in Wechselwirkung wieder durch das Erarbeiten der Teile die Gesamtidee beeinflußt. Es ist ein ständiges Wechseln vom Ganzen zum Detail und zurück. Die einzige in der Praxis des Entwerfens bewährte Strukturierung der dabei anfallenden heterogenen Datenmenge ist die 2D-Zeichenfläche. Eine 2D-Zeichnung kann vom Menschen zwar ganzheitlich interpretiert werden, bei der Übergabe an andere Programmteile geht bei dieser Schnittstelle aber sehr viel Information verloren, da dann nur noch unabhängig vom Planungskontext Linien und Flächen existieren.

Man versucht oft, die Leistungsfähigkeit von CAD-Systemen zu beweisen, in dem man berühmte, bereits gebaute Gebäude darstellt. Es ist einfach, bereits bestehende Entwürfe mit CAD nachzuvollziehen. Bestehende Gebäude als Beispiel für CAD Anwendungen zeigen nur die geometrischen Möglichkeiten, die im Bauwesen trivial sind. Sie sind kein Beweis für die Eignung für den Bearbeitungsprozeß, nämlich das Entwerfen. Vorhandene Objekte müssen nur dargestellt werden. Nur Darstellen ist ein Ersetzen der manuellen Arbeit der Darstellenden Geometrie. Der Architekt hat jedoch die Aufgabe, nicht vorhandene Objekte zu entwickeln. Wenn er anfängt zu entwerfen, weiß er noch nicht, was er zeichnet.

Die Definition eines Bauteils als Makro für ein CAD-System muß zu einem sehr frühen Zeitpunkt erfolgen. Bevor man eine Wand am Bildschirm abrufen kann, muß sie erst in ihrem Aufbau und in ihren Materialien beschrieben werden. Diese frühe Festlegung entspricht nicht dem Vorgehen beim Entwerfen, wo erst im Laufe der Bearbeitung detaillierte Angaben zu den Bauteilen erarbeitet werden. Um eine ausreichende Vielfalt an Gestaltungsmöglichkeiten beim Entwerfen zur Verfügung zu haben, muß die Datenbank vorab mit zahlreichen, eventuell benötigten Bauteilen gefüllt werden. Da es im Bauwesen keine eingeschränkte Menge an Bauteilen gibt, kann hierbei eine nicht unerhebliche Datenmenge entstehen. Sind die Makros mit ihren geometrischen und alphanumerischen Eigenschaften beschrieben, so ist bei vielen Systemen die Durchgängigkeit von dem 3D-Volumenmodell bis zum alphanumerischen Leistungsverzeichnis gegeben. Die Anwender vergessen leider allzu oft, daß die Schnittstellen jedoch nur in einer Richtung funktionieren. Die Informationen zum Aufbau von Makros können nicht vom System während der Bearbeitung bereitgestellt werden, sondern müssen vom Benutzer neu eingegeben werden.

6. Ausblick

Jede Schnittstelle ist eine Darstellung und damit Strukturierung des Problembereichs. Entwerfen hat jedoch erst die Aufgabe, das Entwurfsproblem zu strukturieren. Vorab festgelegte Schnittstellen verringern die notwendige Flexibilität eines kreativen Prozesses. Bei dem Einsatz von CAD kann Flexibilität durch die Adaptierbarkeit der Schnittstellen erreicht werden. Im Gegensatz zu adaptiven Schnittstellen, bei denen das System die Schnittstellen ändert und somit der Benutzer keine Kontrolle darüber hat, bezeichnet die Adaptierbarkeit die Änderung der Schnittstelle durch den Benutzer. Hierdurch hat der Benutzer die Möglichkeit, sich adaptiv im Umgang mit Schnittstellen zu verhalten, um somit mehr Flexibilität bei der Bearbeitung und Darstellung seines Problems zu erhalten. Die Probleme, die Schnittstellen für die Arbeit des Architekten mit sich bringen, dies kann zum Beispiel sein durch die Übergabe möglichst vieler Daten für spätere Interpretationen oder durch die Übergabe der Daten zu einem möglichst späten Zeitpunkt, um noch Planungsänderungen berücksichtigen zu können, können durch adaptives Benutzerverhalten gemindert werden. Architekten müssen lernen, mit Schnittstellen umzugehen.

Betrachtet man bei einem Projektablauf den Zeitpunkt der Kostenfestlegung durch Planungsentscheidungen und den der Verursachung der Kosten durch die Bauausführung, so erkennt man, daß in frühen Projektphasen ein Großteil der Kosten und Eigenschaften eines Gebäudes bereits festgelegt werden, die erst in späteren Projektphasen wirksam werden und dann kaum noch zu beeinflussen sind.

Die bisher übliche Rechnerunterstützung im Tätigkeitsfeld des Architekten beschränkt sich jedoch auf die späteren Projektphasen, also von der Ausführungsplanung bis zur Objektdokumentation. Wie bereits oben dargestellt, hat dies den Grund darin, daß in diesen Planungsphasen wohl definierte Probleme bearbeitet werden, die für die Definition von Schnittstellen einfach sind. Ziel der weiteren Entwicklung von Schnittstellen sollte jedoch die Vorausverlagerung von Rechnerunterstützung in frühere Planungsphasen sein, um somit die Effektivität der CAD-Systeme zur Steigerung der architektonischen Qualität zu erhöhen.

Architektur entsteht durch das Zusammenwirken der Projektbeteiligten. Die gute Zusammenarbeit ist ebenso wichtig wie die Steigerung der Leistungsfähigkeit eines Beteiligten. Der Einsatz von CAD als Kommunikationsmedium bietet die Möglichkeit, daß die Benutzer die Projektinformationen von verschiedenen Orten simultan erzeugen, sehen oder manipulieren können. Es entsteht ein rechnerunterstütztes kooperatives Arbeiten. Die Gestaltung der einzelnen Schnittstellen tritt damit in den Hintergrund. Das System wird ein Darstellungsmedium zur verständlichen Kommunikation. Die Benutzerschnittstelle wandelt sich zu einem aktiven Mensch/Mensch-Interface. Nicht die Eigenschaften der Maschine, sondern die Interessen des Kommunikationspartners bestimmen den Informationsfluß. Die Maschine überträgt die Informationen von der Darstellung des Senders in die des Empfängers. Damit wird eine alte Forderung der Architekten berücksichtigt, daß der Mensch das Maß aller Dinge ist.

Rechnerunterstütztes Formen und Strukturieren von räumlichen Objekten mit Demonstration von Anwendungsbeispielen aus der Architektur (CAAD)

H. Emde

Technische Hochschule Darmstadt
FB Architektur

Introductory Overview

Every architectural object is a 3-dimensional entity of the human environment, haptically tangible und optically visible. In contrast to logical, numerical and textual informations the geometric informations concerning spatial objects are of much higher complexity. Usually these complexes of information are absorbed, processed and transmitted by the architect in a perceptive manner. The computer support in the field of geometry assumes that the processing of perceptions of the human consciousness can be converted by the computer as a framework of logical relations. Computer aided construction and representation require both suited devices for haptical and optical communication and suitable programs in particular. Therefore the program package KONDAR is being developed and used at the Technical University Darmstadt in instruction and research. It is being applied for creation, storage, manipulation and distribution of geometrical information about spatial objects. The individual parts support:

– Creation and manipulation of 3d-models (generation and correction of shape)
– Synthesis and analysis of object-hierarchies (generation and examination of structure)
– Generation and visualization of pictures and picture sequences (control over the steps and documentation of the results).

The report gives a general view over the geometrical problems of the design of solid objects and their pictorial representation. A series of examples demonstrates solutions for this problem with Computer Aided Design and Representation.

Einführender Überblick

Alle Architekturobjekte sind haptisch faßbare und optisch sichtbare Gegenstände der menschlichen Umwelt.

Während des architektonischen Planungsprozesses ist jedes Objekt körperlich zu gestalten und bildlich zu veranschaulichen. Es erhält dabei eine räumliche Ordnung der Konstruktionsteile und eine zeitliche Ordnung der Konstruktionsschritte.

Das ideelle Planungsobjekt ist eine simulierte Vorwegnahme des später auszuführenden realen Bauobjektes. Die Möglichkeit, das Planungsobjekt eindeutig auf das Bauobjekt beziehen zu können, liegt darin begründet, daß beide die gleiche "Geometrie" besitzen, d.h. in gleicher Weise geometrisch beschrieben werden.

Das Gestalten und Veranschaulichen von räumlichen Objekten basiert auf geometrischen Grundlagen. Die theoretische Kenntnis und die praktische Beherrschung dieser Grundlagen ist für das fehlerfreie Konstruieren und das wirklichkeitsgetreue Darstellen von Architekturobjekten unerläßlich. Konstruktive und darstellende Geometrie sind daher notwendige Grundlage der Architektenausbildung.

Das geometrische Gestalten umfaßt das Formen von Objekt-Modellen (Geometrie der Körper-Begrenzungen) und das Strukturieren von Objekt-Hierarchien (Geometrie der Körper-Zusammenstellungen).

Das geometrische Veranschaulichen umfaßt das Abbilden der 3-dimensionalen Objekte auf 2-dimensionale Bilder und Bildfolgen. Dazu gehört auch das Steuern der Bewegungsabläufe von Körpern (bei Objekt-Bewegungen) sowie des Betrachtungszentrums (bei Subjekt-Bewegungen).

Diese Architektentätigkeiten sind Prozesse der geometrischen Informationsverarbeitung, die rechnerunterstützt durchgeführt werden können.

Dies setzt auf der Rechnerseite entsprechende Geräte und Programme voraus, auf der Architektenseite entsprechende Kenntnisse und Fähigkeiten, die anschaulichen Objekte und Prozesse der Gestaltung und Veranschaulichung logisch-begrifflich mitteilen und wieder ansprechen zu können (Sprache der Geometrie).

Gegenüber logischen, numerischen und textlichen Informationen besitzen geometrische Informationen über räumliche Objekte weitaus höhere Komplexität. Diese Informationskomplexe werden normalerweise vom Architekten anschaulich aufgenommen, verarbeitet und übermittelt.

Die Rechnerunterstützung setzt hierbei voraus, daß die Anschauungsinhalte des menschlichen Bewußtseins vom Rechner als logische Beziehungsgefüge verarbeitet werden können. Neben geeigneten Geräten für die haptisch-optische Kommunikation zwischen Architekt und Computer sind dazu geeignete Programme für das rechnerunterstützte KONstruieren und DARstellen erforderlich.

An der Technischen Hochschule Darmstadt wird hierfür in Lehre und Forschung das Programmsystem KONDAR entwickelt und eingesetzt. Es dient zur Erzeugung, Speicherung, Verarbeitung und Ausgabe der geometrischen Informationen über räumliche Objekte. Die einzelnen Systemteile unterstützen folgende Aufgaben:

- Erzeugung und Bearbeitung von 3-D-Körper-Modellen (Formgebung und Formkorrektur)
- Synthese und Analyse von Objekt-Hierarchien (Strukturerzeugung und Strukturuntersuchung)
- Erzeugung und Visualisierung von Bildern und Bildfolgen (Kontrolle der Konstruktionsschritte und Dokumentation der Konstruktionsergebnisse).

Der folgende Vortrag bringt einen Überblick über die geometrischen Probleme bei der körperlichen Gestaltung räumlicher Objekte und bei ihrer bildlichen Veranschaulichung.

Eine Reihe von Beispielen demonstriert Lösungen dieser Probleme mit rechnerunterstütztem KONstruieren und DARstellen. Dabei werden die zum Formen und Strukturieren benutzten Schnittstellen aufgezeigt.

1. Form und Struktur räumlicher Objekte

Alle Objekte des menschlichen Bewußtseins, die räumliche Ausdehnung besitzen, können als geometrische Modelle beschrieben werden. Solche Modelle sind geometrisch geordnet in

0-dimensionale Punkte
1-dimensionale Kurven
2-dimensionale Flächen
3-dimensionale Räume.

Bei realen Objekten der physischen Welt sind solche Räume materieerfüllt und heißen Körper. Die Grenze zwischen Körper-Innenraum und -Außenraum ist seine Oberfläche. Die Art ihrer räumlichen Erstreckung ist die "Form" des räumlichen Objektes. Die Körper-Oberfläche kann homogen - wie bei der Kugel - ohne Untergliederung eine einzige geschlossene Fläche sein. Sie kann aber auch inhomogen - wie bei dem Würfel - aus verschiedenartigen Ecken-Punkten, Kanten-Kurven und Seiten-Flächen bestehen. Dann bilden die Beziehungen (= Relationen) zwischen diesen Körperelementen ein Relationengefüge. Dies ist die "innere Struktur" des geometrischen Modells und seiner Modellelemente. Bei der Zusammenfassung verschiedener räumlicher Objekte (z.B. bei der Gruppierung von Räumen zu einem Geschoß oder bei der Reihung von Geschossen zu einem Gebäude) entsteht jeweils ein übergeordnetes Objekt, das als Komplex einfacherer Elemente beschrieben werden kann. Dieser Komplex kann nun wiederum Element eines übergeordneten Komplexes sein. Ebenso kann ein Element als Komplex untergeordneter Elemente aufgefaßt werden. Hierbei ergibt sich eine "Objekt-Hierarchie" in der Art einer Baumstruktur (umgekehrter Baum), bei dem sich das betreffende Objekt (Stufe 0) als oberster "Wurzel"-Komplex nach unten in seine Elemente (Stufe 1) "verästelt", von denen sich jedes als "Ast"-Komplex nach unten in seine Elemente (Stufe 2) weiter "verzweigt" usw. Dies ist die "äußere Struktur" des geometrischen Objektes und seiner Objekt-Elemente. Eine besondere Eigenart des menschlichen Bewußtseins ist nun die folgende: Richtet man sein Bewußtsein auf ein beliebiges räumliches Objekt, so hat man i.a. zugleich im "Unter"-Bewußtsein, daß dieses Objekt sich als Komplex in untergeordnete Elemente gliedert, und zugleich hat man i.a. im "Ober"-Bewußtsein, daß dieses Objekt als Element Bestandteil eines übergeordneten Komplexes ist. - Diese Fähigkeit zum Bewußtwerden der untergeordneten Teile und des übergeordneten Ganzen ermöglicht dem Menschen das anschauliche Wahrnehmen und die logische Beherrschung komplexer Struktur-Zusammenhänge.

2. Rechnerunterstütztes Gestalten räumlicher Objekte

Die Gestaltung räumlicher Objekte umfaßt:

- Form-Gebung   :   räumlich-faßbare Erstreckung der Modelle

– Struktur-Gebung   :   räumlich-logische Gliederung der Hierarchie
– Farb-Gebung   :   räumlich-sichtbare Erscheinung der Objekte

Erzeugung und Bearbeitung der Form von 3D-Modellen:

numerische Erzeugung   )   (der Koordinaten-Tripel von Punkten
graphische Erzeugung   )   :   (der Punktindex-Paare von Strecken
programmierte Erzeugung   )   (der Streckenindex-Folgen von Facetten

konstruktive Bearbeitung   :   durch Transformationen
                                 (Translation, Rotation,
                                 Dilatation, Reflektion)

                                 durch additive und subtraktive
                                 Mengenoperationen
                                 (Verbindungen, Schnitte)

Erzeugung und Untersuchung der Struktur von 3D-Hierarchien:

Synthese   :   Beschreibung und Aufbau von Objekten als Komplexe positionierter
               Elemente
Analyse   :   Strukturierte Darstellung der Objekt-Hierarchie als Baumstruktur der
               Objekt-Elemente

Belegung mit Farbe:

Modell-Elemente   :   mit speziellen Farben für einzelne Punkte, Strecken und
                      Facetten
Modelle   :   mit jeweils gleichen Farben für alle Punkte, alle Strecken und
                      alle Facetten eines Modells
Modell-Komplexe   :   mit jeweils gleichen Farben für alle Punkte, alle Strecken und
                      alle Facetten eines Komplexes.

3. Rechnerunterstütztes Veranschaulichen räumlicher Objekte

Veranschaulichungen räumlicher Objekte sollen dazu dienen,

–   die räumlich faßbare Form des Objekt-Modells
–   die räumlich logische Gliederung der Objekt-Hierarchie
–   die räumlich sichtbare Erscheinung des Objektes mit Licht und Schatten in Farbe

sinnlich wahrnehmbar zu machen, d.h. vor allem: bildlich sichtbar für das menschliche
Auge. Die Visualisierung kann gerichtet sein auf:

–   die Form-Wahrnehmung
–   die Struktur-Wahrnehmung
–   die Farb-Wahrnehmung.

Die folgenden Abbildungen zeigen Anwendungsbeispiele des Programmsystems KONDAR aus Seminararbeiten von Architektur-Studenten der Technischen Hochschule Darmstadt im Fach "Rechnerunterstütztes KONstruieren und DARstellen räumlicher Objekte".

"Hummelhof" - Selbstbauprojekt von Architekturstudenten der TH Darmstadt, betreut von Prof. P. Steiger und Dipl.-Ing. H. Sieber am FG für Entwerfen und Hochbaukonstruktionen I.

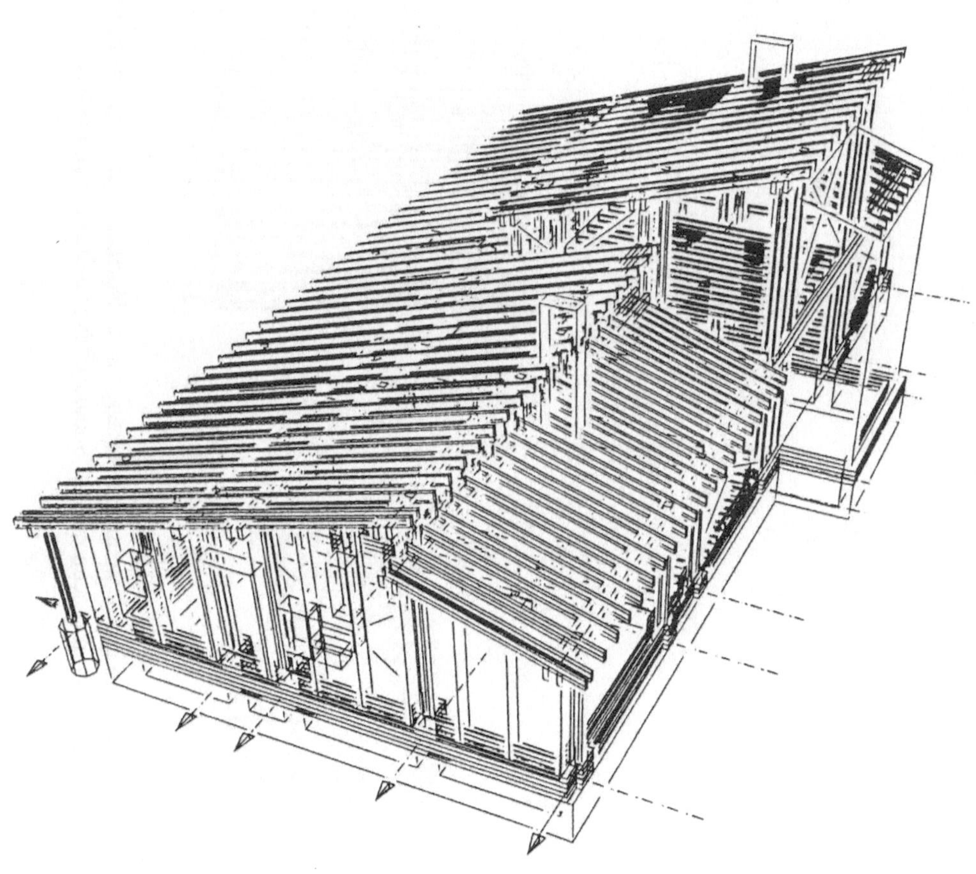

Abb. 1. Vogelperspektive ("Hummelhof")

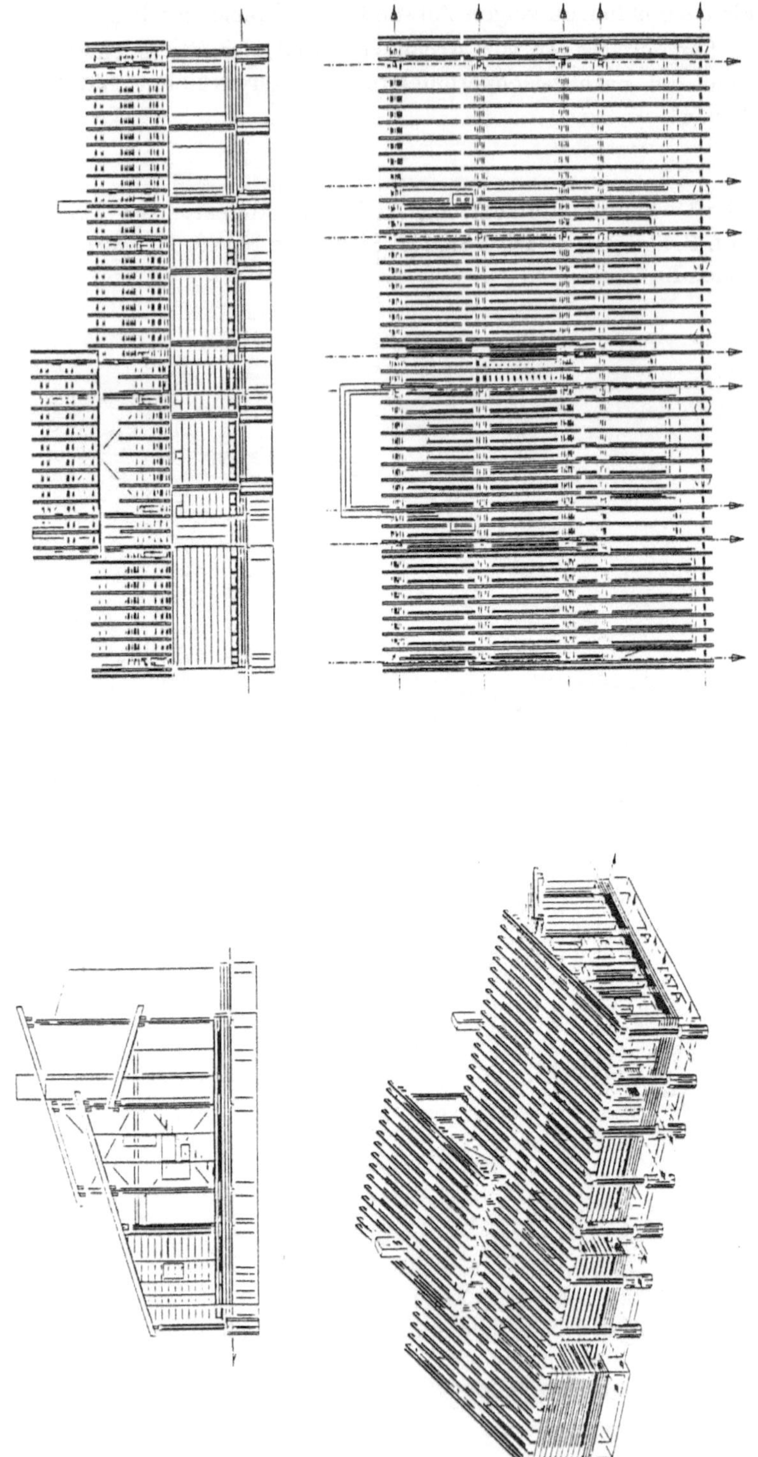

Abb. 2. Rißplan, bestehend aus 3 zueinander orthogonalen Normalrissen (Grundriß, Aufriß, Kreuzriß) und einem anschaulichen "Standard"-Normalriß ("Hummelhof")

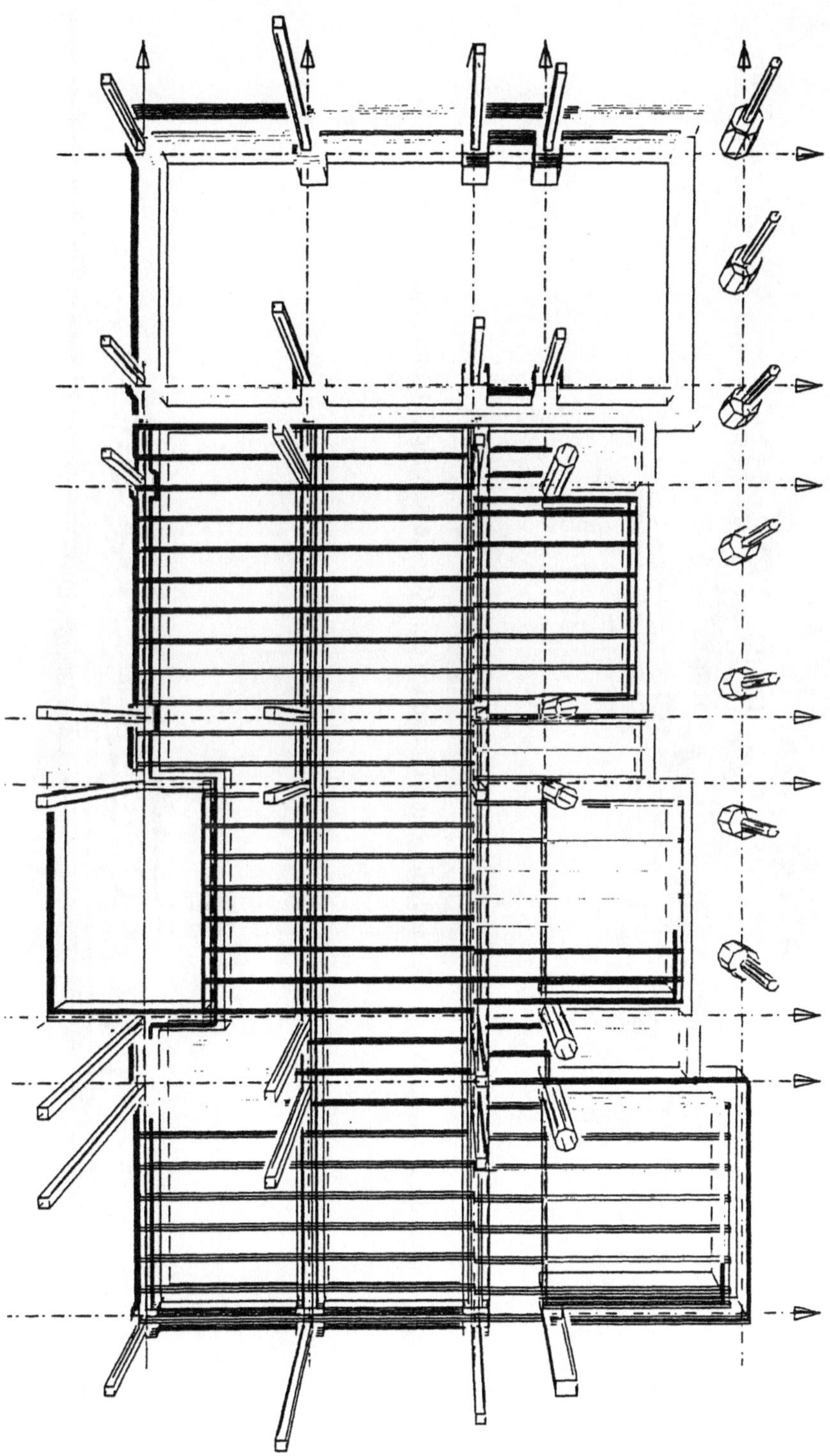

Abb. 3. Perspektivische Draufsicht auf das Erdgeschoß ("Hummelhof")

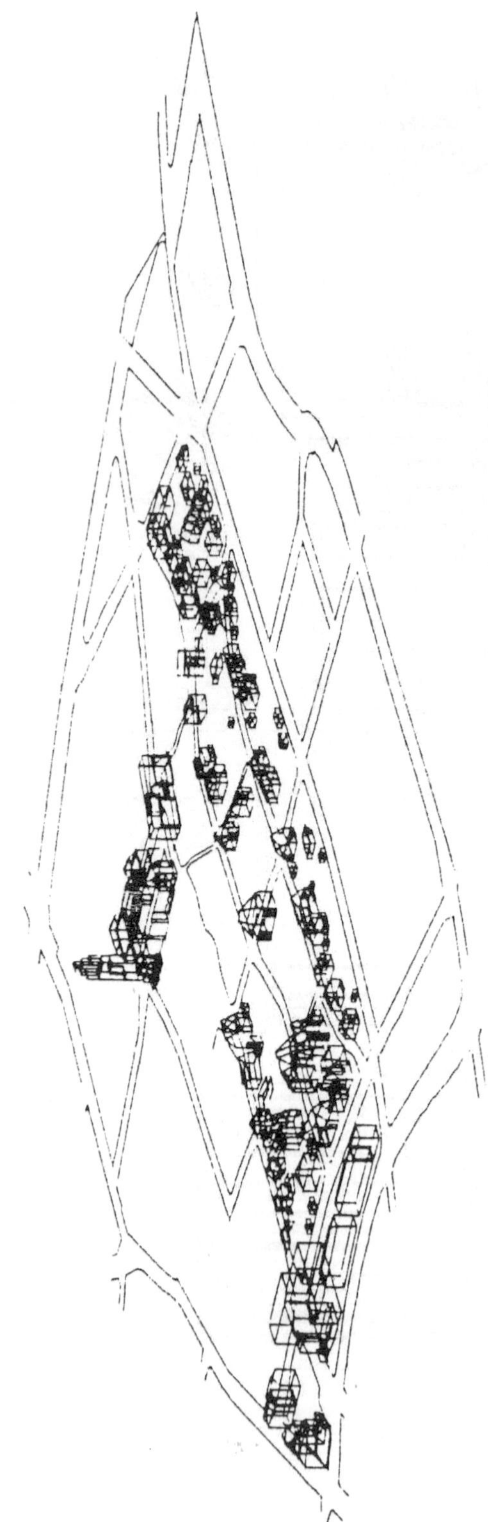

Abb. 4. Standard-Normalriß der Gesamtanlage mit Gebäuden der Künstlerkolonie (Mathildenhöhe Darmstadt)

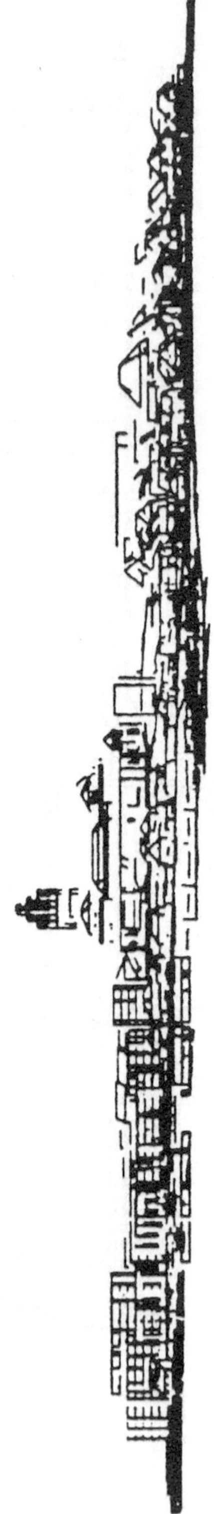

Abb. 5. Ansicht der Gesamtanlage von Osten (Mathildenhöhe Darmstadt)

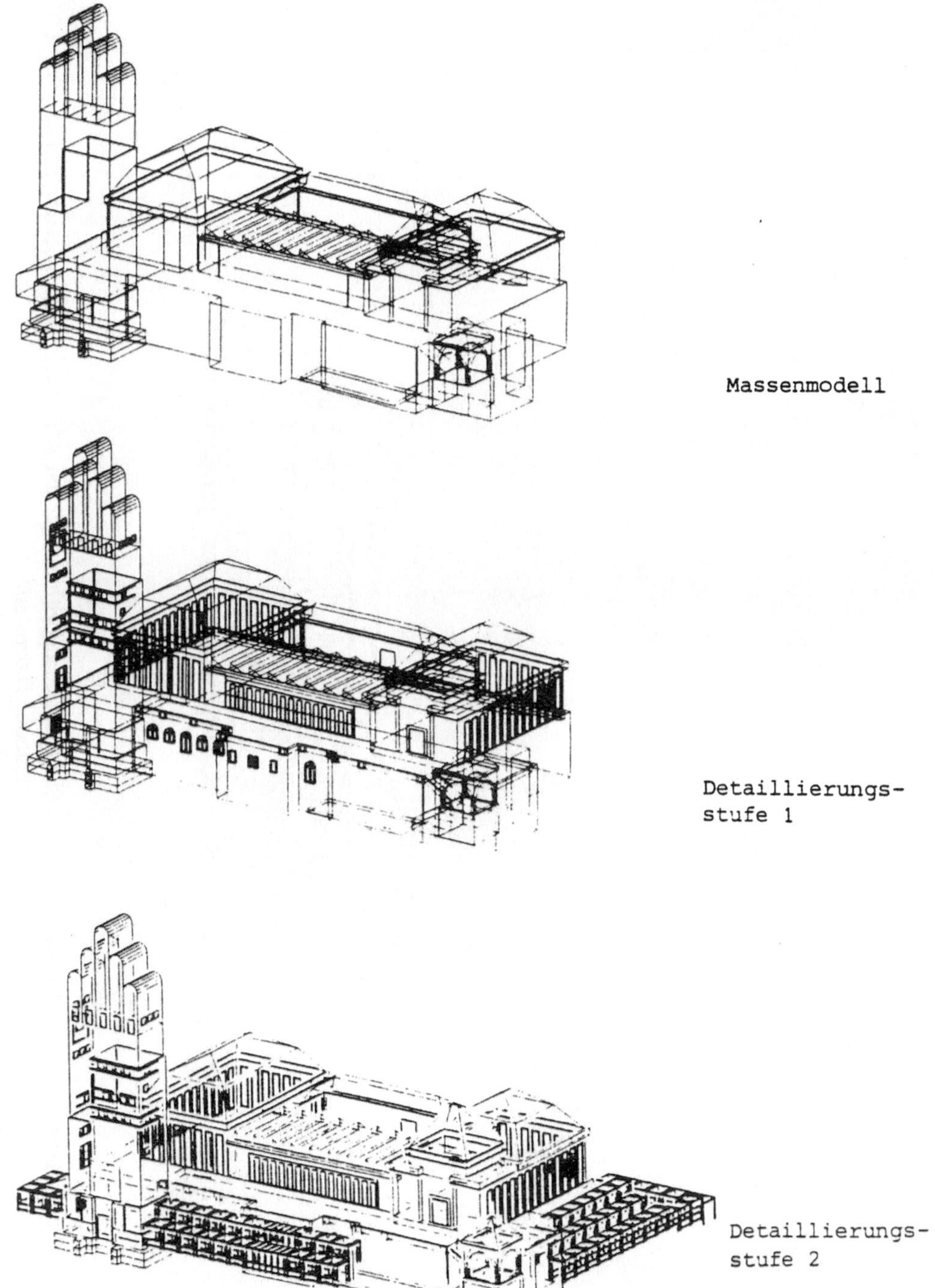

Abb. 6. Verschiedene Detaillierungsstufen (Mathildenhöhe Darmstadt)

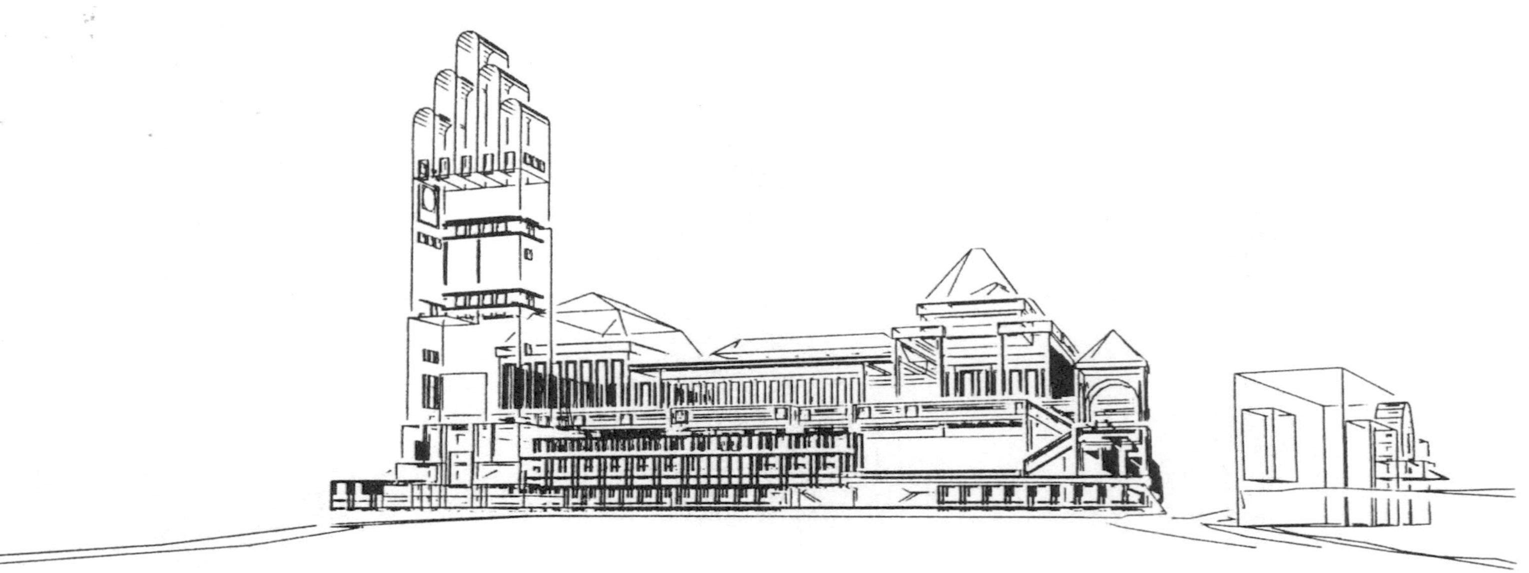

Abb. 7. Perspektive. Linienmodell gezeichnet mit Sichtbarkeitsalgorithmus für das Absetzen überschnittener Linien (Mathildenhöhe Darmstadt)

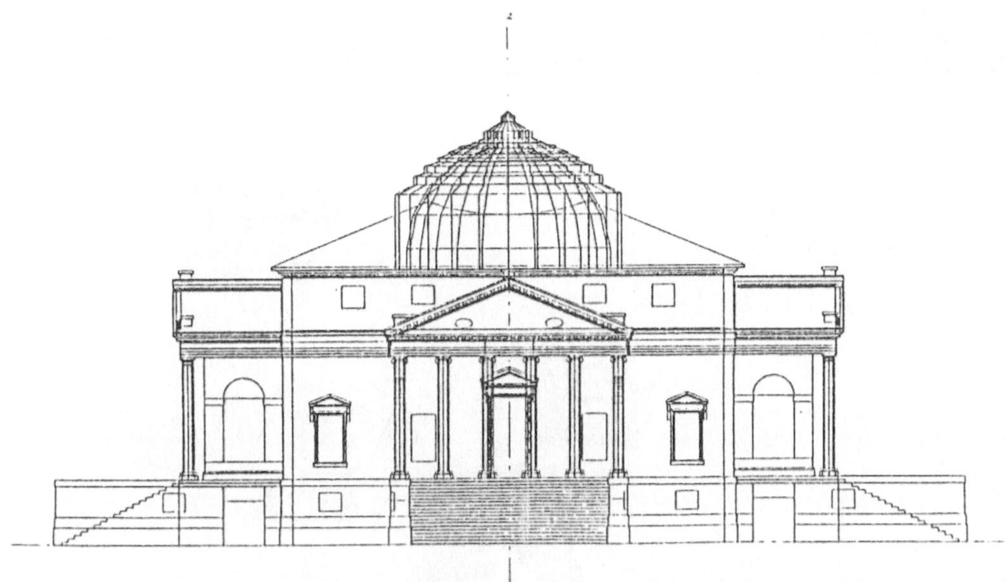

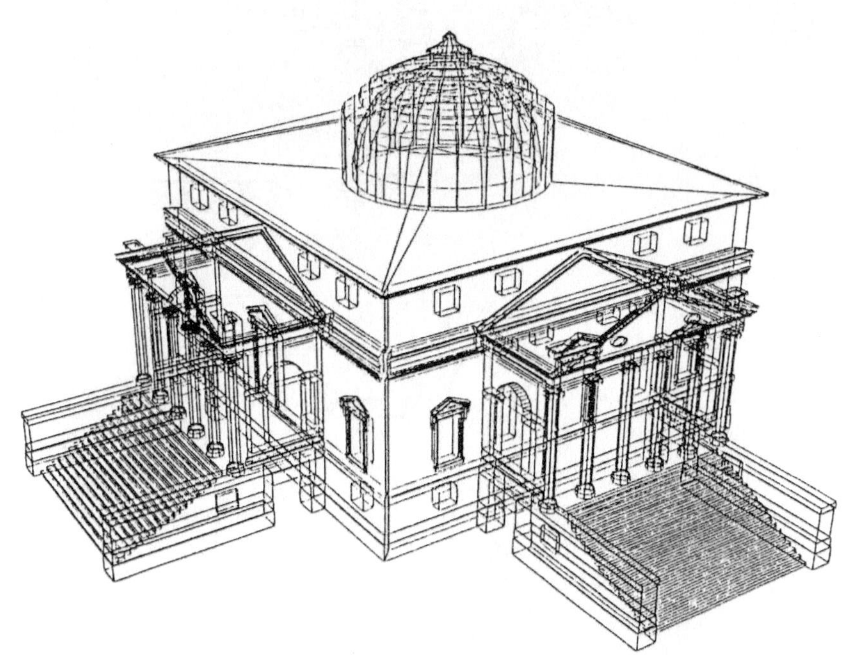

Abb. 8. Aufriß und Zentralriß des Gesamtgebäudes (Villa Rotonda)

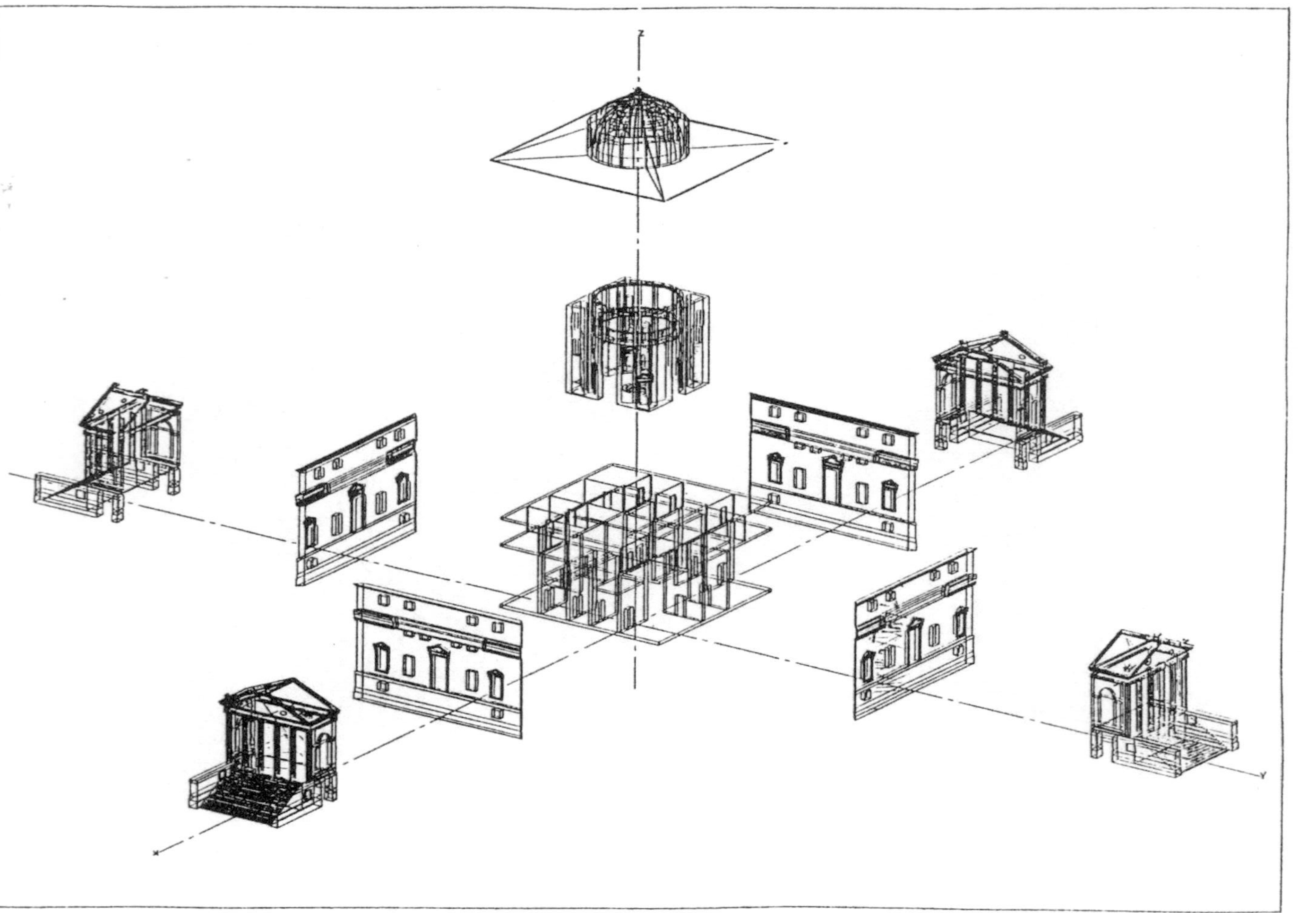

Abb. 9. Explosionszeichnung des Gesamtgebäudes im Standardriß (Villa Rotonda)

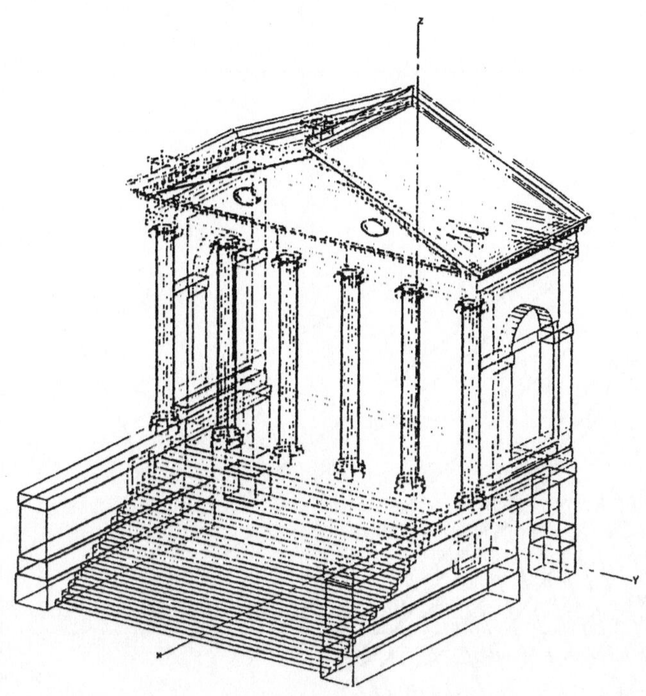

Abb. 10a. Portikus im Standardriß (Villa Rotonda)

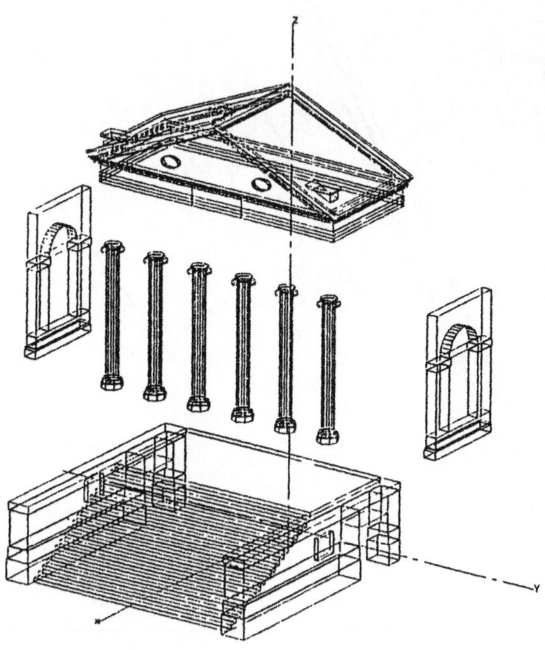

Abb. 10b. Portikus als Explosionszeichnung (Villa Rotonda)

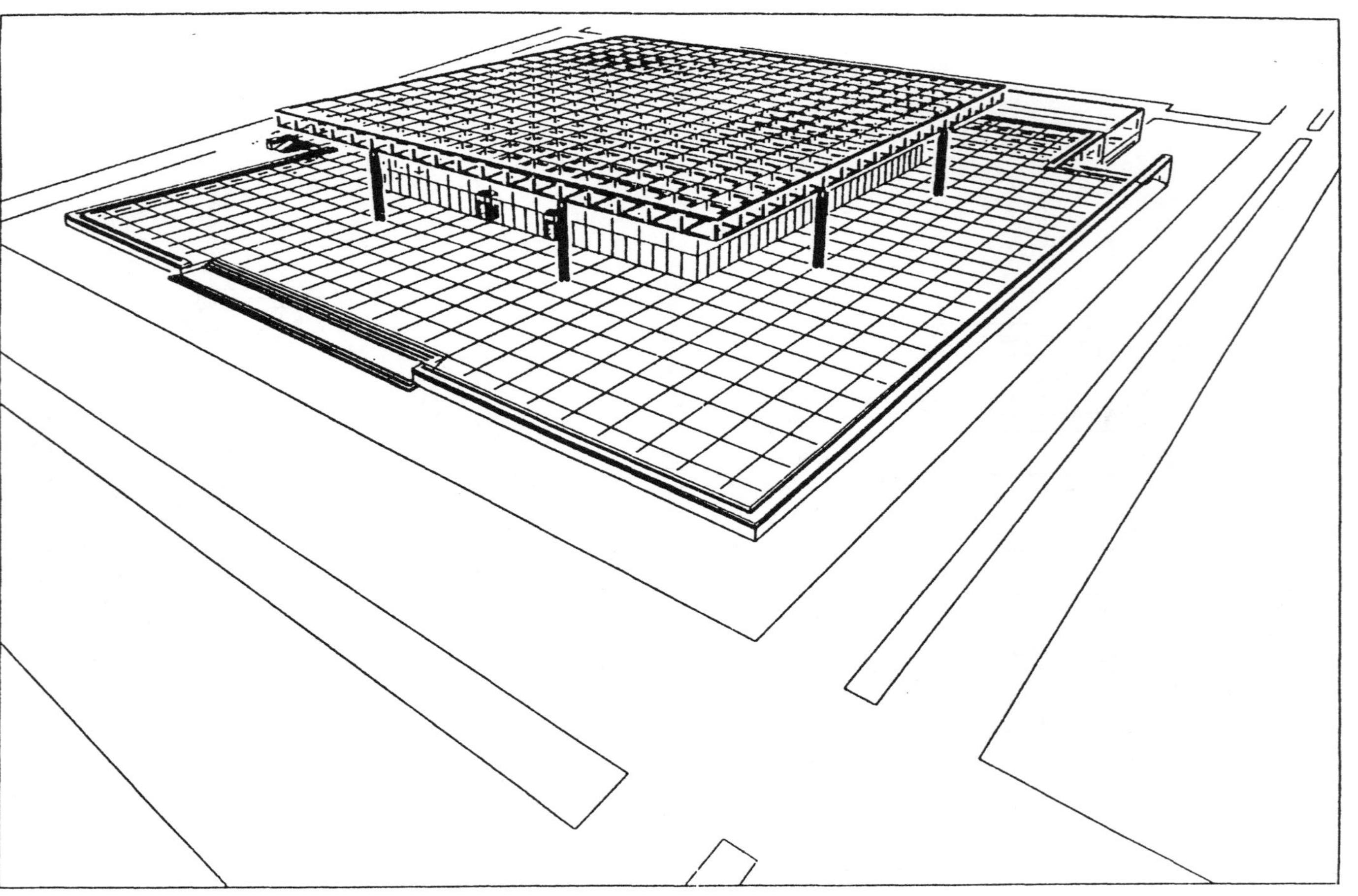

Abb. 11. Vogelperspektive von Nordosten (Nationalgalerie Berlin)

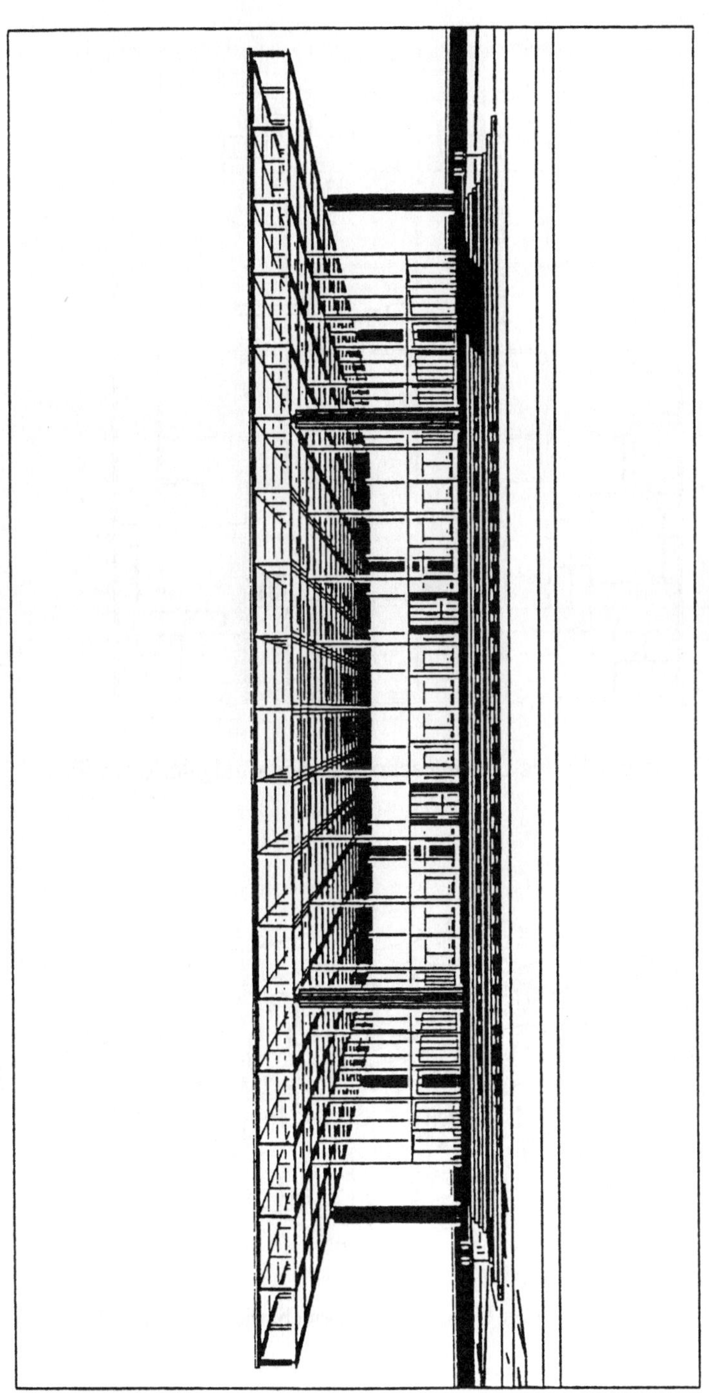

Abb. 12. Perspektive von Osten (Nationalgalerie Berlin)

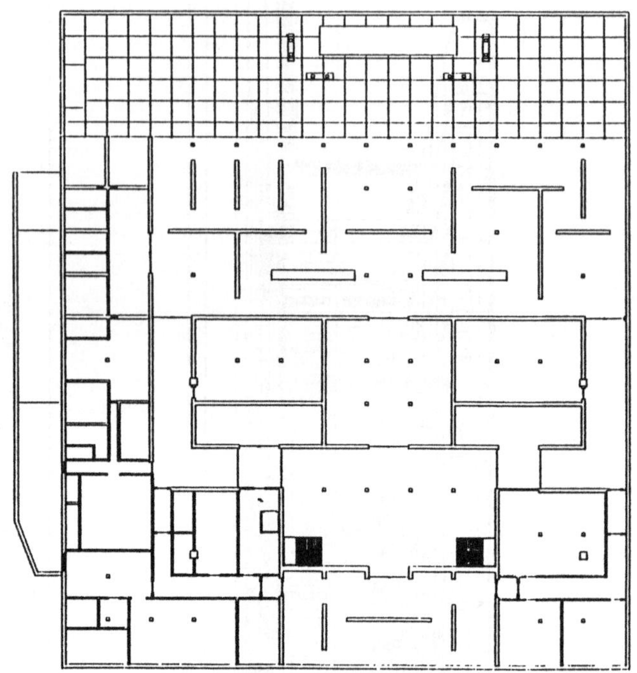

Abb. 13. Grundriß des Untergeschosses (Nationalgalerie Berlin)

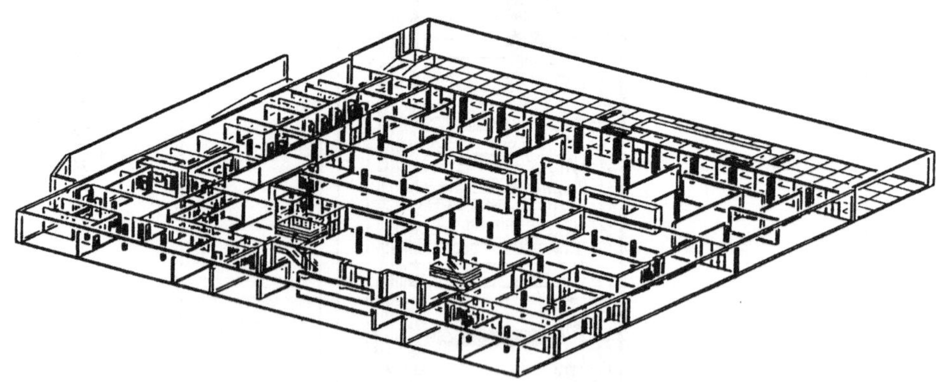

Abb. 14. Standardriß des Untergeschosses (Nationalgalerie Berlin)

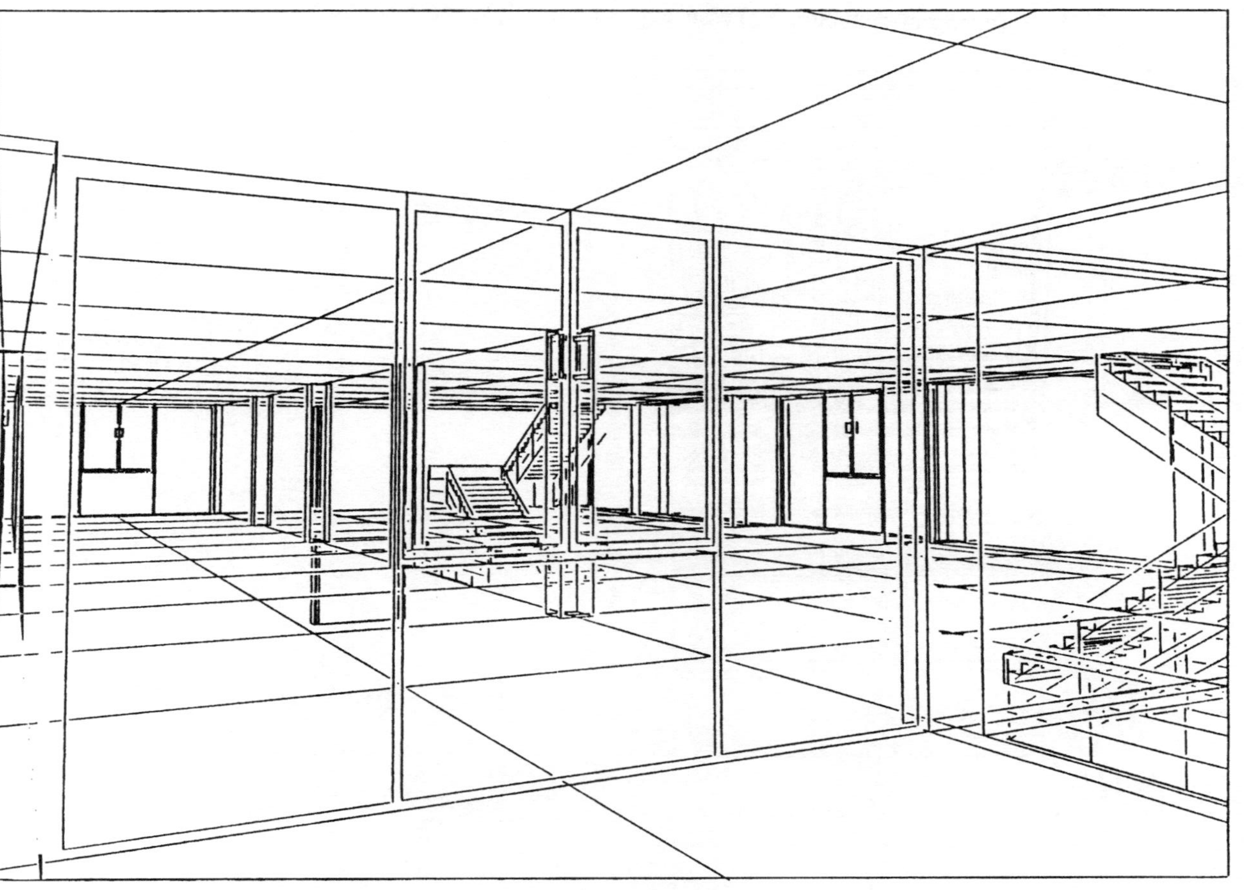

Abb. 15. Innenperspektive des Treppensaals im Untergeschoß (Nationalgalerie Berlin)

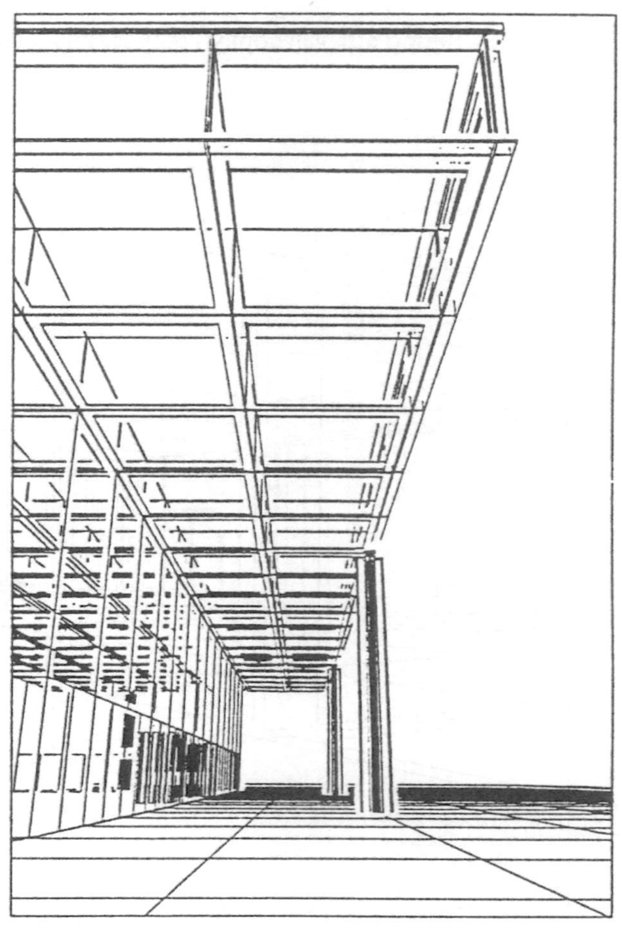

Abb. 16. Fotovergleich 1: Halle mit Terrasse (Nationalgalerie Berlin)

Abb. 17. Fotovergleich 2: Halle (Nationalgalerie Berlin)

Abb. 18. Fotovergleich 3: Halle mit Treppe (Nationalgalerie Berlin)

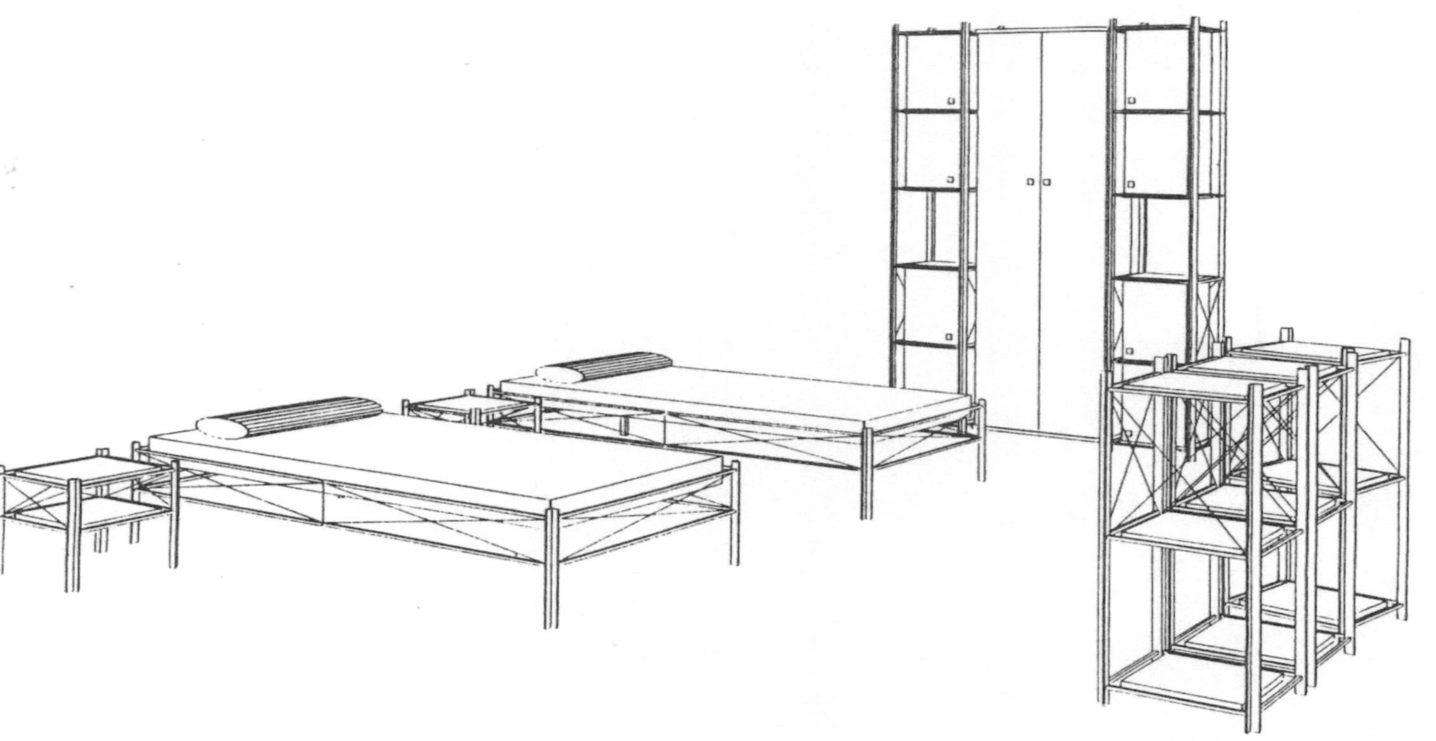

Abb. 19. Perspektive einer Kombination verschiedener Möblierungselemente (Einrichtungssystem "Foster" (Hamm/Zimmermann))

Begriffssysteme für Informationsstrukturen als Grundlage für den elektronischen Datenaustausch

U. Elwert

CO-PLAN Elwert, Ravensburg

1. Einführung

Die dem Menschen eigene Fähigkeit zur komplexen Betrachtung von Sachverhalten beruht auf Relativierung von Informationen, die er mit seinem "Egosystem", d.h. seinem Selbstverständnis über gewisse Dinge ständig verarbeitet und die sich im einzelnen aus Daten verschiedener Art zusammensetzen. Die Erarbeitung einzelner Daten bleibt solange wertlos, wie sie sich nicht in dieses System einpassen lassen, um dort, in Verbindung mit anderen Daten, zu einer entsprechenden Information verwertet zu werden. Umso mehr ist es wichtig, sich über die Zusammenhänge klar zu werden, die die Grundlage dieser Informationsgewinnung darstellen, nämlich den Datenaustausch. Die Notwendigkeit dieses Datenaustausches erscheint im Rahmen der immer umfangreicher und schwieriger werdenden Planungs- und Entscheidungsprozesse unabdingbar, wobei der Grad der Komplexität von der Anzahl der Daten und deren Ursprung bzw. Quelle abhängt. Das Hilfsmittel "elektronische Datenverarbeitung" hat auf Grund seiner Eigengesetzlichkeit und Virtuosität eine Fülle von methodischen Änderungen im Bereich der Denk- und Verhaltensweisen ergeben, deren Vorteile sich erst mit der immer stärker werdenden Integration dieses Hilfsmittels in der Arbeitswelt erkennen lassen.

Die den Computern spezifischen Fähigkeiten und Fertigkeiten des Speicherns, Summierens, Selektierens, Sortierens und Steuerns haben somit auch die Arbeitsverfahren aller am Planungsprozeß Beteiligten in entscheidendem Umfang beeinflußt. Die Erkenntis, daß es sich bei einem Planungsprozeß um einen Informationsverarbeitungsprozeß handelt, ist aus kybernetischer Sicht längst erkannt, jedoch auf Grund der eingefahrenen Arbeitsmethoden im Planungsgeschehen noch lange nicht soweit integriert, wie es einerseits möglich und andererseits notwendig wäre. Schuld daran ist nicht zuletzt die Tatsache, daß diese relativ junge Wissenschaft selbst noch in einer Entwicklung steckt, die nicht nur die entsprechenden Geräte betrifft, sondern auch die für deren Effizienz erforderliche Software.

Die dem Planungsgeschehen immanente Forderung nach Informationsaustausch konnte bisher nur über die inhaltliche Dokumentation auf physischen Belegen ausgeführt werden, während sich nunmehr die Erkenntnis durchgesetzt hat, daß bereits Daten, sofern sie sich austauschen lassen, bei den an der Planung und Herstellung fachlich Beteiligten je nach Bedarf in der Zusammensetzung mit anderen Daten unterschiedliche bzw. spezifische Informationen ergeben können.

Erkennt man diese Wechselwirkungen zwischen den Anforderungen an die im Planungsprozeß erforderlichen Dokumentationen und die sich aus den kybernetischen Grundregeln ergebenden Gesetzmäßigkeiten für die Informationsverarbeitung und die sich für deren Anwendung ständig entwickelnde Gerätetechnologie, wird verständlich, warum die Forderung nach Datenaustausch zwischen den am Bau Beteiligten heute von so großer Bedeutung ist, und wie breit andererseits das Feld ist zwischen wünschenswertem und technologisch Machbarem. Dieses Feld gilt es zu untersuchen, um dabei festzustellen, welche Voraussetzungen zu schaffen sind, damit die am Baugeschehen beteiligten Partner als Informationsgeber und Informationsnehmer ihre Leistungen in Übereinstimmung mit den Anforderungen an die Planung und Herstellung erbringen können.

Zur Eingrenzung dieses Begriffes sei nochmals darauf hingewiesen, daß unter Datenaustausch nicht die programminterne Fortschreibung, Aktualisierung und Steuerung von einzelnen Daten zu verstehen ist. Dies wäre mit den Begriffen Datendurchlässigkeit oder Datentransparenz zu kennzeichnen. Unter Datenaustausch ist vielmehr die mit elektronischen Speichermedien durchgeführte zielorientierte Informationsweitergabe zu verstehen, bei der voneinander getrennte Speicher und unabhängige Programme in der Lage sind, die übermittelten Daten ihrer Eigenheit entsprechend zu verwerten.

2. Datenaustausch

Daten sind, elektronisch betrachtet, nach dem Dual-System in Bit- und Bite-Strukturen verschlüsselte Buchstaben, Zahlen oder Graphen, die für den Menschen nicht lesbar sind. Verständlich werden sie erst auf den Ausgabemedien, wie Bildschirm, Drucker oder Plotter.

Die Erkenntnis der Gleichartigkeit von Daten beruht auf der Tatsache, daß gleichartige Daten mit stets gleichbleibenden Werkzeugen, d.h. Programmen verarbeitet werden, und somit einer gleichartigen Datenstruktur unterliegen. Während manuelle Arbeitsverfahren mehrere Datenarten im Sinne einer Information auf Belegen dokumentieren, werden bei elektronischen Arbeitsverfahren zunächst Dateien gleichartiger Daten erstellt und verwaltet, die dann über entsprechende Programme miteinander in Verbindung gebracht werden und somit die inhaltliche Grundlage für die Dokumentation ergeben. EDV-technisch betrachtet haben sich diese Datenarten aus den frühen Anfängen der EDV ergeben, was sich heute teilweise noch aus den branchenunabhängigen Standardprogrammen wie Business-Graphik, Textverarbeitung, Tabellenkalkulation, Statistikprogramme, Terminplanungsprogramme etc. ablesen läßt. Die bei diesen Programmen gewonnene Daten waren untereinander nicht austauschbar. Im Planungsgeschehen, wo jedoch diese Daten erst in ihrer Gemeinsamkeit eine Planungsaussage darstellen, müssen sie für unsere Belange verknüpft werden. Vergleicht man die zu erbringenden Leistungen, wie sie innerhalb der HOAI definiert sind, ist erkennbar, daß die Berechnungen über Flächen, Rauminhalte und Strecken oder über Kosten und Termine sowie die erforderlichen Entwürfe, Details und Ausführungszeichnungen eine Mischung aus diesen verschiedenen Datenarten darstellen (Tabelle 1, Datenarten). Es handelt sich hierbei um:

1. Geometrische Daten über Formen oder Proportionen in Form von Zeichnungen.
2. Qualitätsdaten über Anforderungen oder Eigenschaften in Form von Beschreibungen des Objektes, seiner Herstellung und Nutzung.
3. Quantitätsdaten über Mengen oder Dimensionen von Rauminhalten, Flächen, Strecken und Stückzahlen in Form von Stückzahlen.
4. Kostendaten als Einheits- oder Gesamtpreise in Form von Kostenermittlungen.
5. Termindaten als Planungs- oder Herstellungszeiten in Form von Terminlisten, Balkendiagrammen oder Netzplänen.

Die innerhalb der Leistungsphasen der HOAI aufgeführten Tätigkeiten lassen sich den jeweiligen Datenarten zuordnen. Gleichzeitig werden zwei Erkenntnisse darstellbar:

– Zum einen die horizontalen Verknüpfungen aller Datenarten innerhalb einer Leistungsphase, wie sie zu deren ordnungsgemäßer Dokumentation erforderlich sind, und
– zum andern die vertikalen Verknüpfungen, oder besser gesagt Fortschreibungen der anfangssummarischen Angaben innerhalb aller Datenarten und ihre zunehmend feiner werdende Definitionstiefe im Planungs- oder Entscheidungsprozeß.

Während die horizontale mehr der komplexen Denkart des Architekten und Planers entspricht, zeigt die vertikale Darstellung die für die elektronische Verarbeitungsart von Daten typische Struktur. Sie beruht darauf, daß dem Computer einmal eingegebene Daten, sozusagen gespeicherte Daten, selektiert, sortiert und summiert werden können, und das mit einer für diese Technik bekannten bzw. von ihr erwarteten Schnelligkeit. Gerade letzteres ist gegenüber der "menschlichen Datenverarbeitung" der wohl wesentlichste Unterschied, denn auch der Mensch verfügt über Wissen im Sinne des Speichers, Denkvermögens und Intelligenz, die es ihm ermöglichen, Daten und Informationen zu verarbeiten, dies durchaus auch in der erwarteten Komplexität, nicht jedoch, in Anbetracht der entsprechenden Datenmengen, mit der einem Rechner eigenen Schnelligkeit.

So werden beispielsweise geometrische Daten eines einfachen Körpers in Form weniger X-, Y- u. Z-Koordinaten permanent fortgeschrieben, analog zum Entscheidungsablauf, d.h. ergänzt, geändert oder gelöscht. Sie stellen in ihrer Gesamtheit immer das momentane, auf geometrische Angaben beschränkte Planungsstadium dar.

Während eine manuell erstellte Entwurfzeichnung nur die Angaben enthält, die als Leistungsaussage vom Betrachter erwartet werden, und alle weiterführenden geometrischen Planungsentscheidungen und -Aussagen auf anderen Dokumenten wie Skizzen, Details, Konzeptzeichnungen etc. festgehalten werden müssen, verfügt eine über den graphischen Bildschirm erarbeitete "Zeichnung" über alle graphischen Informationen innerhalb einer Datei, aus der wiederum nur die für eine "Entwurfsaussage" erwünschten oder erforderlichen Datenbestände selektiert und geplottet werden. Gleiches gilt für die Kosten, deren Ermittlungsverfahren als Fortschreibung während des gesamten Planungsablaufes auf immer detaillierter werdenden Beschreibungen und Mengenberechnungen aufbauen und somit zur Transparenz der Preiskalkulation beitragen.

Für die Terminplanung gelten die gleichen Denkstrukturen, wonach anfänglich wenige "Eckdaten" den sogenannten Rahmenterminplan ergeben, dessen ständige Verfeinerung auf der Fortschreibung eingegebener Termindaten beruht, und dessen Aussagetiefe sich auf den jeweiligen Bearbeitungszustand in den anderen Datenarten und deren terminrelevante Aussagen bezieht.

Zum einen ergeben Daten einer oder mehrerer Dateien, durch Programme gesteuert, die entsprechenden Informationen, die innerhalb einer Leistungsphase oder eines Leistungsbildes dokumentiert werden müssen. Zum andern werden diese Daten auch extern von den übrigen Planungs-, Genehmigungs- oder Herstellungsbeteiligten benötigt, um im Sinne der Integrationsplanung allen Anforderungen und Eigenschaften einer Aufgabe zu entsprechen.

3. Informationsstrukturen

Wie bereits dargestellt, basieren alle Entscheidungen im Planungsprozeß auf Informationen, die von verschiedenen Informationsgebern zur Verfügung gestellt werden, und die in ihrer Gesamtheit eine Übereinstimmung mit den erwarteten Anforderungen, Eigenschaften oder Maßnahmen ergeben sollen. Da nun während des gesamten Planungsablaufes die Entscheidungsfindung vom Groben ins Feine eine ständige Rückkopplung und Korrektur der vorgegebenen Informationen darstellt, ist im Sinne der kontinuierlichen Informationsweitergabe ein entsprechender Datenaustausch erforderlich. Zur Strukturierung von Informationen muß man nicht nur deren Herkunft oder Quelle, sondern auch deren jeweiligen Bearbeitungsstand im Sinne der Planungslogik erfassen. Es handelt sich also hierbei, im Gegensatz zu den einzelnen Daten und ihren Strukturen, um die aus solchen Daten zusammengesetzten Informationen, die in ihrer Gesamtheit als Planungsergebnis einzelner Leistungsphasen zu betrachten sind.

Die Integration aller an diesem Leistungsergebnis beteiligten Informationen bzw. Informationsgeber kann nur dann gewährleistet werden, wenn die einzelnen Informationsteile der Beteiligten sich inhaltlich auf den Verwendungszweck, d.h. auf die damit zu erzielende Leistungsaussage beziehen. Es ist also immer auf eine zeitgemäße, d.h. inhaltlich, formal und verfahrenstechnisch einwandfreie Informationsaufbereitung Wert zu legen, die geeignet ist, die zur Erreichung der Übereinstimmung erforderlichen Entscheidungen zu treffen.

Zur Darstellung der Informationsstrukturen möchte ich Ihnen zunächst den Kreis der am Baugeschehen Beteiligten etwas näher bringen, um daraus die notwendigen Verknüpfungen abzuleiten (Tabelle 1, "Am Baugeschehen Beteiligte"). Die Untergliederung soll versinnbildlichen, daß die am Baugeschehen beteiligten Partner einen ständigen Informationsfluß untereinander erzeugen, der im Rahmen des üblichen Geschäftsverkehrs dokumentiert wird und als Beleg einen entsprechenden Belegfluß nach sich zieht. Die Zergliederung dieser Belege ist in diesem Falle nach plausiblen Begriffen vorgenommen worden, die den im allgemeinen Geschäftsverkehr üblichen Begriffen entsprechen.

Tabelle 1. Am Baugeschehen Beteiligte

Auftraggeber:	− Bauherr
	− Nutzer
	− Käufer
	− Generalunternehmer
Planungsbeteiligte:	− Architekt
	− Städtebau
	− Ingenieurplanung
	− Haustechnik
	− Beriebstechnik
	− Bauphysik
	− Bodenmechanik
	− Vermessungsplanung
Genehmigungs- beteiligte:	− Bundesbehörden
	− Landesbehörden
	− Regionalbehörden
	− Stadt- und Gemeindebehörden
	− Institutionen mit öffentlichem Auftrag
Herstellungs- beteiligte	− Bauunternehmer
	− Handwerker
	− Produkthersteller
	− Lieferfirmen

Die Komplexität der Informationsprozesse soll an der Tischrunde (Tabelle 2, Jour fix) dargestellt werden, an der sich die am Baugeschehen Beteiligten im Sinne eines "jour fix" gegenseitig alle notwendigen Daten und Informationen austauschen. Die Anwesenheit aller Beteiligten klärt gleichzeitig auch die Verantwortlichkeit für die Bearbeitung einer Information, für die Mitwirkung bei dieser Informationserstellung und für die Genehmigung bzw. Abnahme der entsprechenden Leistung. Einem Organismus gleich, in dem jedes Einzelorgan eine ganz bestimmt Aufgabe erfüllen muß, damit der Gesamtablauf und die Zweckbestimmung des Organismus erfüllt werden kann, ist es im Planungsablauf erforderlich, alle Beteiligten mit ihren jeweiligen Aufgaben in diesen Informationsprozeß zu integrieren. Entgegen dem Beispiel des Organismus steht nur der Tatbestand, daß alle am Baugeschehen Beteiligten nicht in Form von Nervensystemen, Blutbahnen oder Muskeln verbunden sind, sondern daß sie im Rahmen der technischen Informationsmöglichkeiten Kontakt pflegen. Dies hat bei konventionellen Arbeitsmethoden zu den bisweilen problematischen Informationsunterbrechungen geführt, weshalb sich gerade hierbei die Entwicklung der elektronischen Datenverarbeitung für den Informationsaustausch von einer besonders hochqualifizierten Seite her gezeigt hat. Die durch Fragestellungen ergründbaren Zu-

Tabelle 2. Jour Fix

Leistungsphasen	Datenarten				
	Geometrie	Qualität	Quantität	Kosten	Termine
1 GRUNDLAGENERMITTLUNG	Skizzen Bebauungsplan alt und neu	Planungsprogramm. Aufgabenstellung	Bedarfsplanung	Finanzierungsgrundlagen/ Kostenrahmen	Ecktermine
2 VORPLANUNG	Skizzen Lagepläne Vorentwurf	Zielkatalog, Erläuterungen	Berechng. d. Flächen und Rauminhalte	Fortschreib. Kostenrahmen Kostenschätzung	Rahmenterminplanung Ausführung
3 ENTWURFSPLANUNG	Entwurf Detailzeichnung Faching.zeichnung	Objektbeschreibg. Raumbuch	Fortschrbg. Flächen u. Rauminhalte Bauelemente	Kostenberng. Kostengrupp. Bauelemente/ Gewerke	Fortschrbg. Terminplanung
4 GENEHMIGUNGSPLANUNG	Planvorlage, Zeichnungen	Baubeschreibg. Bauantrag	Fortschrbg. Flächen und Rauminhalte Bauelemente		Fortschrbg. Terminplanung
5 AUSFÜHRUNGSPLANUNG	Ausführungszeichnunggen, Detailzeichnungen	Fortschr. Baubeschreibung	Fortschrbg. Flächen und Rauminhalte Bauelemente	Fortschrbg. Kostenberechnung	Fortschrbg. Terminplanung
6 VORBEREITUNG DER VERGABE	Aufmaß zeichnungen	Leistungsbeschrbg. Vertragsbeding. Vergabebestimmungen	Mengenermittlung zur Leistungsbeschreibung	Fortschrbg. Kostenberechnung Kostenanschlag	Fortschrbg. Terminplanung
7 MITWIRKUNG BEI VERGABE		Bauverträge	Fortschrb. Mengenermittlung	Kostenanschlag,Angebotsprüfung Preisspiegel	Fortschrbg. Terminplanung
8 OBJEKTÜBERWACHUNG	Zeichnungssätze für Auftragnehmer	Qualitätskonrolle Bautagebuch	Mengenkontrolle Aufmaß	Baukostenfeststellg. Bauabrechng.	Ausführungsplanung
9 OBJEKTBETREUUNG U.OBJEKTDOKUMENTATION	Bestandszeichnungen Revisionszeichnungen	Mängelliste		Baukostendokumentation, Kostenanalyse	Gewährleistungstermine

sammenhänge der Informationsverarbeitung, beispielsweise "von wem kommt eine Information", " für oder an wen geht eine Information" und "worüber handelt der Inhalt dieser Information", verlangt im Sinne des Datenaustausches auf elektronischer Ebene, daß diese jeweiligen Angaben mit eindeutigen Schlüsselsystemen versehen werden, damit bei den Informationspartnern der gleiche Informationsgrad erreicht wird.

Wichtig erscheint noch der Hinweis, daß es selbstverständlich zu diesen hier am Planungsgeschehen dargestellten Informationsbeteiligten noch weitere Hintergrundinformationen gibt. Das sozusagen in dieser Tischrunde präsente Wissen, d.h. die vorhandenen Informationen, beruhen ihrerseits wiederum auf Informationsverarbeitungsprozessen, die jeder Informationsbeteiligte seinen eigenen Anforderungen entsprechend durchgeführt hat. Zu diesem Hintergrundwissen gehört von der allgemeinen Schulausbildung über die Berufsfortbildung bis zur Spezialisierung das gesamte Wissen, das seinerseits wiederum auf Informationssystemen aufgebaut ist. Die Vorstellung, daß auch hierbei Datenaustauschsysteme einen müheloseren und vollständigen Informationsgewinn bewirken könnten, läßt die Notwendigkeit des Datenaustausches zukünftig noch wichtiger erscheinen. Als Beispiel mag dafür die Vorstellung gelten, daß es zukünftig möglich sein sollte, die von Bauindustrie und Bauforschung entwickelten Daten und Fakten sowie die entwickelten Produkte und Materialien entsprechend ihren Anwendungsmöglichkeiten unter Vorgabe von Anforderungen und Eigenschaften abzufragen, um eine möglichst breite Grundlage für· die Entscheidungsfindung zu erarbeiten. Entwicklungen in diesem Punkt sind bereits angezeigt, und es ist zu hoffen, daß der starke Wissensunterbruch, wie er zwischen der Bauindustrie, den Herstellerfirmen und den Planern besteht, durch zukünftige Datenaustauschmodelle oder relationale Datenbanken zur Optimierung im Bauwesen beitragen kann.

4. Begriffssysteme

Auf der Suche nach abgesicherten und vollständigen Begriffssystemen im Bauwesen gibt es verschiedene Begriffsebenen, die sich, historisch begründet, aus den unterschiedlichen Anforderungen für die Definition von Gleichartigkeiten ergaben. Als erste grobe Gliederung mag eine Differenzierung nach den Beteiligten, nach dem Inhalt und nach der äußeren Form der Informationen bzw. Daten ausreichen. Auf der Suche nach dazu geeigneten Begriffssystemen, die möglichst für alle am Baugeschehen Beteiligten eindeutig sein sollen, ergaben sich verschiedene berufsspezifische Gliederungen, die auf Grund ihrer Allgemeingültigkeit teilweise bereits als Normen, Richtlinien oder Verordnungen Eingang gefunden haben in die Ordnungssystematik im Bauwesen. Auf Grund ihrer Struktur stellen die mit ihnen ermittelten Werte heute Grundlagen dar, die als Richtwerte oder Bemessungsfaktoren Einfluß auf alle Bereiche des Planens, Bauens und Nutzens haben. Zu ihnen zählen u.a.:

DIN 276   als Kosten- und Bauteilgliederung (Tabelle 4);

DIN 277   Teil 1 und 2 als Flächen- und Rauminhaltsbemessung bzw. als Gliederung gleichartiger Nutzungsarten;

II. BV.   2. Berechnungsverordnung als Wohnflächenberechnung und einheitliche Gliederung von Wohn- bzw. Nutzflächen;

BKB/AKBW   als Gliederungssystem der "Gebauten Umwelt", von der Gebäudetypologie über Bauelemente, Konstruktionen, Hilfsmittel und Materialien bis zu deren Anforderungen und Eigenschaften (Tabelle 5);

STLB/VOB	als Gliederung aller im Bauwesen definierten Herstellungsleistungsbereiche sowie deren Mengenberechnung (Tabelle 6);
HOAI	als Gliederung aller im Bauwesen definierten Planungsleistungsbereiche (Tabelle 7);
LBO	Landesbauordnung als Gliederung bauordnungsrechtlicher Kriterien;
BNVO	Baunutzungsverordnung als Gliederung für das Maß der baulichen Nutzung.

Mit diesen berufsspezifischen Ordnungssystemen sind die prinzipiellen Begriffe angesprochen, unter denen alle verschiedenen Datenarten gekennzeichnet werden. So werden beispielsweise Mengenangaben erst dann zu entscheidungsrelevanten Informationen, wenn sie im Zusammenhang mit einer qualitativen Zuordnung, z.B. in Form von Nettogrundrißflächen oder Bauelementflächen stehen. Es werden somit Daten unterschiedlicher Datenarten zu Informationen zusammengetragen, deren Aussagekraft eine Eindeutigkeit besitzt, wie sie in den entsprechenden Begriffssystemen gefordert ist, oder umgekehrt, die innerhalb allgemeingültiger Begriffssysteme vorgegebenen Gliederungen verlangen eindeutige Informationen.

Mit diesen berufsspezifischen Ordnungssystemen lassen sich Daten bzw. Informationen nach Informationsbeteiligten ordnen, sofern man die HOAI für alle Planungsleistungsbeteiligten und die Gliederung der Gewerke nach Standardleistungsbereichen für alle Herstellungsleistungsbeteiligten benützt. Unzureichend in diesem Punkt ist abgesicherte Zuordnungsmöglichkeit der Vertreter des öffentlichen Interesses, d.h. der Behörden und Verwaltungsorgane von Bundesebene bis zu den Kommunen. Ebenso gibt es kein abgesichertes Gliederungssystem für die Auftraggeber bzw. Nutzer, gleich ob sie Eigentümer, Pächter oder Mieter des späteren Objektes werden.

Für die inhaltliche Zuordnung der Informationen zum Objekt selber gibt es außer der rein qualitativen und quantitativen Bestimmung von Bauelementen bzw. Unterelementen die projektspezifische Zuordnung bzw. Unterteilung des Gebäudes nach gebäudegeometrischen Kriterien.

Das Problem der Lokalisierung von Informationen sowohl im Bereich der zeichnerischen Darstellung als auch der später gebauten Realität wird anfangs meist verkannt, obwohl es für den Informations- und Datenaustausch gleichermaßen von größter Bedeutung ist. Die Eindeutigkeit von Mengen bzw. Qualitäten in bezug auf gebäudegeometrisch eindeutig definierte Angaben kann nur durch ein durchlässiges gebäudegeometrisches Ordnungssystem erfolgen. Die weitergehenden Anforderungen an so ein Gebäudegliederungssystem können sehr vielseitig sein und sollten daher bei der Vorgabe der einzelnen Identitäten auch den organisatorischen Anforderungen für die spätere Nutzung entsprechen. So können diese Zuordnungskriterien mitunter entscheidend sein für die Abrechnung und Nutzung eines Objektes, z.B. aus eigentums-, finanz- und steuerrechtlicher Sicht. Während des Planungsprozesses, des Herstellungsablaufes und der Nutzungsdauer tragen sie zur Identität von gebäudebezogenen Informationen bei, indem sie das Objekt gebäudegeometrisch zerlegen lassen und identifizieren. Raumbezogene Daten können so beispielsweise zu unterschiedlichsten Informationen zusammengetragen werden, jedoch nur dann, wenn eine diesbezügliche Eindeutigkeit vorgegeben ist. Zur gebäudegeometrischen Gliederung können folgende Begriffe benützt werden:

- Block (Gebäudeteil, zeitlich, geometrisch, konstruktiv, eigentumsrechtlich)
- Ebene (Geschoß, Etage, Stockwerk, jeweils über oder unter dem Erdreich)
- Zone (Teil einer Ebene, nutzungsbedingt, technisch, eigentumsrechtlich)
- Raum (Teil einer Zone oder Ebene, nutzungsbedingt, technisch, eigentums-
  rechtlich)
- Bauelement (Teil einer Zone oder eines Raumes, herstellungstechnisch, nut-
  zungsbedingt, kostenbedingt)

Zusammenfassend kann festgestellt werden, daß alle Daten meistens mehreren dieser berufsspezifischen bzw. projektspezifischen Begriffssysteme zugeordnet werden und sich dadurch im Sinne des Datenaustausches programmgemäß zu bestimmten Informationen zusammentragen lassen. Es werden somit keine fertigen Informationen übermittelt, sondern nur die zur Erstellung von Informationen unterschiedlicher Inhalte erforderlichen Daten.

Wie schwierig es jedoch ist, die dafür erforderlichen Datenstrukturen allgemeingültig und zukunftssicher zu entwickeln, hat sich an dem Beispiel der Richtlinien für den Datenträgeraustausch des Gemeinsamen Ausschusses für Elektronik im Bauwesen (GAEB) gezeigt, der nach 15 Jahren mühsamer Arbeit Ende 1985 die Datenstruktur für den Bereich Ausschreibung, Vergabe und Abrechnung (AVA) verabschiedet hat. Gleichzeitig wurde mit dieser Richtlinie eine Form vorgeschrieben, die sich wiederum nur sehr schwer den zukünftigen Entwicklungen in diesem Tätigkeitsfeld anpassen lassen dürfte.

Flexibler erscheinen in diesem Bereich die Entwicklungen für Daten- und Faktenbanken, bei denen aber noch mehr, als dies bei dem Datenträgeraustausch der Fall sein dürfte, die Forderung nach eindeutigen, allgemein gültigen und verläßlichen Begriffssystemen erhoben werden muß.

Sollte dies trotzdem realisierbar sein, und die derzeitigen Entwicklungen verheißen Erfreuliches, bleibt trotzdem das physische Dokument, als Out-Put vom Drukker oder Plotter erstellt, auf lange Sicht gesehen der verläßlichste Informationsträger, weshalb auch hierfür nach einem durchgängigen Gliederungsprinzip für die Dokumente (Tabelle 3, Dokumentarten) gesucht werden muß.

Tabelle 3. Dokumentenarten Lieferfirmen

DOK. ART	BEZEICHNUNG (HOAI)	PLAN.LB (STLB)	HERST.LB (BAUTEIL)	DIN 276
J	INFORMATION			
J	Bücher und Zeitschriften			X
J	Prospekte und Produktinformation			X
J	Firmenkataloge und Materialmuster			X
J	Zeitungsartikel und Fotos			X
N	NORMEN UND VORSCHRIFTEN			
N	DIN-Normenblätter	X	X	X
N	Leistungs- und Honorarordnungen	X	X	X
N	Bau- und Verwaltungsrichtlinien	X	X	X
N	Verdingungsordnungen	X	X	X
F	FORMULARE, ORGANISATIONSMITTEL			
F	Formulare und Vordrucke	X		
F	Arbeitsanweisungen und Musterblätter	X		
F	Checklisten	X		
F	Organisatorische Hilfsmittel	X		
V	VERTRÄGE			
V	Architekten- und Ingenieurverträge	X		
V	Bauverträge		X	
V	Personalverträge	X		
V	Dienstleistungs- und Sachverträge	X		
K	KOMMUNIKATIONSBELEGE			
K	Briefe und Mitteilungen	X	X	
K	Aktennotizen und Telefonnotizen	X	X	
K	Protokolle und Vermerke	X	X	
K	Fernschreiben	X	X	
P	PLANUNGS- UND BAUBERICHTE			
P	Arbeitssteuerung, Arbeitskontrolle	X	X	
P	Gezielte Auftragssteuerung	X	X	
L	LEISTUNGSNACHWEISE			
L	Zeichnungen und Skizzen	X	X	
L	Lichtpausen und Mutterpausen	X	X	
L	Formblätter (ausgefüllt)	X	X	
L	Baubeschreibungen	X	X	
L	Flächen- und Raumberechnungen	X	X	
L	Kostenermittlungen	X	X	
L	Leistungsverzeichnisse	X	X	
L	Angebote	X	X	
R	RECHNUNGS- UND ZAHLUNGSBELEGE			
R	Unternehmerrechnungen	X	X	
R	Zahlungsanweisungen und -freigaben	X	X	
R	Kontenblätter	X	X	
R	Honorarrechnungen	X	X	
R	Belege und Quittungen	X	X	
A	ALTABLAGE	0	0	0

Tabelle 4. Kostengliederung nach Din 276 und AKBW/BKB (5-stellig)

10000	Baugrundstück		23100	Ansiedlungsgebühren
11000	Wert		23200	Beiträge zum Bau von Kfz-Stellplätzen
11100	Verkehrswert			
			23900	Sonstige einmalige Abgaben
12000	Erwerb			
12100	Vermessung		30000 (90)	Bauwerk
12200	Gerichtsgebühren		31000 (90)	Baukonstruktion
12300	Notariatsgebühren			
12400	Maklerprovisionen		31100 (90)	Gründung
12500	Grunderwerbsteuer		31110 (10)	Baugrube
12600	Wertgutachten Baugrundunters.		31111 (11)	Baugrube
12700	Amtliche Genehmigungen		31120 (10)	Fundamente Unterböden
12800	Bodenordnung Grenzregulierung		31121 (12)	Fundamente
12900	Sonstige Erwerbskosten		31122 (13)	Unterböden
			31123 (14)	Bauwerksohle
13000	Freimachen		31200 (90)	Tragkonstruktion
13100	Abfindungen		31210 (20)	Tragende Außenwände, Außenstützen
13900	Sonstige Freimachungskosten			
			31211 (21)	Tragende Außenwände
14000	Herrichten		31212 (22)	Außenstützen
14100	Abräumen von Einfriedungen und Hindernissen		31220 (30)	Tragende Innenwände, Innenstützen
14200	Sichern von zu erhaltendem Bewuchs		31221 (31)	Tragende Innenwände
			31222 (32)	Innenstützen
14300	Roden von Bewuchs		31230 (40)	Tragende Decken, Treppen
14400	Abbrechen von Bauwerken oder Bauteilen		31231 (41)	Deckenplatten, Balken, Tragkonstruktionen
14500	Beseitigen von Verkehrsanlagen		31232 (42)	Treppenläufe, Zwischenpodeste, Tragkonstruktionen
14600	Abtrennen von Versorgungsleitungen		31240 (50)	Tragende Dächer, Dachstühle
14700	Sichern von Oberboden		31241 (51)	Tragende Dachkonstruktionen
14800	Bodenbewegungen, Geländeoberflächen, Planieren		31300 (90)	Nichttragende Konstruktionen
			31310 (20)	Nichttragende Außenwände, zugehörige Baukonstruktionen
14900	Sonstige Herrichtungskosten		31311 (23)	Nichttragende Außenwände, Konstruktionen
20000	Erschließung			
			31312 (24)	Außentüren und Außenfenster
21000	Öffentliche Erschließung		31313 (25)	Wandbekleidung außen
21100	Abwasseranlagen		31314 (26)	Wandbekleidungen innen an Aussenwänden
21200	Wasserversorgung			
21300	Fernwärmeversorgung		31315 (27)	Fassadenelemente
21400	Gasversorgung		31316 (28)	Schutzelemente Außenwand
21500	Elektrische Stromversorgung		31320 (30)	Nichttragende Innenwände zugehörige Baukonstruktionen
21600	Fernmeldeanlagen			
21700	Verkehrsanlagen		31321 (33)	Trennwände
21800	Grünflächen		31322 (34)	Innentüren und Innenfenster
21900	Sonstige öffentliche Erschließung		31323 (35)	Innenwandbekleidungen
			31324 (36)	Wandelemente
22000	Nicht öffentliche Erschließung		31325 (37)	Schutzelemente Innenwand
22100	Abwasser		31330 (40)	Nichttragende konstruktive Decken und Treppen
22200	Wasserversorgung			
22300	Fernwärme		31331 (43)	Bodenbeläge
22400	Gasversorgung		31332 (45)	Treppenbeläge
22500	Elektrische Stromversorgung		31333 (44)	Deckenbekleidungen
22600	Fernmeldeanlagen		31334 (46)	Treppenbekleidungen
22700	Verkehrsanlagen		31335 (47)	Schutzelemente für Decken und Treppen
22800	Grünflächen			
22900	Sonstige nicht öffentliche Erschließung		31336 (15)	Bodenbeläge auf Bauwerksohle
23000	Andere einmalige Abgaben		31340 (50)	Nichttragende Konstruktionen der

Fortsetzung Tabelle 4

	Dächer
31341 (53)	Dachbeläge
31342 (54)	Dachbekleidungen
31343 (52)	Dachöffnungen
31344 (55)	Schutzelemente für Dächer
31900 (90)	Sonstige Konstruktionen
31910 (60)	Baustelleneinrichtung
31911 (61)	Baustelleneinrichtung, Einrichten, Räumen
31912 (64)	Schächte und Kanäle
31913 (62)	Räumliche Fertigteile
31914 (63)	Abbruch von Baukonstruktionen
32000 (70)	Installationen
32100 (71)	Abwasser
32110 (71)	Revisions und Absperrvorrichtungen
32120 (71)	Grundleitungen
32130 (71)	Fall und Sammelleitungen
32180 (71)	Einläufe, Sandfänge, Sinkkästen
32190 (71)	Sonstige Abwasserinstallationen
32200 (72)	Wasser
32210 (72)	Meß-, Absperr- und Druckregelvorrichtungen
32220 (72)	Leitungen für Kaltwasser
32230 (72)	Leitungen für Warmwasser
32280 (72)	Sanitärobjekte
32290 (72)	Sonstige Wasserinstallationen
32300 (73)	Heizung
32310 (73)	Meßeinrichtungen
32320 (73)	Wärmeverteilung
32330 (73)	Energieverteilung
32380 (73)	Heizflächen
32390 (73)	Sonstige Heizungsinstallation
32400 (74)	Gase und sonstige Medien
32410 (74)	Meß-, Absperr-, Druckregelvorrichtungen
32420 (74)	Leitungen
32490 (74)	Sonstige Installationen für Gase und Flüßigkeiten
32500 (75)	Elektrischer Strom und Blitzschutz
32510 (75)	Hauptanschluß
32520 (75)	Leitungen mit Schalter und Dosen
32590 (75)	Sonstige Installationen für elektrischen Strom
32600 (76)	Fernmeldetechnik
32610 (76)	Hauptanschluß
32620 (76)	Leitungen bauherrnseitig
32640 (76)	Antennen
32660 (76)	Fernsprechapparate
32690 (76)	Sonstige Fernmeldeinstallationen
32700 (77)	Raumlufttechnik
32710 (77)	Meß-, Absperr-, Regel- u. Schaltvorrichtungen
32720 (77)	Lüftungsleitungen
32730 (77)	Luftdurchlässe
32780 (77)	Örtl. Lüftungs und Klimaapparate
32790 (77)	Sonstige Lüftungstechnik
32800 (75)	Blitzschutz
32810 (75)	Auffangvorrichtungen
32820 (75)	Ableitungen
32840 (75)	Erdungsvorrichtungen
32890 (75)	Sonstige Blitzschutzinstallationen
32900 (75)	Sonstige Installationen
33000 (71)	Betriebstechnische Anlagen
33100 (71)	Zentrale Abwasseraufbereitung
33110 (71)	Sammelbehälter
33120 (71)	Dekontaminierung
33130 (71)	Neutralisation
33140 (71)	Benzin, Fett, Ölabscheider
33150 (71)	Entgiftung
33180 (71)	Abwasserhebeanlagen
33190 (71)	Sonstige Abwassertechnik
33200 (72)	Zentrale Wasserversorgung
33210 (72)	Wassergewinnung
33220 (72)	Aufbereitung
33230 (72)	Druckerhöhung
33240 (72)	Vorratsbehälter
33250 (72)	Meß-, Regel-, Steuer- u. Schaltvorrichtungen
33270 (72)	Notwasserversorgung
33280 (72)	Warmwasserbereitung (3.3.3.0)
33290 (72)	Sonstige Wasserbetriebstechnik
33300 (73)	Zentrale Anlagen für Heizung und Brauchwassererwärmung
33310 (73)	Wärmeerzeuger
33320 (73)	Reduzier- und Übergabestationen
33330 (73)	Meß-, Regel-, Schalt- u. Steuervorrichtungen
33340 (73)	Brennstoffvorratsbehälter
33350 (73)	Pumpen, Luftleitungen
33360 (73)	Schlackenbehälter und -beseitigung
33370 (73)	Entstaubungs- und Filteranlagen
33380 (73)	Abzugskanäle, Füchse, Schornsteinanschlüsse
33390 (73)	Sonstige Heizungstechnik
33400 (74)	Zentrale Anlagen für Gase und sonstige Medien
33410 (74)	Erzeugung
33420 (74)	Übergabe und Umformerstationen
33430 (74)	Meß-, Regel-, Schalt- u. Steuervorrichtungen
33440 (74)	Vorratsbehälter
33480 (74)	Verbrauchsapparate
33490 (74)	Sonstige Betriebstechnik für Gase und Flüßigkeiten
33500 (75)	Elektrischer Strom
33510 (75)	Mittelspannungsanlagen
33520 (75)	Transformatoren
33530 (75)	Niederspannungshauptverteilung
33540 (75)	Notstromversorgung
33590 (75)	Sonstige zentrale elektrische Betriebstechnik
33600 (76)	Fernmeldetechnik
33610 (76)	Fernsprechzentrale
33620 (76)	Uhren und Zeitangabe

Fortsetzung Tabelle 4

33630 (76)	Elektroakustische Übertragung		34908 (80)	Verkauf, Vertrieb
33640 (76)	Personensuch- und Rufanlagen		34909 (80)	Sonstiges
33650 (76)	Warn, Alarm und Feuermeldung		35000 (90)	Besondere Bauausführungen
33660 (76)	Wechselsprechanlagen		35100 (90)	Besondere Baukonstruktionen
33670 (76)	Fernschreib, Telex, DV-Übertrag.		35110 (90)	Außergewöhnliche Gründung
33680 (76)	Fernsehmitschau und -kontrolle		35120 (90)	Felssprengung, Baugrundverbesserung
33690 (76)	Sonstige zentrale Fernmeldebetriebstechnik		35130 (90)	Unterfangung, Abstützung
33700 (77)	Zentrale Anlagen für Raumlufttechnik		35140 (90)	Schächte und Hohlräume
33710 (77)	Zuluft einschließlich Aufbereitung		35150 (90)	Wasserhaltung, Drainage
33720 (77)	Abluft		35160 (90)	Schutzbauteile
33730 (77)	Meß-, Regel-, Steuer- u. Schaltvorrichtungen		35170 (90)	Anschluß-, Verbindungs-, Ergänzungsbauteile
33740 (77)	Ventilatoren		35190 (90)	Sonstige besondere Baukonstruktionen
33750 (77)	Kälteerzeugung		35200 (90)	Besondere Installationen
33790 (77)	Sonstige zentrale Raumlufttechnik		35210 (90)	Abwasser
33800 (78)	Aufzugs- und Förderanlagen		35220 (90)	Wasser
33810 (78)	Personenaufzüge		35230 (90)	Heizung
33820 (78)	Lastenaufzüge		35240 (90)	Gase und Flüssigkeiten
33830 (78)	Kleingüteraufzüge		35250 (90)	Elektrischer Strom
33840 (78)	Hubvorrichtungen		35260 (90)	Fernmeldetechnik
33850 (78)	Kranbahnen		35270 (90)	Lüftung, Klimatisierung
33860 (78)	Kasten und Taschenförderung		35280 (90)	Blitzschutz
33870 (78)	Rolltreppen		35290 (90)	Sonstige besondere Installationen
33880 (78)	Rohrpost		35300 (90)	Besondere betriebstechnische Anlagen
33890 (78)	Sonstige Aufzugs- und Förderanlagen		35310 (90)	Zentrale Abwasseraufbereitung
33900 (79)	Sonstige zentrale Betriebstechnik		35320 (90)	Zentrale Wasserversorgung
34000 (80)	Betriebliche Einbauten		35330 (90)	Zentrale Anlagen für Heizung
34100 (80)	Wohnen, Aufenthalt, Versammlung		35340 (90)	Zentrale Anlagen für den Betrieb mit Gasen
34101 (80)	Einbaumobiliar		35350 (90)	Zentrale Anlagen für elektrischen Strom
34102 (80)	Einbauküchen		35360 (90)	Zentrale Anlagen für Fernmeldetechnik
34200 (80)	Beköstigung, Kleiderpflege		35370 (90)	Zentrale Anlagen für Lüftung
34201 (80)	Großküchentechnik		35380 (90)	Aufzugs und Förderungsanlagen
34202 (80)	Großwäschereitechnik		35390 (90)	Sonstige besondere betriebstechnische Anlagen
34203 (80)	Werkstattmaschinen		35400 (90)	Besondere betriebliche Einbauten
34204 (80)	Produktionsmaschinen und Anlagen		35410 (90)	Wohnen, Aufenthalt, Versammlung
34205 (80)	Energieerzeugung und verteilung		35420 (90)	Beköstigung, Kleidungspflege
34206 (80)	Spezielle Fördertechnik		35430 (90)	Lehre, Forschung, Information
34207 (80)	Spezielle Lagertechnik		35440 (90)	Produktion, Lagerung, Verteilung
34208 (80)	Spezielle Kommunikationstechnik		35450 (90)	Hygiene, Gesundheitspflege, Sport
34300 (80)	Lehre, Forschung, Information		35460 (90)	Medizin
34400 (80)	Produktion, Lagerung, Verteilung		35470 (90)	Tierhaltung
34500 (80)	Hygiene, Gesundheitspflege, Sport		35480 (90)	Kulturelle Zwecke
34600 (80)	Medizin		35490 (90)	Sonstige besondere betriebliche Einbauten
34700 (80)	Tierhaltung		35500 (90)	Kunstwerke und künstlerisch gestaltete Bauteile
34800 (80)	Kulturelle Zwecke		35510 (90)	Kunstwerk
34900 (80)	Sonstige betriebliche Einbauten		35520 (90)	Künstlerisch gestaltete Bauteile
34901 (80)	Medizin und Hygienetechnik		35530 (90)	Außenwandflächen
34902 (80)	Sporttechnik		35540 (90)	Fenster, Türen, Gitter, Geländer
34903 (80)	Wissenschaft, Forschung, Entwicklung		35550 (90)	Innenwand, Decken, Fußbodenflä-
34904 (80)	Lehre, Information, Büro			
34905 (80)	Kultur, Kultus			
34906 (80)	Verkehr			
34907 (80)	Tierhaltung, Landwirtschaft			

Fortsetzung Tabelle 4

	chen
35590 (90)	Sonstige künstlerische Gestaltung am Bauwerk
40000	Gerät
41000	Allgemeines Gerät
41100	Schutzgerät
41200	Beschriftung und Schilder
41300	Hygienegerät
41900	Sonstiges allgemeines Gerät
42000	Bewegliches Mobiliar
42100	Sitzmöbel
42200	Liegemöbel
42300	Tische
42400	Kastenmöbel
42500	Regale, Ablagen
42600	Garderobenständer
42900	Sonstiges bewegliches Mobiliar
43000	Textilien
43100	Fensterbehänge
43200	Wandbehänge
43300	Bodenbeläge
43400	Wäsche
43500	Fahnen
43900	Sonstige Textilien
44000	Arbeitsgerät
44100	Wirtschafts- und Hausgerät
44200	Sportgerät
44300	Wissenschaftliches Gerät
44900	Sonstiges Arbeitsgerät
45000	Beleuchtung
45100	Allgemeine Beleuchtung
45200	Besondere Beleuchtung
45300	Notbeleuchtung
45900	Sonstige Beleuchtung
49000	Sonstiges Gerät
49100	Gerät für besondere Zwecke
50000	Außenanlagen
51000	Einfriedungen
51100	Zäune einschließlich Türen und Tore
51200	Mauern einschließlich Türen und Tore
51300	Schranken
51900	Sonstige Einfriedungen
52000	Geländebearbeitung und Gestaltung
52100	Stützmauern und -vorrichtungen
52200	Vegetationstechnische Oberbodenarbeiten
52300	Bodenabtrag und Bodeneinbau
52400	Bodenaushub für Stützmauern, Fundament usw.
52500	Freistehende Mauern
52600	Vegetationstechnische Bodenverbesserung
52700	Bachregulierung, offene Gräben, Uferbefestigung
52800	Wasserbecken
52900	Sonstige Geländebearbeitung
53000	Versorgungsanlagen
53100	Abwasser
53200	Wasserversorgung
53300	Fernwärmeversorgung
53400	Gase und Flüssigkeiten
53500	Elektrischer Strom
53600	Fernmeldetechnik
53700	Lüftung, Klimatisierung, Kälteerzeugung
53800	Gemeinsame Anlagen für Versorgung
53900	Sonstige Versorgungsanlagen
54000	Wirtschaftsgegenstände
54100	Müll- und Abfallbehälter
54200	Teppichklopfstangen, Fahnenmasten
54300	Wäschepfähle, Trocknervorrichtungen
54400	Fahrradständer
54500	Rankgerüste, Schutzgitter
54600	Pflanzbehälter, -kübel
54700	Ortsfeste Gartenbänke und Tische
54800	Beschriftungen und Schilder
54900	Sonstige Wirtschaftsgegenstände
55000	Kunstwerke
55100	Freistehende Kunstwerke
55200	Künstlerisch gestaltete Bauteile
55900	Sonstige künstlerisch gestaltete Bauteile
56000	Anlagen für Sonderzwecke
56100	Sportanlagen
56200	Spiel und Pausenplätze
56300	Übungsbahnen, Schießstände
56400	Lagerbehälter, -flächen
56500	Tiergehege
56600	Hub und Förderanlagen
56700	Regenschutz
56900	Sonstige Anlagen für Sonderzwecke
57000	Verkehrsanlagen
57100	Wege
57200	Straßen
57300	Befahrbare Plätze, Höfe
57400	Kfz. Stellplätze
57500	Beleuchtung
57600	Gleisanlagen
57700	Rampen, Treppen, Stufen
57800	Markierungen, Verkehrszeichen
57900	Sonstige Verkehrsanlagen

Fortsetzung Tabelle 4

58000	Grünflächen
58100	Bodenbearbeitung
58200	Pflanzarbeiten
58300	Rasenarbeiten
58400	Sicherungsarbeiten
58900	Sonstige Grünflächenarbeiten
59000	Sonstige Außenanlagen
60000	Zusätzliche Maßnahmen
61000	Zusätzliche Maßnahmen bei der Erschließung
61100	Schutz von Personen und Sachen
61200	Schlechtwetterbau
61300	Trockenhalten von Arbeitsstellen
61400	Vergütung außertariflicher Arbeitszeit
61500	Leistungsprämien
61900	Sonstige zusätzliche Maßnahmen bei der Erschließung
62000	Zusätzliche Maßnahmen beim Bauwerk
62100	Schutz von Personen und Sachen
62200	Schlechtwetterbau
62300	Künstliche Bautrocknung
62400	Vergütung außertariflicher Arbeitszeit
62500	Leistungsprämien
62600	Grundreinigung
62900	Sonstige zusätzliche Maßnahmen beim Bauwerk
63000	Zusätzliche Maßnahmen bei den Außenanlagen
63100	Schutz von Personen und Sachen
63200	Schlechtwetterbau
63300	Trockenhalten von Arbeitsstellen
63400	Vergütung außertariflicher Arbeitszeit
63900	Sonstige zusätzliche Maßnahmen bei den Außenanlagen
70000	Baunebenkosten
71000	Vorbereitung von Bauvorhaben
71100	Grundlagenermittlung von Architekten und Ingenieuren
71200	Grundlagenermittlung von Sonderfachleuten
71300	Grundlagenermittlung von Gutachtern und Beratern
71400	Verwaltungsleistungen Bauherr und Betreuer
71900	Sonstige Kosten der Grundlagenermittlung
72000	Planung von Baumaßnahmen
72100	Leistungen von Architekten und Ingenieuren
72200	Leistungen von Sonderfachleuten
72300	Leistungen von Gutachtern und Beratern
72400	Verwaltungsleistungen Bauherr und Betreuer
72500	Leistungen für besondere künstlerische Gestaltung
72900	sonstige Leistungen
73000	Durchführung von Baumaßnahmen
73100	Leistungen von Architekten und Ingenieuren
73200	Leistungen von Sonderfachleuten
73300	Leistungen von Gutachtern und Beratern
73400	Verwaltungsleistungen Bauherr und Betreuer
73500	Leistungen für besondere künstlerische Gestaltung
73900	Sonstige Leistungen
74000	Finanzierung
74100	Beschaffung der Finanzierungsmittel/ Umfinanzierung
74200	Finanzierungen während Vorbereitung und Durchführung
74300	Erbbauzinsen während der Vorbereitung und Durchführung
74400	Mehrzinsen für Zwischenfinanzierung nach Bezugsfertig
74900	Sonstige Kosten der Finanzierung
75000	Allgemeine Baunebenkosten
75100	Behördliche Prüfung, Genehmigung und Abnahme
75200	Bewirtschaftung, Steuern, Abgaben, Versicherungen
75300	Bemusterung und Messungen, Modelle etc.
75900	Sonstige Baunebenkosten

Tabelle 5. Bauelemente (Grob und Unterelemente AKBW-BKB)

10	BAF	Basisfläche
11		Baugrube
12		Fundamente
13		Unterböden
14		Bauwerksohle
15		Bodenbeläge auf Bauwerksohle
20	AWF	Außenwandfläche
21		Tragende Außenwände
22		Außenstützen
23		Nichttragende Außenwände
24		Außentüren Fenster
25		Wandbekleidung außen
26		Wandbekleidung innen
27		Fassadenelemente
28		Schutzelemente
30	IWF	Innenwandfläche
31		Tragende Innenwandfläche
32		Innenstützen
33		Trennwände
34		Innentüren/ fenster
35		Innenwandbekleidungen
36		Wandelemente
37		Schutzelemente
40	HTF	Horizontale Trennflächen
41		Deckenplatten und Balken
42		Treppen und Podeste
43		Bodenbeläge
44		Deckenbekleidungen
45		Treppenbeläge
46		Treppenbekleidungen
47		Schutzelemente
50	DAF	Dachfläche
51		Tragende Dachkonstruktion
52		Dachöffnungen
53		Dachbeläge
54		Dachbekleidungen
55		Schutzelemente
60		Sonstige Baukonstruktionen
61		Baustelleneinrichtung
62		Räumliche Fertigbauteile
63		Abbruch Baukonstruktionen
64		Schächte und Kanäle
70	TEC	Heizung Lüftung Sanitär Elektro (Haustechnik)
71		Abwasser
72		Wasser
73		Heizung
74		Gase, Flüssigkeiten
75		Elektro, Starkstrom, Blitzschutz
76		Fernmeldetechnik
77		Raumlufttechnik
78		Fördertechnik
79		Sonstige Technik
80		Betriebliche Einbauten
90		Besondere Bauausführungen

Tabelle 6. Herstellungsleistungsbereiche nach STLB

000	Baustelleneinrichtung	048	Gas-, Wasser- und Abwasserinstallationsarbeiten; Sondereinrichtungen
001	Gerüstarbeiten	049	Feuerlöschanlagen
002	Erdarbeiten	050	Blitzschutzanlagen
003	Landschaftsbauarbeiten	051	Kabelanlagen
004	Landschaftsbauarbeiten, Lieferung von Pflanzen	052	Mittelspannungsanlagen
005	Brunnenbauarbeiten, Aufschlußbohrung	053	Niederspannungsanlagen Elektro
006	Verbau-, Ramm- und Einpressarbeiten	054	Elektrische Messgeräte, Zähler, Relais, Wandler
007	Untertagebau	055	Ersatzstromversorgungsanlagen
008	Wasserhaltungsarbeiten	056	Batterien
009	Entwässerungskanalarbeiten	057	Elektrische Verbrauchsmittel
010	Draenarbeiten	058	Leuchten und Lampen
011		059	Lichtsignalanlagen
012	Mauerarbeiten	060	Elektroakustische Anlagen
013	Beton- und Stahlbetonarbeiten	061	Fernmeldeleitungsanlagen
014	Natursteinarbeiten	062	Fernsprechanlagen
015	Betonwerksteinarbeiten	063	Meldeanlagen
016	Zimmer- und Holzbauarbeiten	064	Elektroakustische und Fernsehtechnische Anlagen
017	Stahlbauarbeiten	065	Empfangsantennenanlagen
018	Abdichtung gegen drückendes Wasser	066	
019	Abdichtung gegen nicht drückendes Wasser	067	Zentrale Leittechnik
020	Dachdeckungsarbeiten	068	Aussenleuchten und Lampen
021	Dachabdichtungsarbeiten	069	Aufzüge, Fahrtreppen
022	Klempnerarbeiten	070	Regelungstechnik für HLW-Anlagen
023	Putz- und Stuckarbeiten	071	Zentrale Staubsaugeranlagen
024	Fliesen- und Plattenarbeiten	072	Großküchenanlagen
025	Estricharbeiten	073	
026	Asphaltbelagarbeiten	077	Lüftungtechnik für Schutzräume
027	Tischlerarbeiten	080	Straßen, Wege, Plätze
028	Parkettarbeiten	099	Allgemeines
029	Beschlagarbeiten		
030	Rolladen-, Rollverschluß, Jalousie-, Verdunklungs- und Markisenarbeiten		
031	Metallbauarbeiten		
032	Verglasungsarbeiten		
033	Baureinigung		
034	Anstricharbeiten		
035	Oberflächenschutzarbeiten		
036	Bodenbelagsarbeiten		
037	Tapezierarbeiten		
038	Holzpflasterarbeiten		
039	Trockenbauarbeiten		
040	Heizungs- und zentrale Brauchwassererwärmungsanlagen		
041	Lüftungstechnische Anlagen		
042	Mess-, Steuer-, und Regeltechnik für Heizungszentrale, Brauchwassererwärmungs- und lüftungstechnische Anlagen		
043	Druckrohrleitungen für Gas, Wasser und Abwasser		
044	Gas-, Wasser- und Abwasserinstallationsarbeiten; Rohrleitungen und Rohrleitungsarmaturen		
045	Gas-, Wasser- und Abwasserinstallationsarbeiten; Einrichtungsgegenstände		
046	Dämmungsarbeiten zum Wärmeschutz		
047	Dämmungsarbeiten zum Kälteschutz		

Tabelle 7. Planungsleistungsbereiche nach HOAI Tätigkeitsschlüssel

0000	ALLGEMEINE BÜROTÄTIGKEITEN
0010	Akquisition, Allgemeine Kontakte, Werbung, Repräsentation, Kundenbetreuung, Nachbearbeitungen
0020	Finanz- u. Rechnungswesen, Buchhaltung, Zahlungsverkehr, Honorarabwicklung
0030	Personal- u. Vertragswesen, Bewerbungen, Kündigungen, Miet-, Pacht-, Leasing-, Kaufverträge etc.
0040	Organisation u. Rationalisierung, Auftragssteuerung, Personaldisposition, Formularwesen, Beschaffung
0050	Information u. Weiterbildung, Exkursionen, Seminare, Bürobesprechungen, Produktinformation, Schulbesuch
0060	Allgemeine Büroarbeit, Sekretariatsarbeiten, Allgemeine Hilfsdienste, Lichtpausen, Vervielfältigungen
0070	Berufsverband, Kammer, sonstige Verbände der Berufsstände
0080	Bezahlte Fehlstunden, Arbeitsbefreiung, Krankheit, Arztbesuch
0090	Bezahlter oder vereinbarter Urlaub

1000	ARCHITEKTUR

Grundleistungen in der

1100	Gebäudeplanung
1110	Grundlagenermittlung
1120	Vorplanung
1130	Entwurfsplanung
1140	Genehmigungsplanung
1150	Ausführungsplanung
1160	Vorbereitung Vergabe
1170	Mitwirkung Vergabe
1180	Objektüberwachung
1190	Objektbetreuung

Besondere Leistungen in der

1200	Gebäudeplanung
1210	Grundlagenermittlung
1220	Vorplanung
1230	Entwurfsplanung
1240	Genehmigungsplanung
1250	Ausführungsplanung
1260	Vorbereitung Vergabe
1270	Mitwirkung Vergabe
1280	Objektüberwachung
1290	Objektbetreuung

Grundleistungen in der

1300	Freianlagenplanung
1310	Grundlagenermittlung
1320	Vorplanung
1330	Entwurfsplanung
1340	Genehmigungsplanung
1350	Ausführungsplanung
1360	Vorbereitung Vergabe
1370	Mitwirkung Vergabe
1380	Objektüberwachung
1390	Objektbetreuung

Besondere Leistungen in der

1400	Freianlagenplanung
1410	Grundlagenermittlung
1420	Vorplanung
1430	Entwurfsplanung
1440	Genehmigungsplanung
1450	Ausführungsplanung
1460	Vorbereitung Vergabe
1470	Mitwirkung Vergabe
1480	Objektüberwachung
1490	Objektbetreuung

Grundleistungen in der

1500	Innenraumplanung
1510	Grundlagenermittlung
1520	Vorplanung
1530	Entwurfsplanung
1540	Genehmigungsplanung
1550	Ausführungsplanung
1560	Vorbereitung Vergabe
1570	Mitwirkung Vergabe
1580	Objektüberwachung
1590	Objektbetreuung

Besondere Leistungen in der

1600	Innenraumplanung
1610	Grundlagenermittlung
1620	Vorplanung
1630	Entwurfsplanung
1640	Genehmigungsplanung
1650	Ausführungsplanung
1660	Vorbereitung Vergabe
1670	Mitwirkung Vergabe
1680	Objektüberwachung
1690	Objektbetreuung

Zusätzliche Leistungen in der

1900	Gebäudeplanung
1910	Entwurf und Herstellung
1920	Rat. Lösung
1930	Rat. Fachmann
1940	Projektsteuerung
1950	Winterbau
1990	Zusätzliche Sonstige Leistungen

2000	STÄDTEBAU- UND LANDSCHAFTSPLANUNG

Fortsetzung Tabelle 7

Grundleistungen

2100	Flächennutzungsplan
2110	Klärung der Aufgabenstellung
2120	Ermittlung der Planungsvorgaben
2130	Vorläufige Planfassung
2140	Endgültige Planfassung
2150	Genehmigungsfähige Planung

Besondere Leistungen

2200	Flächennutzungsplan
2210	Klärung der Aufgabenstellung
2220	Ermittlung der Planungsvorgaben
2230	Vorläufige Planfassung
2240	Endgültige Planfassung
2250	Genehmigungsfähige Planung

Grundleistungen

2300	Bebauungsplanung
2310	Klärung der Aufgabenstellung
2320	Ermittlung der Planungsvorgaben
2330	Vorentwurf
2340	Entwurf
2350	Genehmigung

Besondere Leistungen in der

2400	Bebauungsplanung
2410	Klärung der Aufgabenstellung
2420	Ermittlung der Planungsvorgabe
2430	Vorentwurf
2440	Entwurf
2450	Genehmigung

Grundleistungen

2500	Landschaftsplanung
2510	Klären der Aufgabenstellung
2520	Ermittlung der Planungsgrundlage
2530	Vorläufige Planfassung, Vorentwurf
2540	Endgültige Planfassung

Besondere Leistungen

2600	Landschaftsplanung
2610	Klären der Aufgabenstellung
2620	Ermittlung der Planungsgrundlage
2630	Vorläufige Planfassung, Vorentwurf
2640	Endgültige Planfassung

Grundleistungen

2700	Grünordnungsplan
2710	Klären der Aufgabenstellung
2720	Ermittlung der Planungsgrundlagen
2730	Vorläufige Planfassung, Vorentwurf
2740	Endgültige Planfassung

Besondere Leistungen

2800	Grünordnungsplan
2810	Klären der Aufgabenstellung
2820	Ermittlung der Planungsgrundlagen
2830	Vorläufige Planfassung, Vorentwurf
2840	Endgültige Planfassung
2900	Sonderleistungen Städtebauplanung
3000	KONSTRUKTIVE INGENIEUR-PLANUNG

Grundleistungen

3100	Tragwerksplanung
3110	Grundlagenermittlung
3120	Vorplanung
3130	Entwurfsplanung
3140	Genehmigungsplanung
3150	Ausführungsplanung
3160	Vorbereitung der Vergabe

Besondere Leistungen in der

3200	Tragwerksplanung
3220	Vorplanung
3230	Entwurfsplanung
3240	Genehmigungsplanung
3250	Ausführungsplanung
3260	Vorbereitung der Vergabe
3270	Mitwirkung bei der Vergabe
3280	Objektüberwachung
3290	Objektbetreuung

Grundleistungen

3300	Ingenieur- und Verkehrsanlagen
3310	Grundlagenermittlung
3320	Vorplanung
3330	Entwurfsplanung
3340	Genehmigungsplanung
3350	Ausführungsplanung
3360	Vorbereitung der Vergabe
3370	Mitwirkung bei der Vergabe
3380	Objektüberwachung
3390	Objektbetreuung

Besondere Leistungen

3400	Ingenieur- und Verkehrsanlagen
3410	Grundlagenermittlung
3420	Vorplanung
3430	Entwurfsplanung
3440	Genehmigungsplanung
3450	Ausführungsplanung
3460	Vorbereitung der Vergabe
3470	Mitwirkung bei der Vergabe
3480	Objektüberwachung

Fortsetzung Tabelle 7

3490	Objektbetreuung
4000	**TECHNISCHE AUSRÜSTUNG HAUSTECHNIK**

Grundleistungen

4100	Gas-, Wasser-, Abwassertechnik
4110	Grundlagenermittlung
4120	Vorplanung
4130	Entwurfsplanung
4140	Genehmigungsplanung
4150	Ausführungsplanung
4160	Vorbereitung der Vergabe
4170	Mitwirkung bei der Vergabe
4180	Objektüberwachung
4190	Objektbetreuung

Besondere Leistungen

4200	Gas-, Wasser-, Abwassertechnik
4210	Grundlagenermittlung
4220	Vorplanung
4230	Entwurfsplanung
4240	Genehmigungsplanung
4250	Ausführungsplanung
4260	Vorbereitung der Vergabe
4270	Mitwirkung bei der Vergabe
4280	Objektüberwachung
4290	Objektbetreuung

Grundleistungen

4300	Wärmeversorgung, Brauchwassererwärmung, Raumlufttechnik
4310	Grundlagenermittlung
4320	Vorplanung
4330	Entwurfsplanung
4340	Genehmigungsplanung
4350	Ausführungsplanung
4360	Vorbereitung der Vergabe
4370	Mitwirkung bei der Vergabe
4380	Objektüberwachung
4390	Objektbetreuung

Besondere Leistungen

4400	Wärmeversorgung, Brauchwassererwärmung, Raumlufttechnik
4410	Grundlagenermittlung
4420	Vorplanung
4430	Entwurfsplanung
4440	Genehmigungsplanung
4450	Ausführungsplanung
4460	Vorbereitung der Vergabe
4470	Mitwirkung bei der Vergabe
4480	Objektüberwachung
4490	Objektbetreuung

Grundleistungen

4500	Elektrotechnik
4510	Grundlagenermittlung
4520	Vorplanung
4530	Entwurfsplanung
4540	Genehmigungsplanung
4550	Ausführungsplanung
4560	Vorbereitung der Vergabe
4570	Mitwirkung bei der Vergabe
4580	Objektüberwachung
4590	Objektbetreuung

Besondere Leistungen

4600	Elektrotechnik
4610	Grundlagenermittlung
4620	Vorplanung
4630	Entwurfsplanung
4640	Genehmigungsplanung
4650	Ausführungsplanung
4660	Vorbereitung der Vergabe
4670	Mitwirkung bei der Vergabe
4680	Objektüberwachung
4690	Objektbetreuung
5000	**TECHNISCHE AUSRÜSTUNG BETRIEBSTECHNIK**

Grundleistungen

5100	Aufzugs-, Förder-, Lagertechnik
5110	Grundlagenermittlung
5120	Vorplanung
5130	Entwurfsplanung
5140	Genehmigungsplanung
5150	Ausführungsplanung
5160	Vorbereitung der Vergabe
5170	Mitwirkung bei der Vergabe
5180	Objektüberwachung
5190	Objektbetreuung

Besondere Leistungen

5200	Aufzugs-, Förder-, Lagertechnik
5210	Grundlagenermittlung
5220	Vorplanung
5230	Entwurfsplanung
5240	Genehmigungsplanung
5250	Ausführungsplanung
5260	Vorbereitung der Vergabe
5270	Mitwirkung bei der Vergabe
5280	Objektüberwachung
5290	Objektbetreuung

Grundleistungen

5300	Küchen-, Wäscherei-, Chem. Reinigungstechnik
5310	Grundlagenermittlung
5320	Vorplanung
5330	Entwurfsplanung
5340	Genehmigungsplanung
5350	Ausführungsplanung

Fortsetzung Tabelle 7

5360	Vorbereitung der Vergabe		6330	Ausführungsplanung
5370	Mitwirkung bei der Vergabe		6340	Vergabe
5380	Objektüberwachung		6350	Überwachung Ausführung
5390	Objektbetreuung			
			7000	BODENMECHANIK, ERD- UND GRUNDBAU
Besondere Leistungen				
			7100	Baugrundbeurteilung, Grundstücksberatung
5400	Küchen-, Wäscherei-, Chem. Reinigungstechnik		7110	Ermitteln Baugrund
5410	Grundlagenermittlung		7120	Auswertung, Beurteilung
5420	Vorplanung		7130	Gründungsvorschlag
5430	Entwurfsplanung			
5440	Genehmigungsplanung		8000	VERMESSUNGSPLANUNG
5450	Ausführungsplanung			
5460	Vorbereitung der Vergabe		8100	Vermessung außerörtl. Straßen
5470	Mitwirkung bei der Vergabe		8110	Festpunktbestimmung
5480	Objektüberwachung		8120	Erheben undAufnehmen
5490	Objektbetreuung		8130	Ergänzende Aufnahmen
			8140	Längen- und Querprofile
Grundleistungen				
			9000	BEHÖRDEN, INSTITUTIONEN MIT ÖFFENTLICHEM AUFTRAG
5500	Medien- und Labortechnik			
5510	Grundlagenermittlung			
5520	Vorplanung		9100	Bundesbehörden
5530	Entwurfsplanung		9200	Landesbehörden
5540	Genehmigungsplanung		9300	Regierungsbezirksbehörden
5550	Ausführungsplanung		9400	Regionalbehörden
5560	Vorbereitung der Vergabe		9500	Kommunalbehörden
5570	Mitwirkung bei der Vergabe		9600	Kirchen
5580	Objektüberwachung		9700	Behörden mit öffentlichem Auftrag (DRK, TV, IHK, EVU, etc.)
5590	Objektbetreuung		9800	Sonstige
			9900	Auftraggeber Bauherr
Besondere Leistungen				
5600	Medien- und Labortechnik			
5610	Grundlagenermittlung			
5620	Vorplanung			
5630	Entwurfsplanung			
5640	Genehmigungsplanung			
5650	Ausführungsplanung			
5660	Vorbereitung der Vergabe			
5670	Mitwirkung bei der Vergabe			
5680	Objektüberwachung			
5690	Objektbetreuung			
6000	**BAUPHYSIK**			
6100	Thermische Bauphysik			
6110	Planungskonzept			
6120	Entwurf und Schutz			
6130	Wärmeschutznachweis			
6140	Ausführung-Vergabe			
6200	Schallschutz			
6210	Planungskonzept			
6220	Entwurf Schallschutz			
6230	Ausführungsplanung			
6240	Vergabe			
6300	Raumakustik			
6310	Planungskonzept			
6320	Entwurf Raumakustik			

Abb. 1. Jour Fix

Graphik-COM: Computer-Output-Microfilm, der direkte Weg vom CAD-System in ein Mikrofilminformationssystem

P. Wilck

CAD Mikrofilm GmbH, Berlin

1. Was ist Graphische Datenverarbeitung oder GDV?

Es handelt sich bei der Graphischen Datenverarbeitung darum, analoge Zusammenhänge auf digitalen Rechnern zu erzeugen und auf geeigneten Geräten sichtbar zu machen. Die Abbildungen 1,2,3 und 4 geben einen kleinen Überblick über die vielfältigen Möglichkeiten der GDV. Alle gezeigten Abbildungen wurden auf Digitalrechnern erzeugt, auf Mikrofilm-Plottern ausgegeben und für diese Wiedergaben vergrößert.

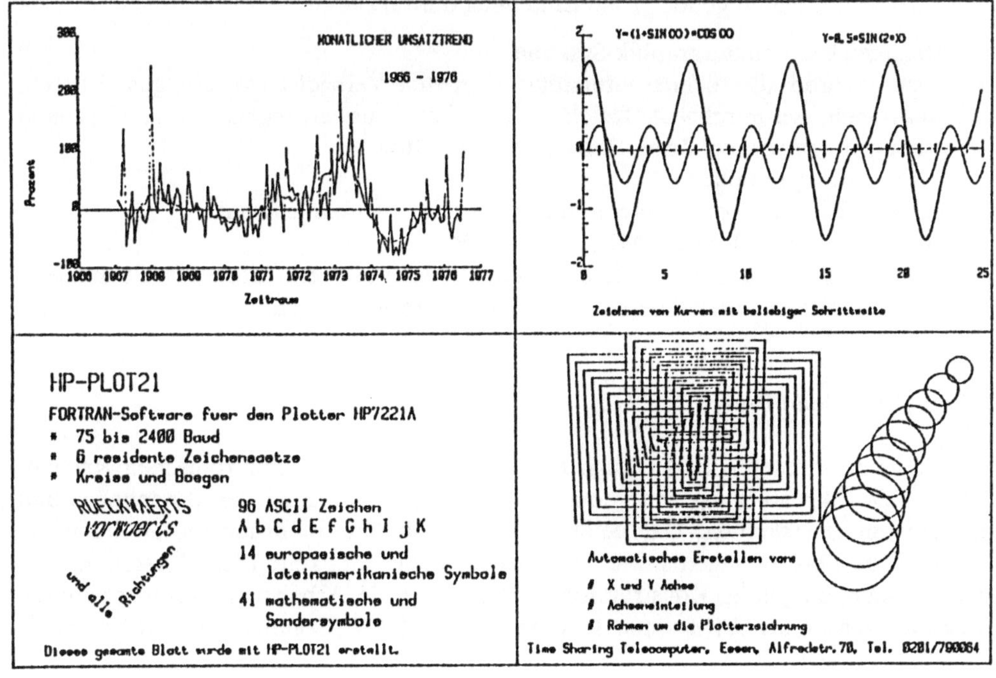

Abb. 1. Graphische Datenauswertung

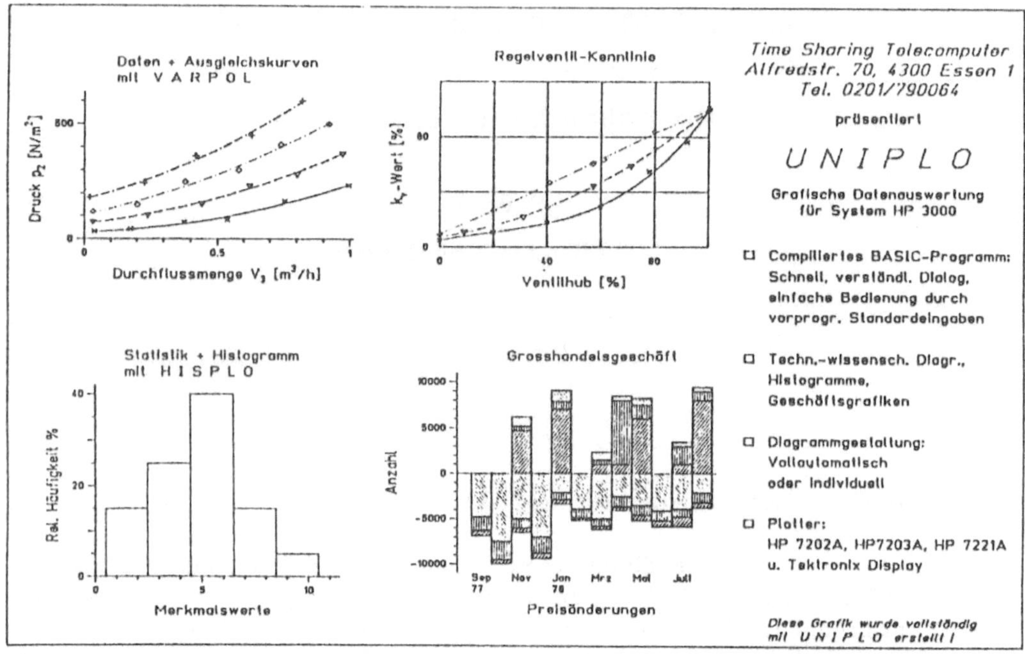

Abb. 2. Beispiel graphischer Datenauswertung

Geordnet ergibt sich folgende grobe Einteilung der GDV:

- Allgemeine Computergraphik-Systeme
  Dazu gehören alle rechnerunterstützt erzeugten Versuchsauswertungen, Kurven, Meßreihen, seismische Aufzeichnungen, Laborauswertungen, Visualisierungen beliebiger Zusammenhänge, Entwurf von Schriften.
- Präsentationsgraphiken
- Kurven-, Balken-, Tortendiagramme, zwei- oder dreidimensional.
- Computer Aided Design CAD (CAM, CAP)
  Technische Zeichnungen, Pläne, Produktionsunterlagen, Entwurfszeichnungen, kartographische Darstellungen und Architekturzeichnungen.

2. Computer Aided Design

CAD oder Computer Aided Design ist die Anwendung von elektronischen Rechenanlagen zur Durchführung von geometrieabhängigen Aufgaben des Berechnens und der Zeichnungserstellung. Das heißt, auch alle zur Durchführung dieser Aufgaben notwendigen Berechnungen sowie alle Vorgänge und Tätigkeiten zur Herstellung von Fertigungsunterlagen im Konstruktionsbüro und für die Arbeitsvorbereitung gehören dazu: Sie werden als CAM unter dem Oberbegriff CAE (Computer Aided Engineering) zusammengefaßt.

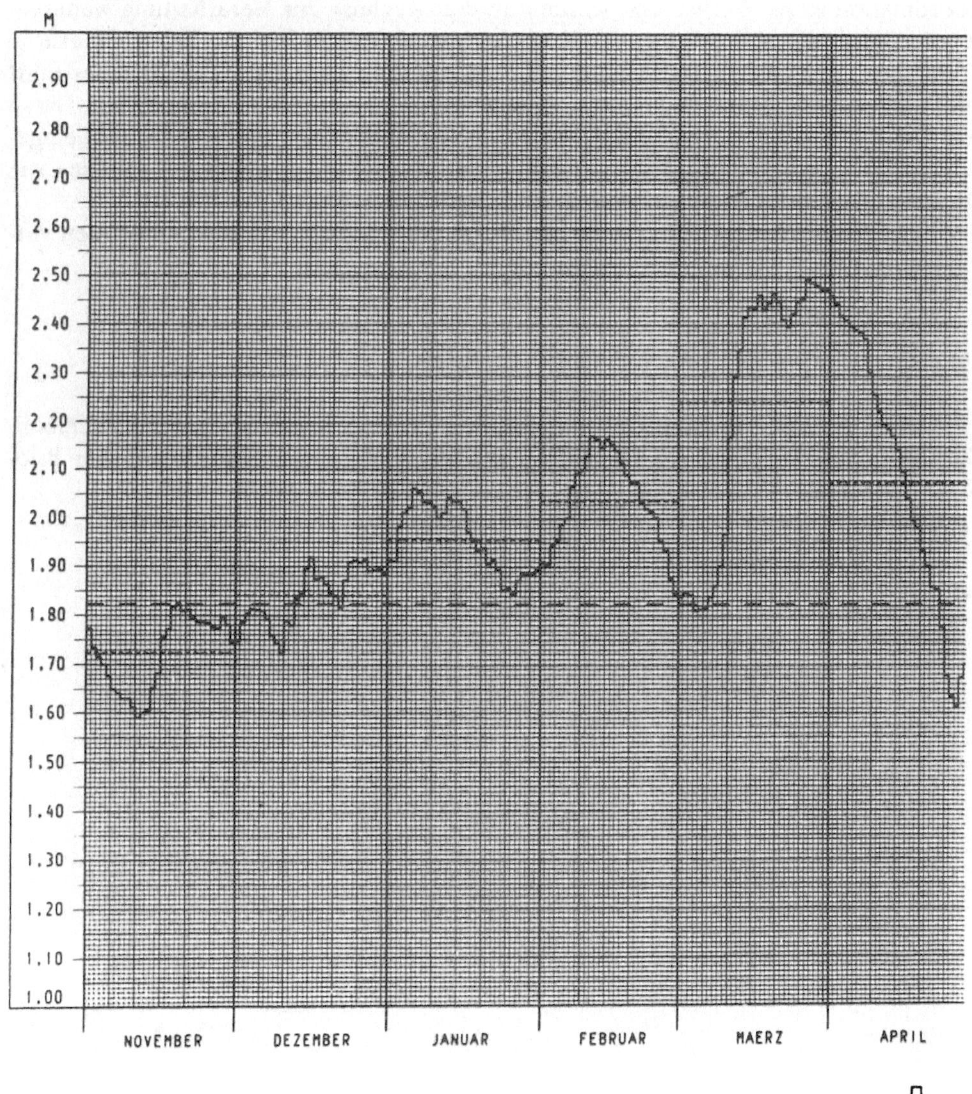

Abb. 3. Beispiel graphischer Datenauswertung

2.1 Wie funktioniert CAD ?

Das Herz eines CAD/CAM-Systems ist der Rechner. Der Rechner ist in der Lage, Daten zu empfangen und diese mit Hilfe spezieller Programme zu verarbeiten. Die bei einem Konstruktionsvorgang erfaßten Daten (graphisches Tablett, Bildschirm), z.B. Koordination eines Werkstücks, werden an den Rechner zur Verarbeitung weitergegeben. Dieser ist in der Lage, die Koordinaten zu verknüpfen und beispielsweise in Form einer graphischen Darstellung auf dem Plotter auszugeben. Der Rechner führt mit Hilfe von Algorithmen alle notwendigen Operationen zur Verarbeitung von Daten aus. Die Informationen holt er sich aus einem Speicher, oder sie werden direkt eingegeben. Neue, bearbeitete Informationen werden vom Rechner an Ausgabemedien wie Drucker und Plotter und gegebenenfalls an Speichermedien gesendet.

Zur Lösung der gestellten Aufgabe haben die Anbieter von CAD-Systemen verschiedene System-Philosophien entwickelt:

- On-Line-Systeme
- Stand-alone-Systeme
- Systemkerne

Damit werden - unabhängig vom jeweils gewählten Konzept - mit unterschiedlicher Betonung der einzelnen Gesichtspunkte und folglich mit unterschiedlicher Priorität bei den verschiedenen Anbietern, folgende Problemlösungen angestrebt:

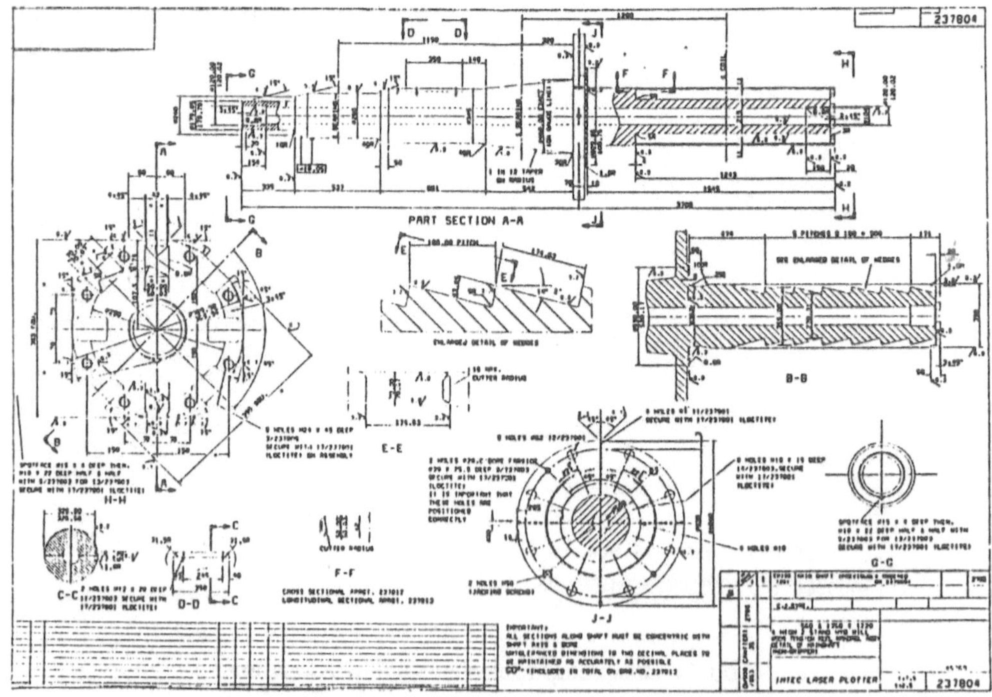

Abb. 4. Beispiel graphischer Datenauswertung

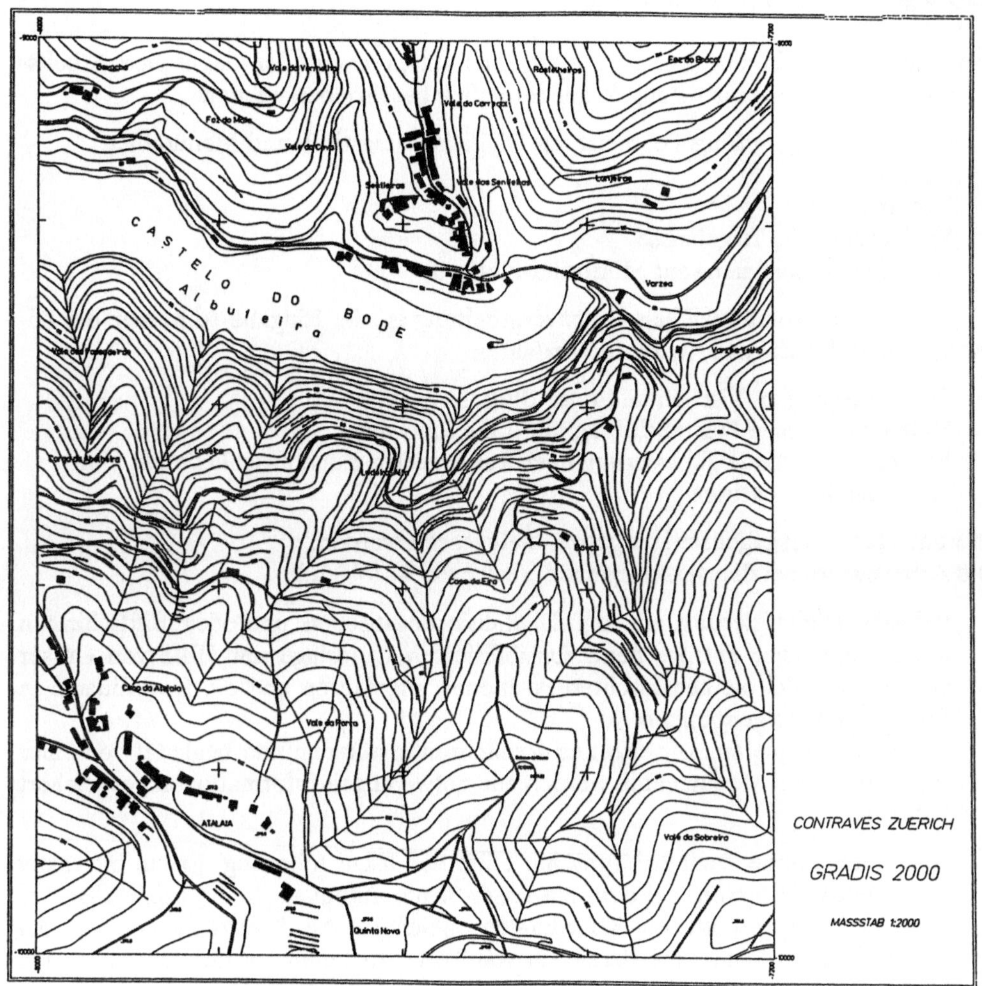

Abb. 5. Beispiel graphischer Datenauswertung

- Offene und erweiterungsfähige Systeme im Sprach- und Funktionsbereich
- Freier Austausch der graphischen Daten mit anderen Systemen (sehr wichtig für Austausch mit externer Digitalisierung)
- genormte Zeichenschnittstelle (GKS)
- interaktive und benutzerorientierte Arbeitsweise
- Voraussetzung nur geringer Datenverarbeitungskenntnisse
- Umfangreicher Vorrat an Konstruktionsmöglichkeiten (Datenbanken)
- geometrische Berechnungsmöglichkeiten
- Hardware-Unabhängigkeit
- Wirkungsvolle Menütechnik

2.2 Eingabeverfahren (Digitalisierung)

Der Arbeitsablauf in einem CAD-System kann entsprechend der klassischen Arbeitsteilung in der Datenverarbeitung folgendermaßen beschrieben werden:

- Digitalisierung = Eingabe, meist mit Digitalisierungstisch und Menütablett
- Berechnung
- Konstruktion
- Speicherung der Ergebnisse
- Ausgabe = Zeichnen (auf Mikrofilm-Plottern)

Wie bei der kommerziellen Datenverarbeitung ist die Eingabe (d.h. hier die Digitalisierung) der Engpaß, wozu die Verfahren:

- Digitalisierung an Tischen und/oder Bildschirmen
- Halbautomatische Digitalisierung mit "Line following"
- Vollautomatische Digitalisierung über Rasterisierung und anschließende Umrechnung der Vektoren

alternativ bzw. sich gegenseitig ergänzend eingesetzt werden.
Die Arbeitsweise bei den verschiedenen Verfahren ist folgende:

- Bei der Digitalisierung an sog. Digitalisierungstischen und/oder Bildschirmen werden auf einer entsprechend sensibilisierten Unterlage mit Hilfe von Curser oder Lichtgriffel die gewünschten Positionen angefahren und die Koordinaten in den Rechner aufgenommen.
  Mit einer geeigneten Software und Rechnerunterstützung und begleitet von einer leistungsfähigen Menütechnik werden alle notwendigen Informationen gespeichert (Abb. 6).

- Halbautomatische Digitalisierung mit Hilfe des "Line following" ist ein interaktiv arbeitendes Verfahren, bei dem ein Laser-Strahl automatisch alle Linienzüge abfährt und die gefundenen Koordinaten speichert. An Kreuzungspunkten, bei Wechsel der Strichart, bei Erreichen von Text-Attributen hat der Operator eine Reihe von vorprogrammierten Entscheidungsmöglichkeiten, die er unmittelbar am Bildschirm oder in einem nachgeschalteten Arbeitsgang an der sogenannten Editierstation wahrnehmen kann.
  Das Ergebnis ist eine Datenbasis in vektorieller Form in der vom Anwender gewünschten Struktur, mit der - beispielsweise auf einem CAD-System - weitergearbeitet werden kann (Abb. 7).

- Vollautomatische Digitalisierer bestehen aus einem Scanner, der zunächst nur die Zeichnung auf hell/dunkel-Wechsel abtastet und dieses Raster speichert. In einem zweiten Arbeitsgang müssen von einem sehr aufwendigen Programmsystem die Rasterpunkte in Vektoren umgesetzt werden.
  Bisher ist kein verläßlich arbeitendes System bekannt, so daß in einem dritten Schritt mit einem interaktiven Editierprogramm die ganze Zeichnung überarbeitet werden muß, um alle Fehler zu beseitigen. Darüber hinaus ist das Ergebnis nicht strukturiert, d.h. die gespeicherten Elemente sind rein zeichnerisch erfaßt, aber nicht als geometrische Modelle gespeichert (Abb. 8).

Abb. 6. Digitalisierungstisch

Abb. 7. Halbautomatische Digitalisierung

Ein Vergleich des Aufwands der verschiedenen Systeme für die Digitalisierung mehrerer Zeichnungen zeigt, bei Berücksichtigung der hohen Investitionskosten, sowohl für die halbautomatischen wie für die automatischen Digitalisierungsgeräte gegenüber den manuellen (ca. 1 Mio. DM zu ca. 100.000,-- DM), daß diese noch nicht überflüssig, sondern - insbesondere als sinnvolle Ergänzung zum halbautomatischen Verfahren - notwendig sind.

Abb. 8. Vollautomatischer Digitalisierer

2.3 Verarbeitung

Die so gewonnenen digitalisierten Daten werden nun in den CAD-Systemen verarbeitet, wobei im wesentlichen folgende Gliederung zu erkennen ist:

- Modellgenerierung

  Jede zeichnerische Darstellung technischer Objekte beginnt bei der Geometrie. Die Systeme bieten dazu alle notwendigen Elemente: Punkte, Geraden, Kreise, Kreisbogen und Ellipsen; ferner Funktionen wie Mittellinien und Äquidistanten, Phasen, Rundungen und Fluchtpunkte.

- Konstruktion

  Mehrere Einzelelemente können zu Gruppen zusammengefaßt werden und diese wiederum zu einer mehrstufigen Hierarchie von Gruppen. Dies gibt dem Konstrukteur die Möglichkeit, Bauteile beliebiger Komplexität zu definieren und sie als Ganzes zu behandeln, zu manipulieren und so oft zu verwenden, wie er sie braucht.

  In vielen Fällen enthalten technische Objekte mehrfach wiederkehrende, unterschiedlich angeordnete Teilobjekte und Einzelelemente. Daher kommt den Funktionen der translativen und rotativen Duplizierung große Bedeutung zu.

– Zeichenerzeugung (Schraffur und Bemaßung)

Bei der Schraffierung von Flächen wird der Benutzer der Systeme in hohem Maße unterstützt. Die Bemaßung von Objekten sollte der DIN-Norm entsprechen und weitgehend automatisch durchgeführt werden.

– Beschriftung

Die Beschriftung sollte ebenfalls den DIN - Vorschriften entsprechen, Groß und Kleinschreibung enthalten und über das Menüfeld oder die Tastatur eingegeben bzw. aus der Datenbank entnommen werden können.

2.4 Ausgabe

Sind die Zeichnungen im Rechner erzeugt, müssen sie auf einem graphischen Ausgabegerät sichtbar gemacht werden. Hierzu sind die gebräuchlichen Geräte:

– Stiftplotter

Tisch- oder Trommelbauart mit bis zu 10 verschiedenen Stiften für unterschiedliche Strichdicken und Farben.

Vorteile:
- Präzision
- Verschiedene Farben

Nachteile:
- geringe Geschwindigkeit
- Tuscheprobleme
- operatorintensiv
(Arbeit muß beaufsichtigt werden)
- Trocknungszeit bei Transparentpapier

– Elektrostatenplotter

arbeiten nach xerographischem Verfahren im Rastermode und sind schneller als Stiftplotter.

Vorteile:
- Geschwindigkeit

Nachteile:
- Rechnerbelastung zur Rasterung
- Schwärzung oft ungenügend
(daher als MF-Vorlage oft nicht gut geeignet)
- geringere Präzision

– Photoplotter

Für originalgroße Präzisionszeichnungen, z.B. Leiterplatten, Kartendruckvorlagen und

– Mikrofilmplotter

Vorteile:
- höchste Genauigkeit
- wenig Operatoraufsicht
- Formatnormierung

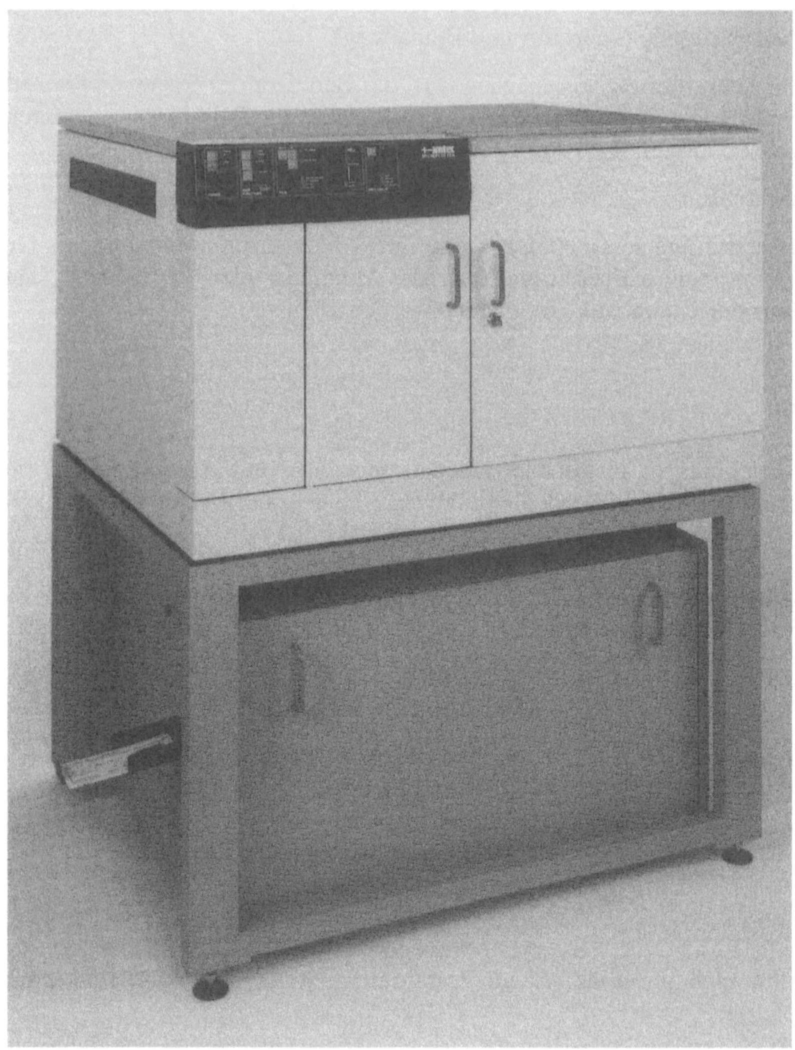

Abb. 9. Imtec - Mikrofilmplotter

Die zuerst erwähnten Geräte sind im allgemeinen bekannt; im folgenden wird daher nur auf die Mikrofilmplotter als Ausgabegerät für CAD näher eingegangen.

Mikrofilmplotter ersetzen die Ausgabe von Zeichnungen über Papierplotter insbesondere dann, wenn der CAD-Anwender den Schritt zur Zeichnungsverfilmung ohnehin tut. Das empfiehlt sich in erster Linie in allen Fällen, in denen im Hause des Anwenders bereits eine Mikrofilm-Infrastruktur besteht.

Aber auch alle anderen Anwender, die mit CAD-Systemen einen hohen Rationalisierungseffekt anstreben, müssen im Interesse der Gesamteffektivität die Möglichkeiten der Mikrofilmspeicherung nutzen.

Noch immer ist der Mikrofilm der leistungsfähigste Speicher (Abb. 10).

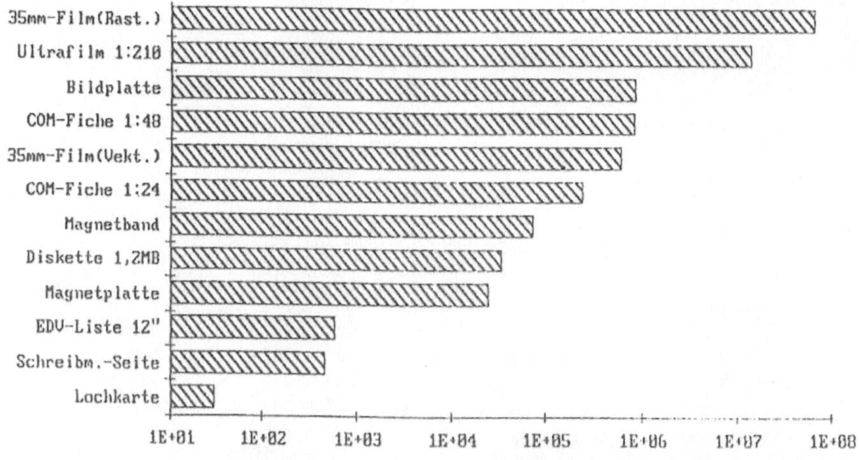

Abb. 10. Zeichendichte und Raumbedarf von Datenträgern in Bytes/ccm. /4/

Mit der hohen Zeichenqualität, der großen Geschwindigkeit, der flexiblen Anschlußmöglichkeit und dem umfassenden Zeichenvorrat sind die Mikrofilmplotter hervorragend als Ausgabegeräte für alle CAD-Systeme, in der Kartographie, Architektur und Netzplantechnik sowie für die Aufzeichnungen von seismischen und Prüfstandsmeßergebnissen geeignet, so daß der graphische Computeroutput auf Mikrofilm (GCOM) die konsequente Weiterführung von CAD ist.

Nach der Ausgabe auf Mikrofilm liegt das Ergebnis als negatives Zeichnungsoriginal vor; und zwar je nach eingesetztem Verfahren als Silberhalogen-, Trockensilber- oder Diazofilm.

Hier schließen sich je nach der Anwendung die verschiedenen Auswertungstechniken zur Benutzung des Mikrofilms an. Neben der einfachen Betrachtung am Lesegerät kann eine Papierkopie auf Zinkoxyd- oder Normalpapier gezogen werden (Abb. 11).

Für höhere Qualitätsanforderungen können Präzisionsrückvergrößerungen auf Filmmaterial hergestellt werden, die auch als Grundlage anschließender Druckprozesse dienen.

3. Mikrofilm rationalisiert das Konstruktionsbüro. /3/

Bekanntlich haben die in den letzten Jahrzehnten entwickelten Rationalisierungsmittel die technischen Büros noch sehr wenig durchdrungen. Vergleicht man z. B. ein Konstruktionsbüro mit der vollautomatischen Fertigung, erscheint einem die Arbeitsweise dort noch althergebracht und antiquiert. Der Mikrofilm ist geeignet, hier - noch vor der Einführung der rechnerunterstützten Konstruktion - erste wesentliche Rationalisierungseffekte zu erzielen. Er ist nach wie vor der kleinste, leistungsfähigste und kostengünstigste Datenspeicher für technische Zeichnungen und hilft damit die

Abb. 11. Mikrofilmausgabegerät

Kreativität der Mitarbeiter besser einzusetzen, unproduktive Arbeitszeit für Wege, Verwaltung oder mechanische "Umzeichenarbeiten" zu vermeiden und die dem technischen Büro zur Verfügung stehenden Ressourcen an Platz, Mitteln und Personal effektiver zu nutzen.

3.1 Das Zeichnungsarchiv wird kleiner und übersichtlicher.

Es ist einfacher und kostet weniger Zeit, in einem kleinen und übersichtlichen Mikrofilmarchiv eine Zeichnung einzuordnen und wiederzufinden, als mit großen Originalzeichnungen umgehen zu müssen. Während früher die Ablage der Zeichnungen in weiträumigen Archiven nach Formaten, Bausätzen oder Nummern erfolgte, können heute die Mikrofilm-Datenkarten, nach Bausätzen, Teilfamilien oder Projekten geordnet, übersichtlich abgelegt werden.

Der Nachteil der alten Ordnung war:

Wurden die Zeichnungen nach Formaten geordnet, waren sachlich zusammenhängende Zeichnungen getrennt gelagert. Bei der Ablage nach Projekten paßten die Formate nicht zusammen. Suchen und Ablegen waren aufwendig. Nach der Formatierung durch das einheitliche Mikrofilmformat kann man auch schneller auf vorhandene Konstruktionen zurückgreifen und damit Zeitaufwand und unnötige Doppelkonstruktionen vermeiden. Das Mikrofilm-Zentralarchiv ist immer vollständig; es wird keine Zeichnung entnommen. Wer eine Zeichnung benötigt, erhält eine Duplikatkarte.

3.2 Der interne Informationsfluß wird beschleunigt.

Es vergeht keine unnötige Zeit mehr vom Gedanken, eine vorhandene Zeichnung einzusehen, bis zum Betrachten des Mikrofilms am Lesegerät, denn jede Konstruktionsgruppe hat ein Lesegerät und die Zeichnungen ihres Arbeitsgebietes auf Mikrofilm. Die früher notwendige Prozedur mit Anforderungsschein, Unterschrift des Gruppenleiters, Quittung, langen Wegen und Wartezeiten, um eine benötigte Zeichnung im Original oder als Pause aus dem entfernt gelegenen Zentralarchiv zu holen, entfällt.

3.3 Der externe Informationsfluß wird erleichtert und verbilligt.

Zur Information von Zweigunternehmen, Baustellen oder Auftraggebern und Lizenznehmern über Projektdokumentation oder technische Neuheiten war früher der umständliche und teure Versand großer Pakete und Rollen mit Zeichnungen und Pausen mit hohem Erstellungs-, Verpackungs- und Portoaufwand erforderlich. Im Auslandsverkehr wurden zudem Zollgebühren erhoben. Heute werden Filmdatenkarten in einem Briefumschlag, notfalls mit Luftpost und Eilzustellung, kostengünstig versandt. Der Empfänger kann sich zunächst am Lesegerät informieren; Rückvergrößerungen werden nur im Bedarfsfall erstellt.

3.4 Der Zeichnungsänderungsdienst wird vereinfacht.

Früher mußte von jeder zu korrigierenden Zeichnung eine teure Mutterpause hergestellt werden. Auf dieser wurden die zu ändernden Teile ausradiert und die Änderungen eingezeichnet. Jedes Änderungsoriginal war teuer und erforderte den gleichen Platz wie die Originalzeichnung. Daher wurde häufig auf die Erhaltung der Änderungshistorie verzichtet. Auf Mikrofilm können die verschiedenen Änderungszustände billiger und raumsparender festgehalten werden. Jeder gewünschte Zugriff ist - auch in verändertem Format - jederzeit möglich.

3.5 Fotozeichnen mit Mikrofilm erleichtert die Zeichenarbeit des technischen Büros.

Werden gleiche oder ähnliche Zeichnungen in verschiedenem Maßstab gefordert, z.B. in Planungsbüros, in der Bauwirtschaft oder im Vermessungswesen, mußten früher maßstabsveränderte Zeichnungen und Pläne in mühevoller Kleinarbeit mit dem Storchenschnabel erstellt werden. Rückvergrößerungen von Mikrofilmen können stufenlos in verändertem Maßstab und in beliebiger Anzahl erzeugt werden. Dabei werden auch menschliche Fehler ausgeschlossen.

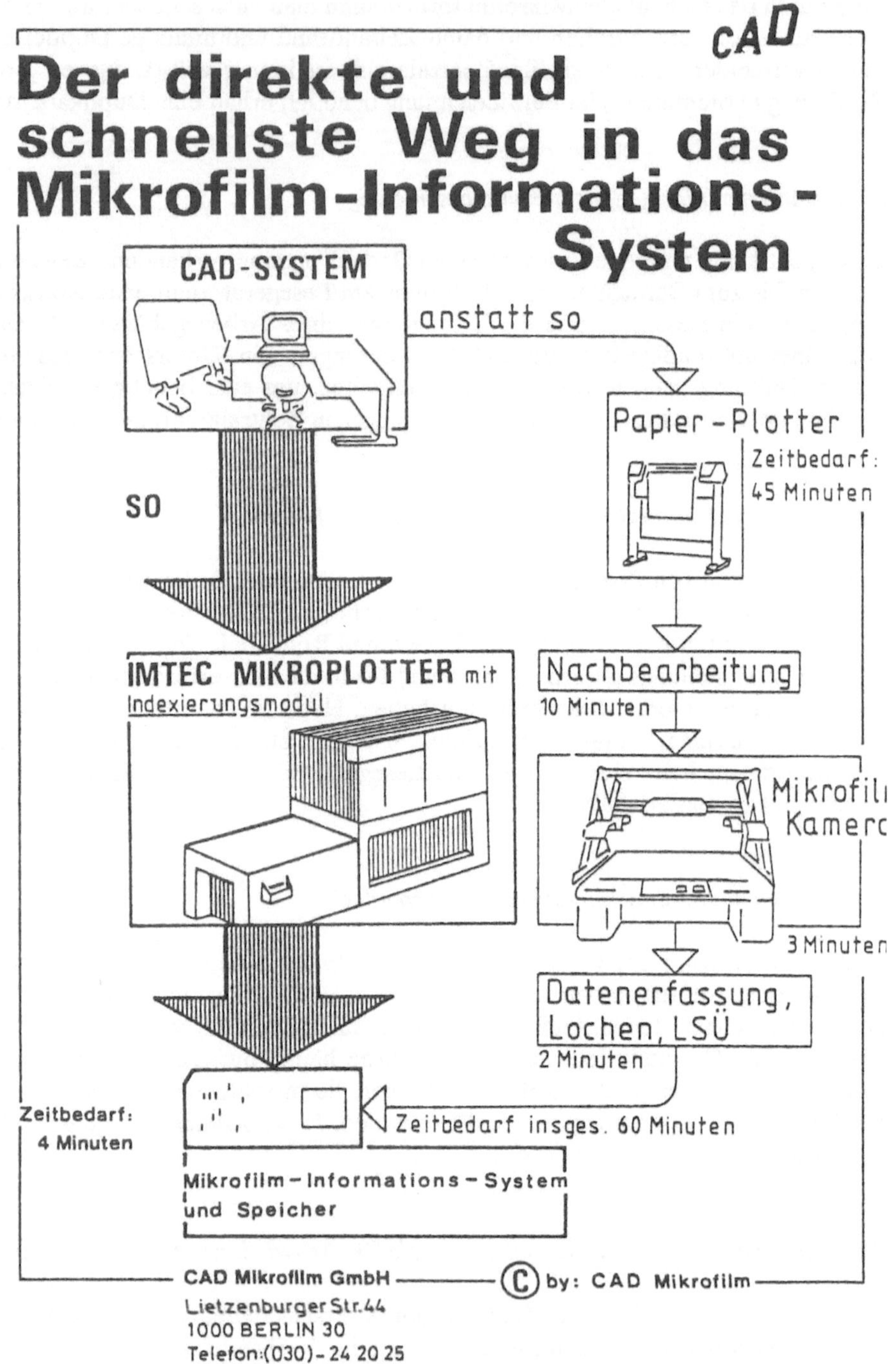

Abb. 12. Mikrofilm-Informationssystem

3.6 Mikrofilm spart Lichtpauspapier.

Während das Konstruktionsbüro ohne Mikrofilm für jede Information eine Pause in Originalgröße anforderte, kann heute der Mikrofilm die Kosten für Lichtpauspapier gleich dreifach reduzieren:

1. Das Konstruktionsbüro kann sich in bis zu 80% aller Fälle vor der Anforderung von Papiervergrößerungen am Lesegerät über frühere Konstruktionen informieren.
2. Teures Transparentpapier wird nicht mehr benötigt, weil der Zeichnungsänderungsdienst über Mikrofilm durchgeführt wird.
3. Informationskopien können in der Regel um ein bis zwei DIN-Formate kleiner als die Originalzeichnung ausfallen.

3.7 Mikrofilm spart Raum- und Ablagekosten.

Der Raumbedarf eines Zeichnungsarchivs sinkt für:

– eine Zeichnung DIN A3 bei einem Verkleinerungsfaktor 0,5 auf etwa 10 %
– eine Zeichnung DIN A2 bei einem Verkleinerungsfaktor 14,8 auf etwa 5 %
– eine Zeichnung DIN A0 bei einem Verkleinerungsfaktor 29,7 auf etwa 1 %.

Gleichzeitig sinken die Kosten für die Ablagemöbel. Während man bei der Originalablage zwischen 1,-- DM und 2,-- DM je Zeichnung veranschlagen muß, fallen bei der Mikrofilmablage ca. 0,10 DM je Zeichnung an. Das zentrale Mikrofilmarchiv ist auf kleinster Fläche (für 10.000 Karten werden ca. 0,5 m^2 benötigt) für ca. 1.000,-- DM Möbelkosten unterzubringen. Die geringen Archivkosten ermöglichen das Anlegen von Zweitarchiven bei den Konstruktionsgruppen.

3.8 Mikrofilm gibt Sicherheit.

Mikrofilm ist die beste und billigste Versicherung für Zeichnungen: Für nur wenige Pfennige einmaligen Aufwands zur Herstellung einer Mikrofilmkopie erhält man im Katastrophenfall mehr, als der beste Versicherungsvertrag für hohe Prämien bieten kann, nämlich eine originalgetreue Reproduktion der Zeichnung.
Während man früher ein teures Zweitarchiv in Originalgröße an sicherem Ort erstellte und für beide Archive jährlich teuere Mieten, Ablagekosten und Versicherungsprämien zahlte, liegt heute das billige Mikrofilmarchiv in einem Safe, verursacht geringe Kosten und bietet optimalen Schutz. All dies gilt selbstverständlich auch für die direkte Ausgabe auf Mikrofilm mit GCOM.

Weitere Vorteile sind aber:

– Mikrofilm hat Archivqualität und muß nicht, wie Magnetbänder, in Abständen aufgefrischt werden, um die Gefahr des Datenverlustes zu vermeiden.
– Die Produktivität der CAD-Systeme wird durch Beschleunigung des Plotvorgangs

wesentlich erhöht, d.h. die Arbeitsergebnisse sind schneller verfügbar und die Rechner werden von Sortier- und Rasterisierungsarbeiten entlastet.

- Mikrofilme können jederzeit ohne großen apparativen Aufwand (Bandstation, Bildschirm, Rechner, passende Release des Programmsystems) gelesen werden (notfalls mit Lupe).
- Die Mikrofilm-Plotzeit ist der Stift-Plotzeit gegenüber um soviel kürzer, wie die Originalzeichnung auf Mikrofilm verkleinert wird (zwischen 7- und 30-fach).
- Mikrofilm-Plotter haben nur wenige mechanische Teile. Das gibt die Gewähr für lange Lebensdauer und hohe Zuverlässigkeit im Gegensatz zu den bisher verwendeten Plottersystemen.
- Mikrofilm-Plotter sind kompatibel mit den hauptsächlichsten CAD-Systemen, die originalgroße Zeichnungen plotten.

Mit anderen Worten: Der direkteste und schnellste Weg in den Mikrofilmspeicher führt über den Mikrofilm-Plotter (Graphik COM) anstatt über Papierplot und anschließende Mikroverfilmung (Abb. 12).

4. Hardware-Technik, Graphik-COM-Entwicklung

Der erste hochauflösende Graphik-COM-Recorder, der für die Mikrofilm-Produktion von CAD-Zeichnungen geeignet war, wurde von der Firma Information International Inc., (I.I.I.) hergestellt. Ihr "FR-80" (16 K mal 16 K Adressierbarkeit und 80 Linienpaare pro mm Auflösung auf dem Film) wurde zuerst bei Naval Ordinance Test Station (China Lake, Kalifornien) und bei AMOCO (Tulsa, Oklahoma) im Jahre 1970 installiert. Um 1980 führte die Dicomed Corporation ihre "D 148 B" ein. Sie hatte dieselbe Auflösung (80 Linienpaare pro mm) wie der FR 80, aber die doppelte Adressierbarkeit und konnte online arbeiten. Diese Graphik-COM-Recorder, die auf einer leistungsfähigen Kathodenstrahlröhre basieren, sind schnell, aber teuer. Eine Installation mit Peripherie kann bis zu 1,3 Mio. DM kosten. Für zuverlässige Produktion im täglichen Betrieb sind zwei Einheiten zu empfehlen.

Die hohe Investition, die erforderlich ist, hat offensichtlich die Zahl der verkauften Anlagen begrenzt. Die meisten sind entweder von großen High-Tech-Firmen oder von Regierungsbehörden gekauft worden.

Ein weniger teures Konzept ersetzt die hochauflösenden Kathodenstrahlröhren durch einen Laserstrahl. Der Laser benutzt X-Y-Spiegel, um ein Bild auf dem Film direkt zu erzeugen. Die erzielte Qualität ist sehr gut (15 K mal 20 K Adressierbarkeit und 500 Linienpaare pro mm Auflösung auf einem speziellen Laser recording film), der Durchsatz ist jedoch geringer. Folglich eignet sich dieses Gerät auch wesentlich besser für firmeneigene Installation bei großen und mittleren Betrieben. Aus diesem Grund beziehen sich die folgenden Ausführungen auch nur auf den Imtec-Mikrofilm-Laser-Plotter. Die Vorteile des Laserstrahls als Aufzeichnungsmedium sind:

- geringe Bündeldivergenz
- Monochromasie (damit optimale optische Systeme)
- große Lichtstärke

4.1 Wie funktioniert der Laser-Plotter ?
(Der Verlauf des Laserstrahls in einem Mikrofilm-Laser-Plotter.)

Prinzipiell ist der Strahlengang in Abb. 13 schematisch dargestellt. Der Film wird direkt durch die Einwirkung des Laserstrahls belichtet. Die Ablenkung, Modulation und Fokussierung des Strahls findet in einem abgeschlossenen, gekapselten und in sich gefederten Raum statt. Die Hauptkomponenten sind der Laser, der Modulator, Haupt und sekundäres Ablenkungssystem und der dynamische Fokussierer sowie, als wesentlichstes Element, das Interferometer.

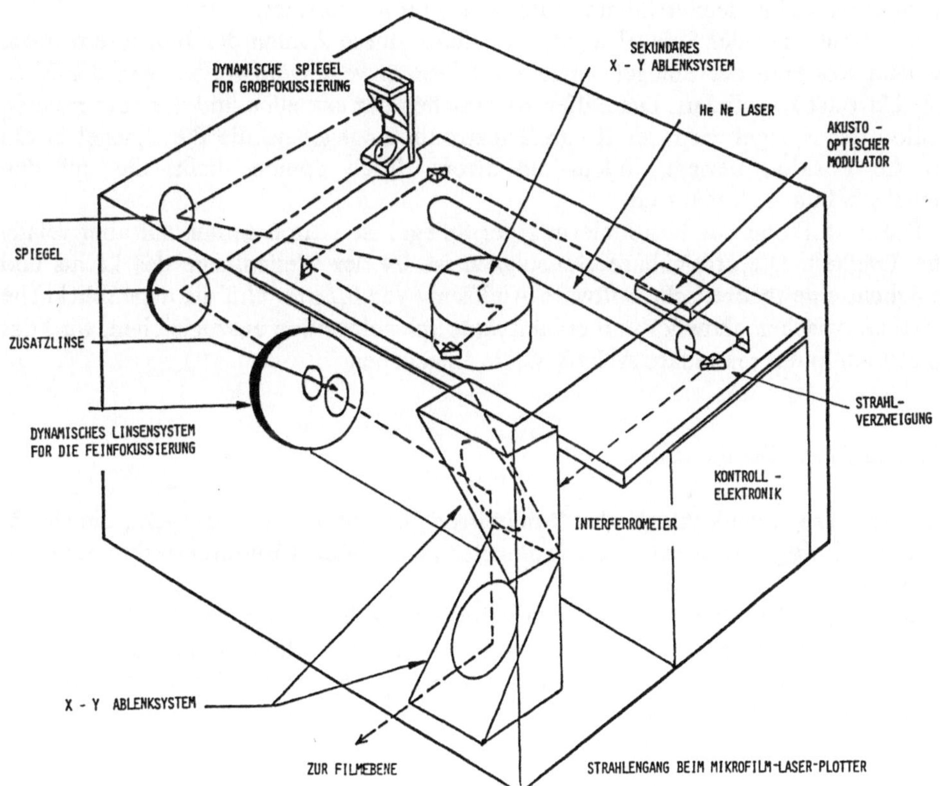

Abb. 13. Strahlengang beim Mikrofilm-Laser-Plotter

4.2 Laser

Der verwendete Laser, ein 2 MW HE-NE Laser mit = 632,8 nm, erzeugt einen Strahl von 1 mm Durchmesser, der im Verlauf des Strahlenganges auf 10 um fokussiert wird. Die Röhre ist in einem Aluminiumzylinder montiert und hat eine Lebensdauer von mehreren tausend Stunden. Das rote Licht dieses Lasers wird für zwei verschiedene Zwecke eingesetzt, bei denen jeweils die speziellen Fähigkeiten des Laserlichts genutzt werden. Nachdem das Licht eine Strahlverzweigung passiert hat, wird ein Strahl durch das Ablenk- und Fokussiersystem auf die Filmebene geschickt. Im Interferometer wird der zweite Strahl wieder mit dem ersten zur Deckung gebracht und die Zahl der sich ergebenden Interferenzlinien zur Maßzahl für feinste Korrektur-Bewegungen der Spiegel in beiden Ablenksystemen ausgewertet.

4.3 Hauptablenksystem

Das Hauptablenksystem besteht aus zwei servokontrollierten Spiegeln, je einem für die X- und Y- Achse. Die Spiegel im Durchmesser von 3 Zoll sind große optische Flachspiegel und in dem erwähnten Interferometer angeordnet.

Die Positionen der Spiegel werden bestimmt durch Zählen der Interferenzlinien, die beim Rotieren der Spiegel entstehen. Diese Bewegungen werden von der Kontrollelektronik koordiniert. Die Differenz zwischen der aktuellen und der gewünschten Position der Spiegel wird der Kontrollelektronik eingegeben, die die Spiegel in die korrekte Position bewegt, indem ein Strom durch Spulen fließt, die auf den Spiegelgabeln angebracht sind.

Diese Methode der Positionierung der Spiegel ist extrem genau, hat aber relativ hohe Trägheit. Die erreichbare Genauigkeit ist 1/4 der Wellenlänge des Lichts und ermöglicht eine theoretische Software-Auflösung von $0,2\,\mu m$. Um die augenblickliche Differenz zwischen aktueller und erwünschter Spiegelposition auszugleichen, wird das Signal auch in das sekundäre Ablenksystem eingegeben.

4.4 Sekundäres Ablenksystem

Das sekundäre Ablenksystem oder "Minimirror" besteht aus zwei Spiegeln, die (hochfrequent schwingend) in einem Galvanometer und in einem Bilddrehsystem angeordnet sind.

Da die Trägheit dieser Spiegel sehr gering ist (sie haben nur eine Fläche von ca. 1 mm^2 und eine Dicke von 0,1 mm), reagieren sie viel schneller als das Hauptablenksystem, wenn auch die erzielbare Ablenkung kleiner ist. Es werden hiermit Schriftzeichen, kleine Vektoren und Anfangsvektoren erzeugt.

4.5 Dynamischer Fokussierer

Die Grobfokussierung wird durch ein Paar beweglicher Spiegel in einer posaunenähnlichen Anordnung erreicht. Die Objektiventfernung kann dadurch über eine große Strecke variiert werden. Die Feinfokussierung wird durch den Einsatz eines servogetriebenen Doppel-Linsen-Systems bewerkstelligt (Dynamischer Fokussierer). Sie wird durch ein Analog-Rechenwerk kontrolliert, das dynamisch die Schärfe korrigiert, wenn der Lichtpunkt über die Filmebene bewegt wird.

Im Plotter ist eine Zusatzlinse hinter dem dynamischen Fokussierer angeordnet, um das Bild eben auf dem Film zu erzeugen. Diese Linse ist ein computeroptimierter achromatischer Doppellinser.

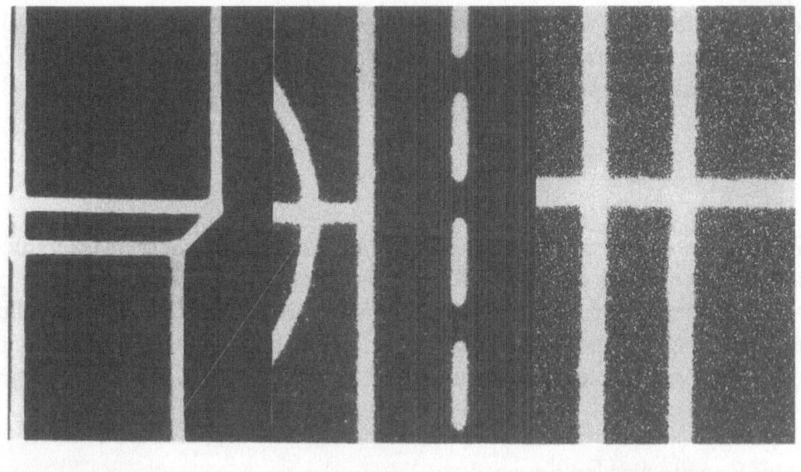

Abb. 14. Vergleich verschiedener Aufzeichnungsverfahren

4.6 Modulator

Die Intensität des Laserstrahls auf dem Film wird durch einen akustisch-optischen Modulator kontrolliert, der als ein Bewegungsgitter wirkt, wenn ein hochfrequentes Signal angelegt wird. 256 Graustufen können hiermit realisiert werden.

4.7 Firmware

Es stehen am Imtec-Mikrofilm-Plotter die vier Grundstrichdicken

$$10 \ \mu m$$
$$17 \ \mu m$$
$$26 \ \mu m$$
$$43 \ \mu m$$

zur Verfügung, die selbstverständlich durch Nebeneinanderzeichnen mit definiertem Abstand beliebig variiert werden können, was dann ggf. auf dem Hostrechner programmiert werden muß.

Der Algorithmus zur Strichdickenfestlegung ist:

Strahl 2 = Strahl 1 mal x
für $1 < x < = 2$
Die Strahlen 2, 3, und 4 verhalten sich dann wie 2:3:5.

Damit ist eine weitgehend wahlfreie Festlegung möglich.

Ein eindrucksvolles Bild von der Qualität der Aufzeichnungen mit Laserstrahlen im Vergleich zu anderen Aufzeichnungsverfahren zeigt die Wiedergabe von drei 250-fach vergrößerten Linien (Abb. 14).

5. Software-Interfaces

Wie werden nun die digitalen Zeichnungsdateien, die bei der rechnerunterstützten Zeichnungserstellung erzeugt werden, auf den Mikrofilmplotter übertragen?

Gerätetechnisch kann der Anschluß sowohl online über eine V24- Schnittstelle als auch offline über Magnetband oder Diskette erfolgen. Die Aufzeichnung geschieht vektoriell, d.h. die Plotbefehle steuern unmittelbar die Bewegungen der Spiegelsysteme.

Folgende Datenformate werden unterstützt:

Online: Calcomp 900
        Calcomp 906/07
        Calcomp 960
        Laser Scan Basis Format

Offline: Calcomp 921/925
        Calcomp 960
        Benson X2
        Contraves AZP
        Hewlett Packard HPGL
        PRIME PL TF
        Kongsberg
        Laser Scan Basis Format

Im Zusammenhang mit der offline-Verarbeitung wird häufig die Frage nach der Kapazität der Magnetbänder gestellt. Eine Untersuchung an verschiedenen CAD-Systemen mit unterschiedlichen Zeichnungsgrößen hat folgendes Ergebnis geliefert:

1. Die Zahl der benötigten Bytes hängt natürlich von der Informationsdichte auf der Zeichnung ab.

2. Durchschnittlich werden 134 KB/Zeichnung benötigt (Calcomp 925)

Auf dem 2400 ft.- Band mit ca. 50 Mio. Bytes Speicherkapazität können also ca. 350 durchschnittliche Zeichnungen gespeichert werden. Die Plotzeiten betrugen bei diesen untersuchten Zeichnungen im Mittel 3 Min. 5 Sek.

6. Wirtschaftlichkeit und ökonomische Rechtfertigung

Neue Konzepte sind nicht schon deshalb gut, weil sie "High Technology" sind. Ihre Übernahme setzt voraus, daß sie effizienter sind und /oder bessere Qualität produzieren. Am Ende muß ein finanzieller Nettogewinn herauskommen. Ausnahmslos ist Graphik-COM klar zu rechtfertigen, wenn alle damit zusammenhängenden Faktoren objektiv untersucht und nach nüchternen Finanzberechnungen bewertet werden. Das Problem ist, dies in einer Firma durchzusetzen.

Hier soll noch einmal der Versuch unternommen werden. Das Ziel ist festzustellen, von wo ab die direkte Ausgabe auf Mikrofilm heute wirtschaftlicher ist als der Umweg über das Papier. Voraussetzung für die Gültigkeit der Berechnung ist natürlich, daß tatsächlich ein Papierplotter durch einen Mikrofilmplotter ersetzt werden kann.

Zunächst eine Aufstellung der Kapitalkosten für offline-Plotter:

Typische Kapitalkosten für online Plottersysteme in 1000 DM, Stand Mai 1987

Anschaffungskosten	Elektrostat	Stift	Imtec Microplotter
Plotter	150	60	182
Jährl. Kosten (auf 5 Jahre)	30	12	36,4
Jährliche Wartungskosten (10 % der Kapitalkosten)	15	6	18,2
Zusammen: Jährliche Kosten	45	18	54,6

Typische Plotzeiten und zu erwartende jährliche Plotterkapazitäten für Plots dieser Art sind:

Basis: A0-Zeichnungen

	Elektrostat	Stift	Imtec Microplotter
Zeit pro Plot (Min.) Rasterisierung	(10 - 20)	---	---
Plotten	2*)	60	3
Jährliche Plotkapazität im Einschichtbetrieb (6 Std. täglich)	43200 **)	1440	28800

*) einschl. Zeitanteil zur Papierhandhabung
**) unter der optimistischen Annahme, daß die Rasterung im Hintergrund abläuft.

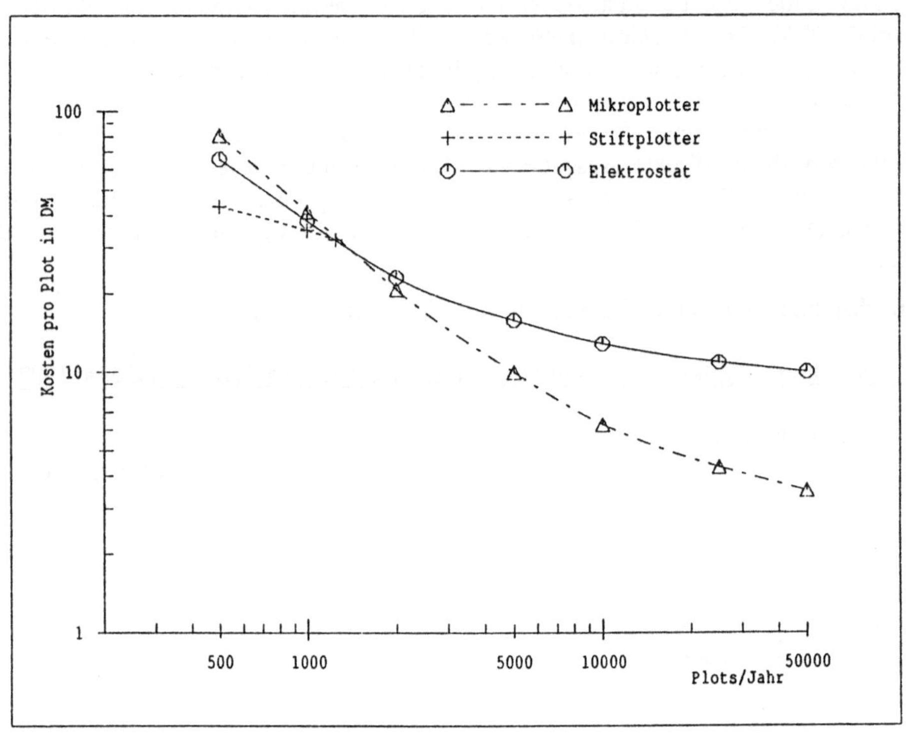

Abb. 15. Kapitalkosten pro Plot

Damit und mit einigen zusätzlichen Annahmen ergeben sich die variablen Kosten für Plot und Mikrofilm.

Kapitalkosten pro Plot

Plot pro Jahr	Elektrostat	Stift	GCOM
500	90,--	36,--	110,--
1.000	45,--	18,--	55,--
(1.440)	--,--	12,50	--,--
2.000	22,50	--,--	27,30
5.000	9,--	--,--	10,90
10.000	4,50	--,--	5,50
25.000	1,80	--,--	2,20
(28.000)	--,--	--,--	1,90
(43.200)	1,04	--,--	--,--
50.000	0,90	--,--	--,--

Addiert man nun die festen Kosten zu den variablen Kosten bei Annahme unterschiedlicher Plotanzahlen pro Jahr, so ergibt sich die Darstellung lt. Abb. 15.

Es ist eindeutig erkennbar, daß der "Break Even Point" zwischen COM-Plotter und Papier-Plotter mit anschließender Mikroverfilmung schon bei 1000 Plots oder bei 4-5 Plots pro Tag liegt. Die Werte decken sich übrigens gut mit den Angaben großer Firmen wie BBC und AEG.

Gleiche Ergebnisse bekommt man auch, wenn man einmal entsprechende amerikanische Zahlen zugrunde legt. /1/

Dennoch setzen bisher offensichtlich grundsätzliche Überlegungen der Anzahl von Eigeninstallationen Grenzen. Es müssen noch weitere, nicht unmittelbar quantifizierbare Faktoren berücksichtigt werden. Es gibt sicher kein Musterschema, dem zu folgen wäre. Obwohl jede Organisation anders beschaffen ist, wird das Gesamtergebnis der ökonomischen Rechtfertigung wesentlich von drei Sektoren abhängen:

- Arbeitskapital

  Kann schnellere Mikrofilm-Verfügbarkeit und bessere Druckqualität helfen, das Produkt früher versandfertig zu machen? Wenn ja, was ist der Wert der resultierenden früheren Verfügbarkeit der Kollektion?

- Kapital-Investment

  Welche Kapitaleinsparung kann erreicht werden durch Verkaufen überflüssiger Ausstattungen (Plotter, Kamera und dergleichen) oder Vermeidung bzw. Herauszögerung der Anschaffung von neuen Geräten? Wie steht es mit dem Wert des eingesparten Platzes?

- Betriebskosten

  Wie ist der Netto-Einfluß auf die Betriebskosten unter Berücksichtigung des Effekts von geringerer Arbeitszeit des Firmenpersonals, verringertem Personal, weniger eingekauften Hilfsmitteln und so weiter? Wird die Entwurfseffizienz ansteigen durch die Arbeitsplatz-Entlastung als Ergebnis geringerer CPU-Zeit, die benötigt wird, um den Plotter zu betreiben?

Wenige CAD-Benutzer haben betriebswirtschaftlich korrekt die Gesamtkosten pro Plot und Mikrofilm einkalkuliert. Die Kosten für Plots allein können, wie wir gesehen haben, 40,-- DM überschreiten, einschließlich der CPU-Zeit, die zum Betrieb des Plotters notwendig ist. Daß die Anlage bezahlt und Raum vorhanden ist, ist kein Grund, die Sorgfalt bei einer gewissenhaften Gesamtkostenermittlung aufzugeben. Falls sich dabei ein preiswerter Weg zeigt, sollte er sofort markiert und sobald wie möglich beschritten werden.

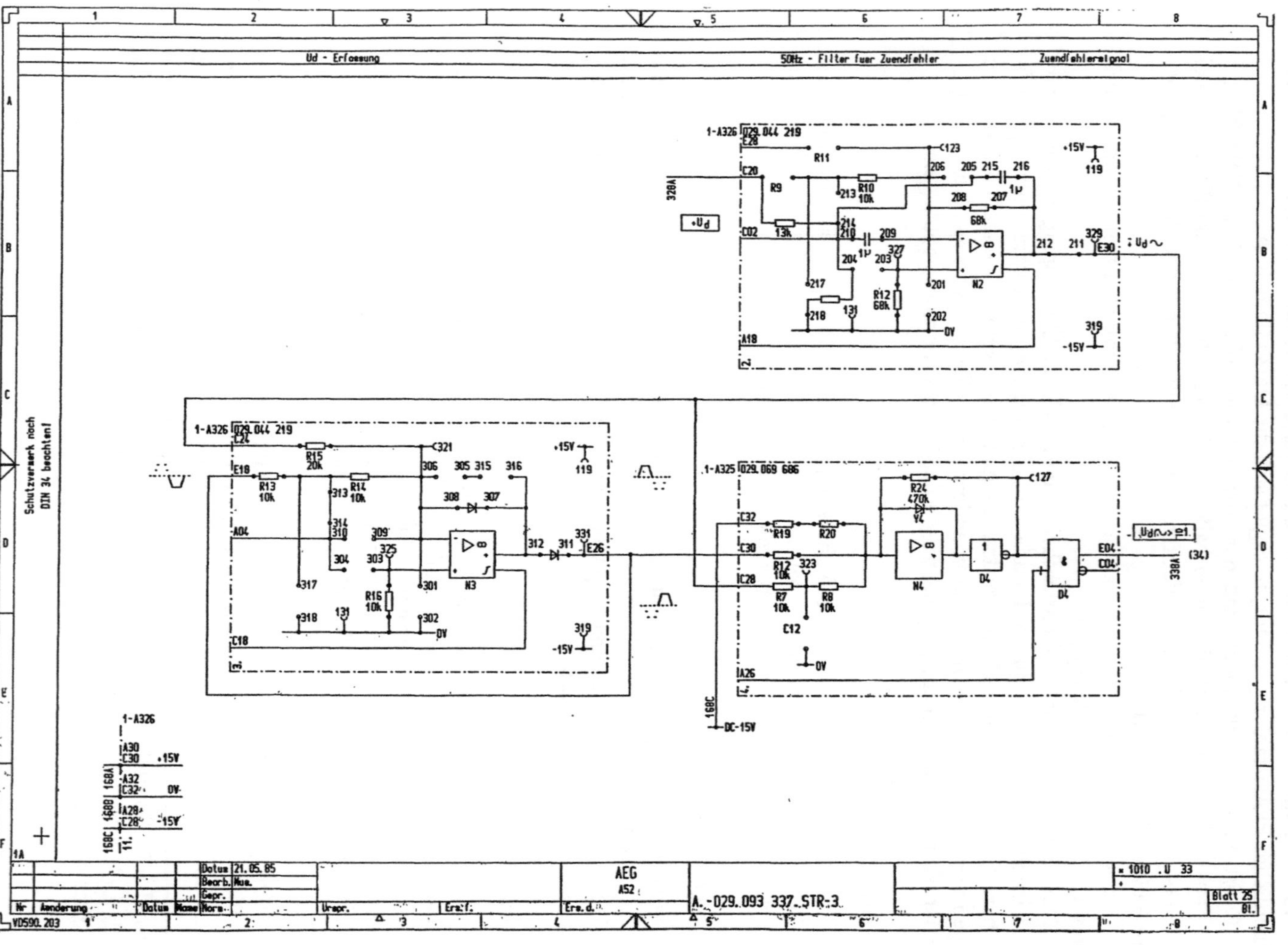

Abb. 16. Beispiel einer Schaltung

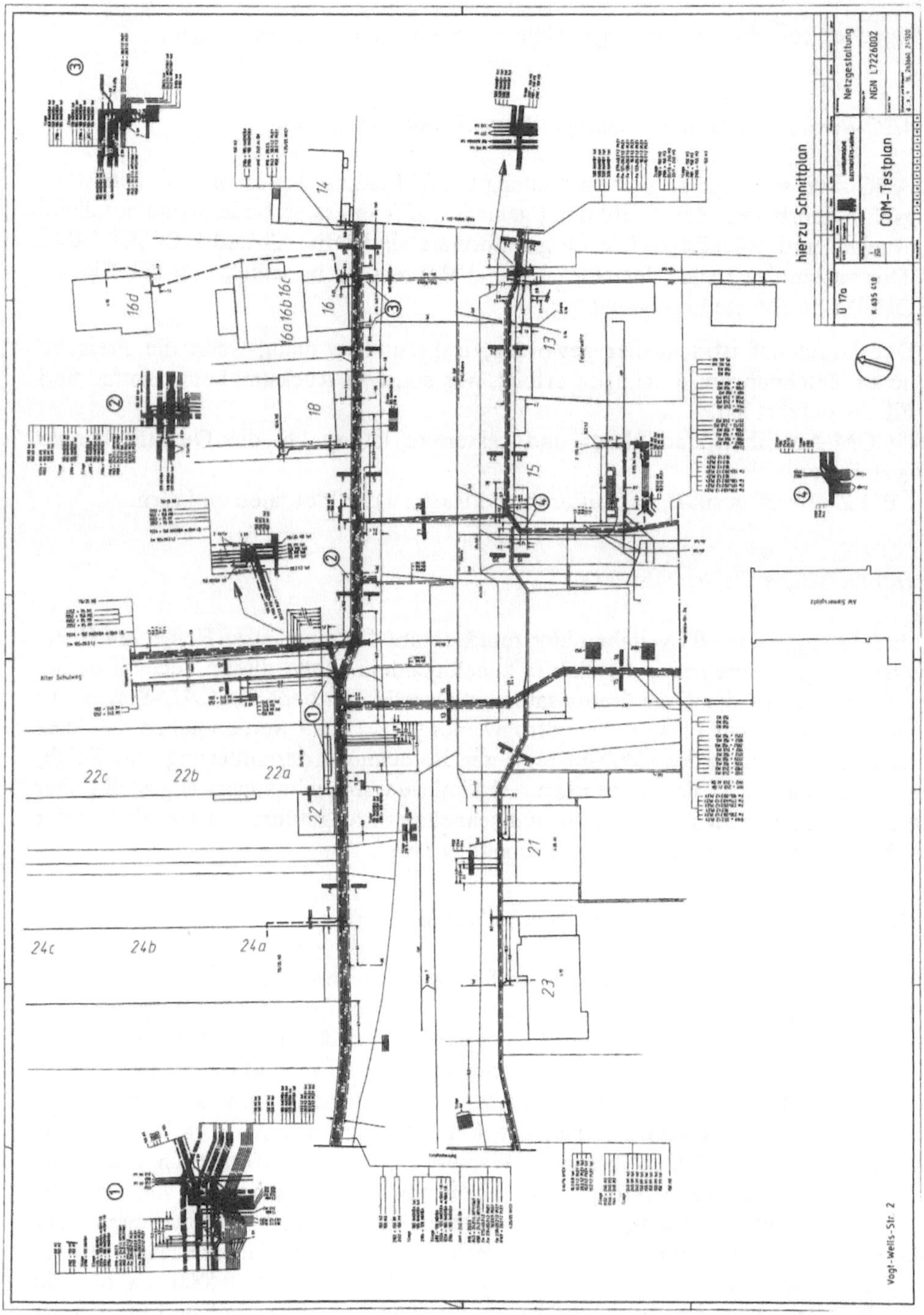

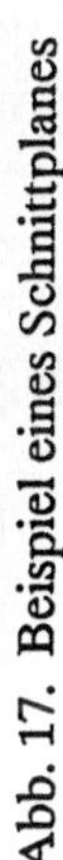

Abb. 17. Beispiel eines Schnittplanes

7. Anwendungsberichte

Im folgenden soll über einige ausgewählte Anwendungen berichtet werden.

7.1 AEG-Berlin, Fachbereich Leistungselektronik und Anlagenbau

Die AEG setzt seit 1985 in großem Umfang GCOM ein, und zwar wird im Dienstleistungsbüro gearbeitet. Zur Verfilmung gelangen hier in erster Linie Stromlaufpläne, Schaltungen und Stücklisten. Die Originalformate sind DIN A3 und DIN A4 (Abb. 16). Der zuständige Leiter der Normen- und Reprostelle berichtet, daß der Einsatz von GCOM drei Vorteile gebracht hat:

– Der Durchlauf ist schneller geworden, insbesondere dann, wenn die Freigabe neuer Zeichnungen in Schüben erfolgt, was sonst zu Rückstau beim Plotten und Filmen geführt hat.
– GCOM-Ausgaben sind klarer und besser zu lesen, d.h. die Qualität konnte gesteigert werden.
– CPU-Zeit wird gespart, da Sortieren und Rastern der Plotdaten entfallen.

7.2 Hamburgische Elektrizitätswerke

Die Erfahrungen der HEW stehen hier repräsentativ für eine ganze Reihe von Energieversorgungsunternehmen, die sich in zunehmendem Maße dieser Technik bedienen. Nach Aussage der Organisationsabteilung von HEW dient das CAD-System zur Verwaltung sämtlicher Pläne für die Stromversorgung. Damit werden neben den klassischen Anwendungen des CAD-Systems zur Berechnungsdurchführung und Zeichnungserstellung auch die notwendigen Optimierungsberechnungen angestellt. Der Änderungsdienst kann nun 8 bis 10 mal schneller durchgeführt werden als vor der Einführung der Graphischen Datenverarbeitung (Abb. 17).

7.3 Senat für Stadtentwicklung und Umweltschutz, Berlin /2/

Hier wurde mit Hilfe von GCOM ein Verfahren entwickelt, das mit Hilfe konventioneller Datenverarbeitung, Mikroverfilmung und Graphischer COM (Computer Output Microfilm)-Verfilmung eine Darstellung von Lageplänen auf Mikrofilm in der Größe 105 x 148 mm (Mikroplanfilm) ermöglicht, die eine hohe Informationsdichte z.B. für gewässerkundliche Anlagen, Versorgungsleitungen, Flächenbeschreibungen (Deponien, Wasserschutzgebiete o.ä.) hat. Für Aufgaben des Senators für Stadtentwicklung und Umweltschutz, Abteilung - Wasserwesen -, ist es erforderlich, Lagepläne für den Außendienst zur Verfügung zu haben, um bei der Ermittlung von Umweltschäden (Ölunfällen, Boden-, Gewässerverunreinigungen u.ä.) Informationen über vorhandene Anlagen geben zu können. Die konventionellen Planunterlagen für das Stadtgebiet von Berlin (West) umfassen 156 Karten im Maßstab 1:4000 (ca. 65 x 5o cm^2), die allein von der Größe und vom Gewicht her dem Vollzugsbeamten im Außendienst nicht zur Verfügung stehen können. Außerdem ist der Einsatzort nicht immer im voraus bestimmbar. In der Fachabteilung Wasserwesen liegt ein DV-Programm für die graphische Darstellung von Standorten für die nachstehend aufgeführten Fachbereiche vor:

- Pegel und Meßstellen im Oberflächenwasserbereich
- Grundwasserbeobachtungsmeßstellen
- Eigenwasserversorgungsanlagen
- Straßenbrunnen
- Feuerlöschbrunnen
- Oberflächen- und Grundwassergütemeßstellen
- Anlagen zur Lagerung wassergefährdender Stoffe
- Flächenbeschreibungen (Polygonzüge)
- Einleitungen und Entnahmen (in Vorbereitung)
- geologische Bohrpunkte (in Vorbereitung)

Wegen der noch fehlenden Digitalisierung der Liegenschaftskarten ist es nicht möglich, eine geschlossene Plotausgabe der Standorte und der Situationsdarstellungen zu erreichen. Das bisherige Verfahren war eine Ausgabe der graphischen Information auf Blanko-Transparentpapier. Diese Zeichnungen mußten als Decker für die Papier-Situationskarte benutzt werden. Durch die paßgenaue Übereinstimmung von Decker und Karte war das erstrebte Ziel der Zuordnung der Standorte zur Situation zwar zu erreichen, erwies sich für die Belange der Praxis aber als nachteilig und für den Außendienst als ungeeignet.

Aus diesem Grund ist mit dem nachstehend beschriebenen Verfahren eine Lösung unter Einsatz der Mikroverfilmung realisiert worden. Dem Innendienst stehen Mikrofilmlesegeräte und Mikrofilm-Reader-Printer, dem Außendienst für den Einsatz tragbare Mikrofilm-Lesegeräte und Autoadapter für 12-V-Anschluß zur Verfügung. Damit ist gewährleistet, daß alle in der Fachabteilung vorhandenen Mikrofilmausgaben transportabel für eine Aufgabenerledigung zugänglich sind.

Wird beispielsweise dem Vollzugsbeamten der Wasserbehörde ein Unfall mit wassergefährdenden Stoffen telefonisch, über Funk, Polizei- oder Feuerwehrruf gemeldet, kann er mit dem im Dienstwagen mitgeführten tragbaren Mikrofilmlesegerät folgende mikroverfilmte Unterlagen sofort nutzen:

- Grundwassermeßstellen
- Eigenwasserversorgungsanlagen
- Anlagen zur Lagerung wassergefährdender Stoffe
- Flächenbeschreibungen der Wasserschutzzonen

Zusätzlich stehen für alle gewässerkundlichen wie versorgungstechnischen Anlagen detaillierte Beschreibungen über die Anlagenzusammensetzung als alphanumerische Mikroverfilmung (Mikroplanverfilmung) zur Verfügung. Diese Unterlagen sind selbstverständlich ebenfalls alphabetisch nach Straßennamen sortiert, so daß das Auffinden der Informationen nach dem gleichen Schlüssel erfolgen kann.

Anhand dieser Unterlagen kann der Vollzugsbeamte im Außendienst an Ort und Stelle entscheiden, welche Anlagen zur Ermittlung der Unfallursache herangezogen und kontrolliert werden müssen, um dann die Maßnahmen zur Gefahrenbeseitigung bzw. -abwehr anordnen zu können.

Vom Statistischen Landesamt des Landes Berlin wurde für dieses Verfahren aus dem regionalen Bezugssystem ein Datenbestand selektiert, der alle Straßen innerhalb

Abb. 18. Standortkarte

eines Kartenblattes 1:4000 alphabetisch sortiert und für das Programm "Erstellung eines Suchindex" bereitstellt. Das Programm Suchindex wurde von der Fa. CGM Computergraphik auf Mikrofilm GmbH, Berlin, aufgestellt und ermittelt aus den Straßennamen und den Blockkoordinaten der statistischen Blöcke jeweils eine signifikante Adresse einer Straße, die einer Mikrofilm-Koordinate im Raster 1/24 (in den Positionen A5 bis G10) zugeordnet wird.

Damit wird dem Sachbearbeiter das Auffinden einer Örtlichkeit im Mikrofilm erst möglich. Für die weitere Verarbeitung des Suchindex wird vom Programm pro Kartenblatt eine Druckseite ausgegeben. Vom Senator für Bau- und Wohnungswesen, Abt. V-Vermessung, wurde ein Original-Mikrofilm mit der Situationskarte Maßstab 1:4000 (1:8 verkleinert) und dem aufgestellten Suchindex hergestellt und der Fachabteilung zur weiteren Durchführung des Verfahrens übergeben (Abbildung 18). Parallel dazu wurde eine Titelzeile im Photosatz erstellt und auf die nunmehr vorhandenen Situationskarten im Planfilmformat montiert.

Das in der Fachabteilung vorhandene Plotprogramm wurde so modifiziert, daß anstatt der Papierplotausgabe eine Magnetbandausgabe erfolgt. Dieses Magnetband wird auf dem Imtec-Microfilm-Laser-Plotter verarbeitet, d.h. es erfolgt die Ausgabe der Standorte auf 35 mm Mikrofilm, der anschließend auf Planfilmgröße vergrößert wird.

Die ursprüngliche Plotausgabe wurde dabei um die nachstehenden Informationen ergänzt:

– natürlich lesbare Kartenblattnummern
– Symbollegende mit Anzahl und Art der in der betreffenden Karte vorhanden Anlagen und Schutzzonen der Trinkwasserschutzgebiete
– Statusdatum der Erstellung

Zur Zusammenführung der verschiedenen Informationen (Situationskarte, Suchindex, Titelzeile, und Laserplot mit gewässerkundlichen Standorten max. dreier verschiedener Fachbereiche und den für dieses Kartenblatt definierten Gebieten) werden die beiden erstellten Planfilme über Paßpunkte montiert und für die Duplizierung bereitgestellt. Es hat sich bewährt, dem Außendienst das Ergebnis als Positiv-Ausgabe zum besseren Erkennen der Standorte zu überlassen. Eine Negativ-Ausgabe der Mikroplanfilme zur Herstellung von Rückkopien auf Papier wird für die schriftliche Bearbeitung von Vorgängen bereitgehalten (Abb.19 Endprodukt).

Außerdem werden die in den Lageplänen ausgewiesenen Gebietsbestimmungen für die Datenerfassung von gewässerkundlich-wasserwirtschaftlich relevanten Anlagen herangezogen. Dadurch ist es den in verschiedenen Verfahren tätigen externen Stellen möglich, Anlagen mit sensiblen umweltrelevanten Merkmalen zu erkennen.

Mit diesem Verfahren ist der Fachabteilung Wasserwesen ein Instrument in die Hand gegeben, das alle auftretenden Bedingungen des Außendienstes wie des Innendienstes erfüllt. Die Mitarbeiter haben dieses Verfahren akzeptiert, und es wird in den verschiedenen Sachgebieten der Fachabteilungen mit Erfolg eingesetzt.

Vor Einführung des Verfahrens wurde die Wirtschaftlichkeit überprüft und durch die mehrfache Ausgabe der Mikroplanfilme für die verschiedenen Anwendungsbereiche eine hohe Wirtschaftlichkeit (geringe Kopierkosten vom Masterfilm) erreicht.

Dieses Verfahren wird in der Zukunft durch den Einsatz der Graphischen Datenverarbeitung zur interaktiven Bearbeitung der Koordinatenbestimmung der Standorte optimiert. Hier liegt bereits ein Testergebnis vor, das unter Einbeziehung einer digitalen Grundkarte erstellt wurde. Die Ausgabe von Karten in anderen Maßstäben wird dann ebenfalls möglich sein.

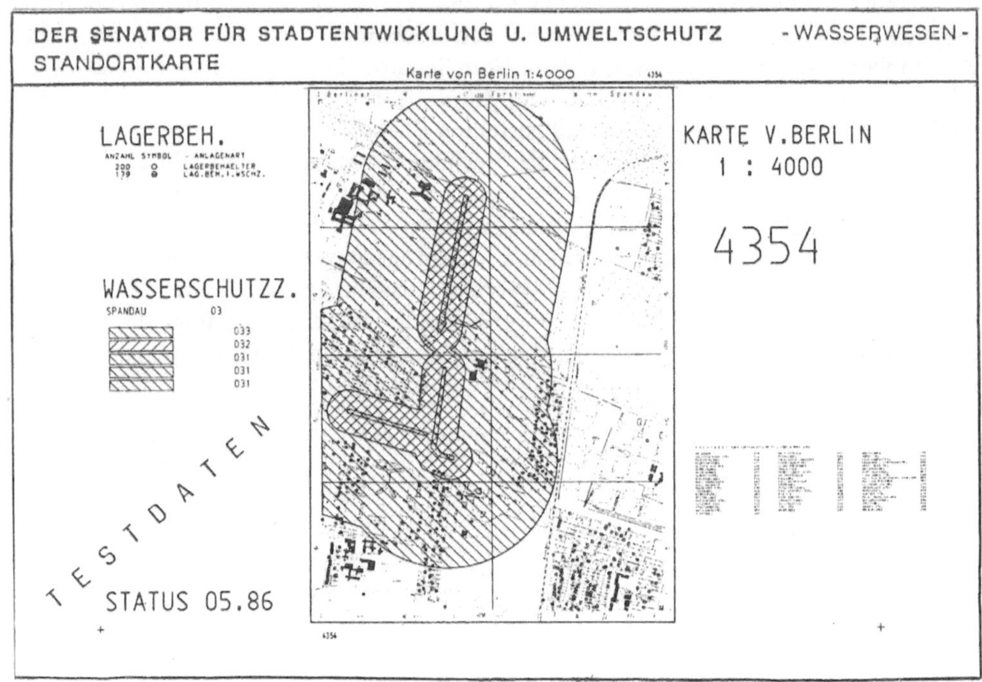

Abb. 19. Endprodukt

7.4 *"Daten zur Umwelt"*

Die Firma CADMAP - Raumbezogene Informationssysteme - produziert für das
Umweltbundesamt Berlin das im Zweijahresturnus erscheinende Werk "Daten zur
Umwelt" mit ca. 150 Farbabbildungen. Die Farbauszüge für diese Abbildungen wurden mit Mikrofilm-Laser-Plotter hergestellt. Ohne die Mikrofilmaufzeichnung wäre
eine rechtzeitige Fertigstellung unter Berücksichtigung der aktuellsten Daten nicht
möglich gewesen. Mit GCOM konnten ungefähr 50% der Kosten und - je nach Komplexität - 50 bis 90 Prozent der Vorbereitungszeit eingespart werden.

7.5 *Verfahren zur Farbbildreproduktion von Bildschirmtextbildern, Btx*

Das Laboratorium 5.44 "Farbwiedergabe" der Bundesanstalt für Materialprüfung hat
ein automatisches digitales Verfahren zur Farbreproduktion von Bildschirmtext (Btx)-
bildern im Standard-Offsetdruck entwickelt. Hierbei wird eine besonders hohe Qualität der Reproduktion bei sehr günstigen Herstellungskosten erreicht. Die Qualität
der Farbreproduktion wird einerseits durch die Farbabweichung zwischen Original
und Druckreproduktion und andererseits durch kleinste vom Auge in normaler Se-
hentfernung noch wahrnehmbare gedruckte Punktgrößen bestimmt. Die Qualität
wurde und wird beim BAM-Verfahren durch Farbmessung sowie durch Verwendung
von Mikrofilm- Lasertechnik überprüft und verbessert.

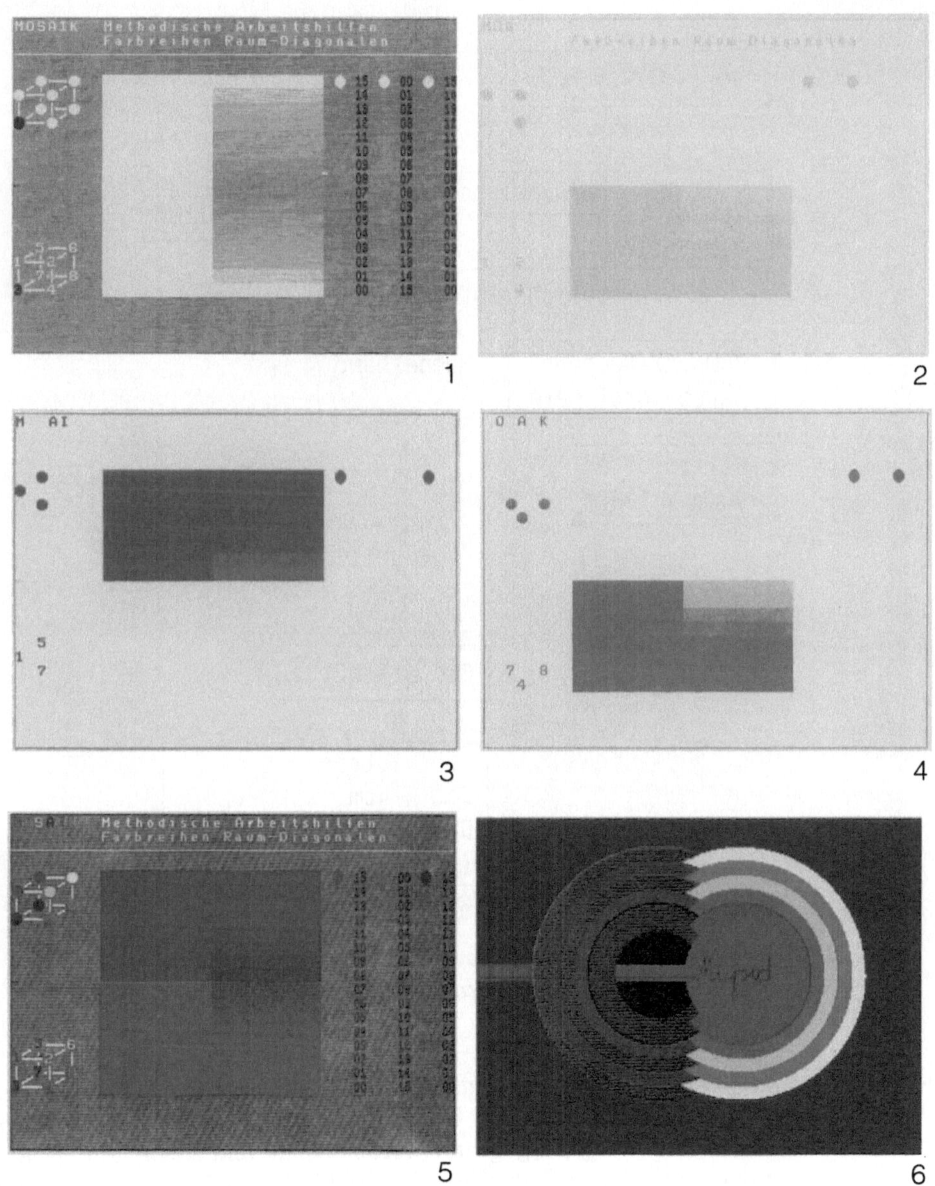

Abb. 20. Probedruck von Btx Farben mit 4096 Farben

Die Kosten werden durch Verwendung des neu entwickelten LinienrasterVer-
fahrens zur Herstellung der Druckfilme erheblich reduziert, ohne daß die Qualität der
Farbdrucke darunter leidet. Bei den üblichen, größeren homogenen Farbflächen im
Btx-Farbbild ist das Linienrasterverfahren gegenüber dem Punktrasterverfahren besonders vorteilhaft, da es zu einer quadratischen Informationsreduzierung der Farb-

124

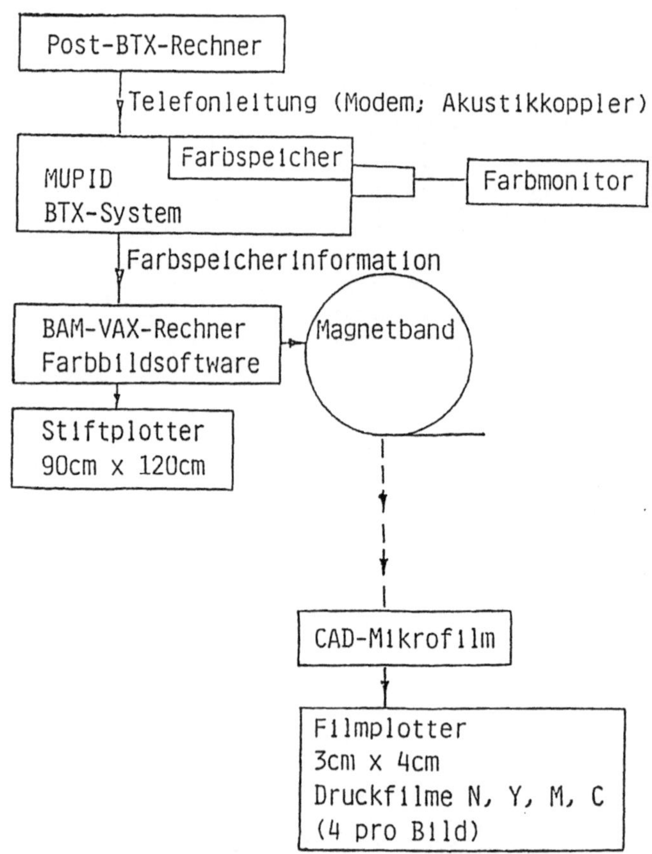

Abb. 21. BAM-Verfahren zur Umsetzung der Digitalen Farbinformationen in Druckinformationen.

bildbeschreibung führt (60 Linien /cm^2 gegenüber 3.600 Punkten /cm^2). Ein weiterer wesentlicher Vorteil liegt darin, daß die Farbbildinformation auf handelsüblichen Vektorplottern hoher Auflösung ausgegeben werden kann und keine teuren Rasterbelichter erforderlich sind. Die Rasterlinien(punkt)größe der Drucke liegt an der visuellen Sichtbarkeitsgrenze. Die 4096 Farben von Btx-Bildern sind selbst auf Bildgrößen bis herab zu 4 cm x 3 cm noch darstellbar. Entsprechende Probedrucke und Vergößerungen zeigt Abb. 20. Die Druckfilmherstellung, auf Wunsch mit Mehrfarbenandruck, wird als Dienstleistung der Firma CAD-Mikrofilm GmbH angeboten. Beim Bildformat 4 cm x 3 cm ist die kleinste Rasterpunktgröße 0,01 mm, die sich bei optischen Vergrößerungen der Druckfilme (z.B. 8,8 cm x 6,6 cm in den Probedrukken) entsprechend erhöht. Farbfehler durch den Film, Verzerrungen und Reflexe durch den Bildschirm entfallen und erlauben so die Reproduktion bis herab zu einer Bildgröße von nur 4 cm x 3 cm.

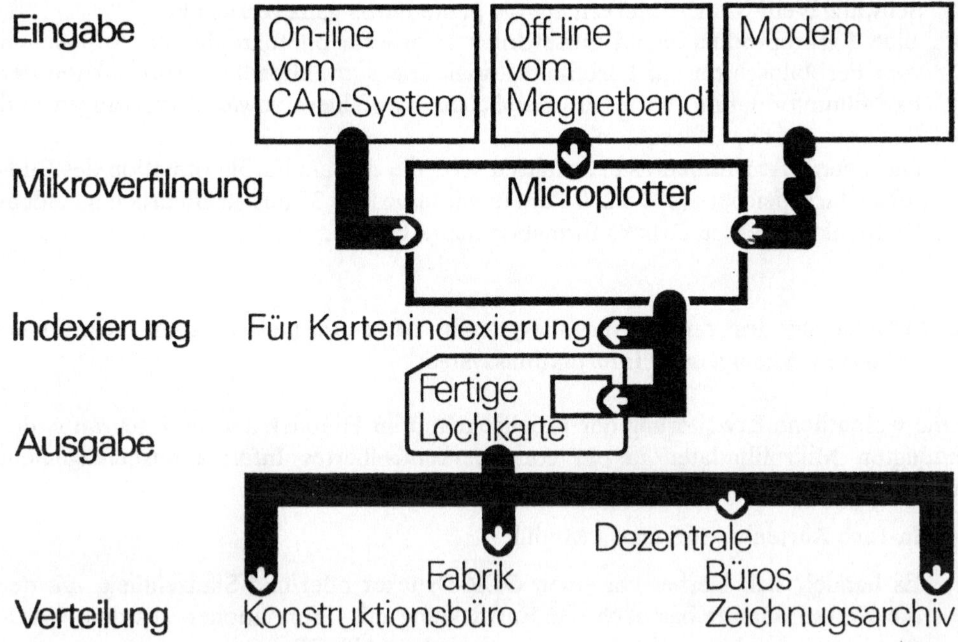

Abb. 22. Rechnerkontrolliertes "Management Informationssystem" für technische Zeichnungen

Für Kataloge, Zeitschriften, Werbematerial, Materialverwaltung oder Veröffentlichungen können bei Angabe der Btx-Nummer(n) die Druckfilme und eventuell die Farbandrucke direkt hergestellt werden. So ist eine Massenreproduktion im Standardoffsetdruck, eventuell auch auf Klarsichtfolie, möglich.

7.6 Geplante Weiterentwicklung des Linienraster-Verfahrens

Alle mit einem Farbmonitorsystem erzeugten Farbbilder, die sich noch nicht im Post-Bildschirmtextsystem befinden, können natürlich ebenso reproduziert werden. Die Software zur Herstellung der Druckbilder kann an individuelle Wünsche (Punktanzahl, Bildgröße, Farbanzahl, Farbtransformation) angepaßt werden. Bestimmte Farbbilder, von denen einzelne oder alle Farben durch Normfarbwerte festgelegt sind, können gedruckt werden. Auf diese Weise können Firmen-Farbkarten in hoher Qualität im Offset innerhalb bestimmter Toleranzen hergestellt werden. Demnächst soll ein BAM-Bildschirmtextfarbatlas hergestellt werden, der die Umrechnungen der Btx-Farbkoordinaten in andere Farbsysteme, z.B. DIN 6164, enthält.
Vorteile des BAM-Verfahrens:

– Im Bildschirmtextsystem der Deutschen Bundespost sind derzeit etwa 500.000 Farbbilder gespeichert. Bisher war es nur mit sehr teuren Farbdruckern möglich,

Farbbilder einzeln auszudrucken, oder man mußte bei Verwendung von Schwarz/Weiß-Matrixdruckern auf die bunte Farbe ganz verzichten.

- Eine Farbreproduktion im Offsetdruck erforderte photographische Aufnahmen vom Farbbildschirm auf Farbfilmmaterial. Die konventionelle Reproduktion der Farbfilminformation führte zu erheblichen Farbfehlern sowie Verzerrungen und Reflexen auf dem Bildschirm.

- Das neue BAM-Linienrasterverfahren setzt die digitale Farbinformation des Bildschirmfarbspeichers (480 x 240 Punkte mit insgesamt 32 aus 4096 Farben an jedem Bildpunkt) direkt in Druckinformation um (Abb. 21).

8. Erweiterung des reinen Ausgabesystems "Mikrofilmplotter" zum rechnerkontrollierten "Management Informationssystem"

Eine wesentliche Erweiterung der Möglichkeiten im Hinblick auf die Integration der erzeugten Mikrofilmdaten in ein computerkontrolliertes Informationsmanagement bietet das

- In-Line Kartenindexierungs - Modul

Es handelt sich hierbei um einen OCR-Drucker oder/und Stanzeinheit, mit der die Karten unmittelbar nach der Entwicklung mit Informationen aus dem CAD-System beschrieben und /oder gestanzt werden (Abb. 22).

Zwei Indexierungseinheiten für Filmdatenkarten, nämlich

– eine Schreib - und Stanzeinheit (PPU), und
– eine reine Schreibstation (POI)

sind verfügbar. Sie werden direkt an den Ausgang der Kartenentwicklungsstation des Mikroplotters angeschlossen und ermöglichen automatisches "in - line" - Indexieren.

Indexierungskommandos und -daten werden als ASCII -Zeichen übertragen und vom Mikroplotter angenommen. Diese Indexzeichen werden vom internen Plotterinterface zu einem separaten Indexierungsrechner, der im Plotter enthalten ist, übertragen. Dieser Indexierungsrechner speichert die Indexdaten und kontrolliert die Indexierungseinheit. Abbildung 23 zeigt einige Muster der Indexierung.

- Schreib- und Stanzeinheit (print and punch unit PPU)

Diese basiert auf einer erprobten und robusten Konstruktion für großes Ausgabevolumen an der Imtec Kamera und wird sehr ausgiebig überall in der Welt von Hochgeschwindigkeits- Diazoduplizierautomaten mit Geschwindigkeiten bis zu 1200 Karten pro Stunde benutzt.

Das Gerät erzeugt eine Karte mit bis zu 80 natürlich lesbaren Zeichen entlang der Kartenoberkante und bis zu 80 Standard- Hollerithlochungen (normalerweise werden gestanzte Zeichen in den Spalten 53 - 77 unterdrückt, um Raum für die Mikrofilmöffnung zu lassen).

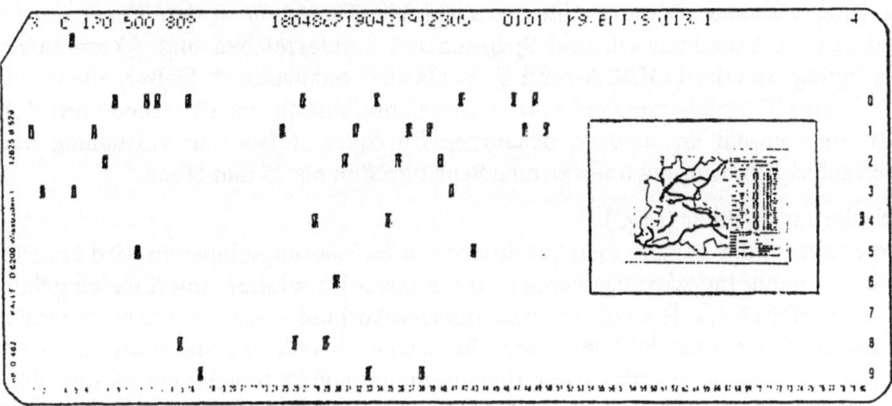

Abb. 23. Muster der Indexierungsmöglichkeiten mit Hilfe der In-line Kartenindexierungs-Moduln

Der Zeichensatz umfaßt die Großbuchstaben A-Z, die Ziffern 0-9 und 27 Sonderzeichen. Jedes Zeichen wird als 5 x 7 Matrix gedruckt. Weitere Zeichensätze für europäische Schriftzeichen und Akzente sind wahlweise verfügbar.

– Schreibeinheit (print only indexing unit POI)
Die Schreibeinheit besteht aus einem zuverlässigen Hochleistungsdrucker (Punkt - Matrix), der bis zu 10 Punkte pro mm schreibt. Firmware und ROM - Speicher ermöglichen gleichzeitiges Drucken von natürlich lesbarem Text, OCR-Zeichen und Barcodes auf der Karte in einem einzigen Indexierungsschritt, wie auf Abb. 23 gezeigt. Eine weitere Option ermöglicht das Drucken von extrem großen Buchstaben und einfachen Logos in Matrixdruckerqualität. Die Besonderheit kann zur Firmenidentifikation benutzt werden und erübrigt u.U. speziell vorgedruckte Filmlochkarten. Natürlich lesbare Zeichen sind in 6 verschiedenen Zeichenfonts in Abständen von 1 bis 20 Zeichen pro Zoll verfügbar. Diese Fonts umfassen einen vollen 96-Zeichen-ASCII-Satz und werden normalerweise als 7 x 9-Matrix für jedes Zeichen gedruckt. Ein Fremdsprachenfont steht in den Versionen für Französisch, Skandinavisch und Spanisch mit Sonderzeichen und Akzenten zur Verfügung. Standard OCR A- und B- Fonts sind wahlweise verfügbar, ebenso ein erweiterter 92-Zeichensatz mit einer festen Schreibbreite von 10 Zeichen pro Zoll. Die international am meisten bekannten Barcodes stehen zur Verfügung; darüberhinaus Kursivierung und extreme Schriftgrößen bis 25 mm Höhe.

– Indexierungsrechner (MIC)
Die Funktion der beiden oben beschriebenen Indexierungseinheiten wird kontrolliert von einem Indexierungsrechner, der in das Mikroplotter -Interface eingebaut ist, ausgestattet mit den notwendigen Interfaceverbindungen als einem integralen Bestandteil der Indexierungseinheit. In seiner Grundform speichert der MIC ASCII- verschlüsselte Indexdaten, die zusammen mit Plotdaten zum Plotter übertragen werden, und steuert die reihenfolgegerechte Übertragung der Daten, sobald die geplotteten und entwickelten Filmlochkarten die Indexierungseinheit erreichen.

– CAD -Systemanschluß
Die oben beschriebenen Indexierungsmöglichkeiten sind sowohl für den online-Anschluß des Plottersystems mit RS 232 (V 24) seriell/asynchronem Interface als auch für offline- Konfigurationen mit Standard 800 oder 1600 bpi Magnetband verfügbar. Plotfiles enthalten hierbei Daten im Calcomp 900 Format mit Indexierungsdaten als ASCII-Zeichen im Filler des Datensatzes.

9. Zusammenfassung

Der Einsatz von Graphik COM als konsequente Weiterführung von CAD bietet also bei voller Anwendung eine Reihe von Vorteilen. Nicht zuletzt wird die Zahl der Handarbeitsschritte beim Aufbau eines technischen Informationssystems auf der Basis der Mikrofilmdatenkarte wesentlich reduziert und zugleich die Sicherheit verbessert.

Abb. 24 zeigt einen Vergleich der Handarbeitsschritte zwischen herkömmlicher Zeichenverfilmung und GCOM. Es ergibt sich ein Verhältnis von neun zu eins. Die beim GCOM noch erforderliche Handarbeit ist ein notwendiger Qualitätskontrollschritt, um sicherzustellen, daß die Bildqualität stimmt und Korrespondenz zwischen Daten und Bild besteht.

Das heißt:

Graphik COM ist die Brücke zwischen CAD und wirklich effizienten integrierten Management Informationssystemen.

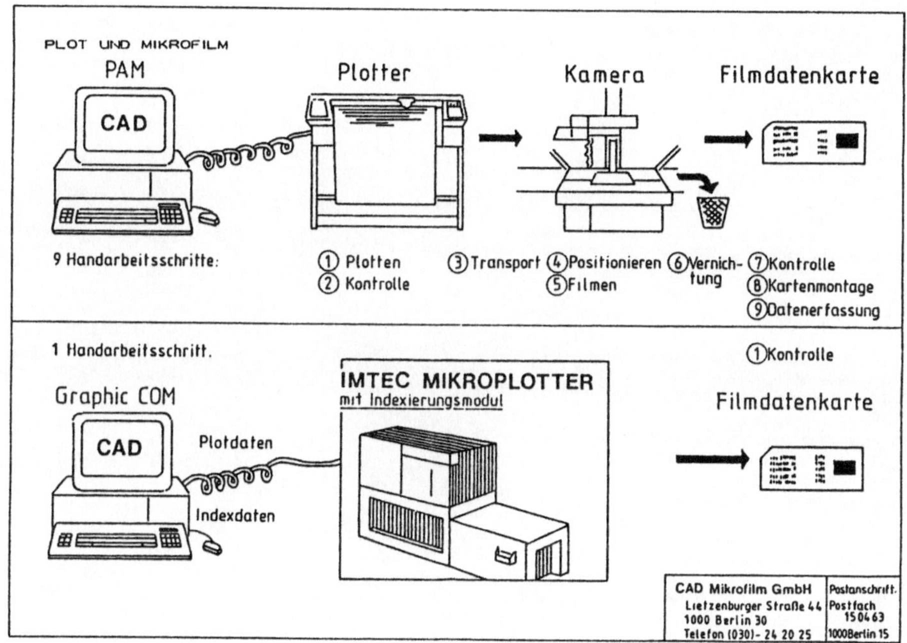

Abb. 24. Vergleich der Handarbeitsschritte

10. Literaturverzeichnis

/1 / Verein deutscher Maschinenbau-Anstalten e.V.: "Mikrofilm im Zeichnungswesen" Betriebswirtschaftliche Veröffentlichung BwV 175 1975, 2. überarb. Auflage 9/76

/2 / Dr. Gelatt: Graphik-COM - The Future of Micrographics Design Graphics World, April 1986

/3 / Karl Heinz Hennig/Peter Wilck: "Darstellung der Standortpläne von hydrologischen Meßstellen und wasserwirtschaftlich bedeutsamen Anlagen einschl. Schutzzonen auf Mikroplanfilmen". Deutsche Gewässerkundliche Mitteilungen 5/6 Dez. 86

/4 / VDMA: Veranstaltung des Fachkreises Informatik: "Mikrofilm kontra optische Speicherplatte?" tb-Report Feb. 85

CAD – Benutzerschnittstelle in Stahl- und Anlagenbau

P. Lorenz

Fraunhofer-Gesellschaft AGD Darmstadt

1. Einleitung

Wenn man heute von EDV oder CAD spricht, denkt man oft nur in Richtung der Informatik, Elektronik oder Luftfahrtindustrie. Trotzdem wurde der erste Digitalrechner von einem Bauingenieur namens Konrad Zuse erfunden und die ersten elektronischen Berechnungen auch im Bauwesen angewandt und zwar im Bereich der Tragwerksberechnung. Man kann dabei folgende Rechner – Entwicklungsperiode feststellen:

1940 – Erste Generation:
Elektronenröhre, Operationszeiten von 10^{-3} s

1958 – Zweite Generation:
Einführung des Transistors, Operationszeiten von 10^{-6} s

1960 – die ersten Statik-EDV-Programme

1964 – Dritte Generation:
Integrierte Schaltung, Chip, Operationszeiten von 10^{-7} s,
starke Verkleinerung des Computers
Dezentraler Anschluß, mehrere Arbeitsplätze
1970 – Integrierte Bausysteme (ICES - Integrated
Civil Engeneering System - MIT-USA)

1980 – Vierte Generation:
Einführungsphase, leistungsfähige Speicher, Datenfernübertragung,
Arbeitszeit an mehrere Benutzer gleichzeitig, Operationszeiten 10^{-9} s

1981 – die ersten CAD-2D Systeme im Bauwesen
1982 – Personal Computer, 8/16 Bit CPU
1987 – Rechnergestütztes Konstruieren im Bauwesen, Workstation 32 Bit

1995 – Fünfte Generation:
Sprach-Ein-, und Ausgabeelemente direkt mit dem Benutzer,
Parallele Datenverarbeitung.

Heute wird mehr und mehr das rechnergestützte Konstruieren (CAD) und die Automatisierung der Ausführungsplanung mit Hilfe von EDV durchgeführt. Für eine Rechner - Auswahl gelten die 3 x 1 M-Regeln:

Minimum:
1 MIPS   –   Rechnerleistung
1 MByte   –   Hauptspeicher
1 Million Punkte   –   Auflösung

Die Entwicklungstendenz besteht in der Verteilung der Computerleistung an die Arbeitsplätze, wo ein großer Computer nur noch eine Datenverwaltungs-Rolle spielt.

Heute ist nicht mehr der Preis der Hardware entscheidend, sondern der Preis des Software-Pakets. Das kann man leicht verstehen, wenn man bedenkt, daß eine CAD-System-Entwicklung mehrere hundert Mannjahre dauert. Die Einführungszeiten der CAD-Technik betragen ein bis zwei Jahre.

Man kann noch feststellen, daß die Produktivität in den Planungs- und Konstruktionsbüros seit dem Jahre 1900 nur um 20% gestiegen ist, während sie in der Ausführung (NC-Maschine) um den Faktor 1000 stieg.

Der CAD-, bzw. Manuellzeitaufwand ist in Tabelle 1 dargestellt.

Tabelle 1. Zeitaufwand CAD-Manuell im Vergleich

Branche	Stunden	
	manuell	CAD
Bauwesen	8,00 (100%)	2,00(25,00%)
Maschinenbau	2,00 (25%)	0,45(5,62%)

Als Schwerpunkte der CAD Anwendungen kann man nennen:

a)	Arbeitsplangenerierung	4%
b)	Dreidimensionales Konstruieren	4%
c)	Variantenprogrammierung	13%
d)	NC - Bearbeitung	19%
e)	Technisch - wissenschaftliche Berechnungen	25%
f)	Zeichnungserstellung	35%

Beim Einsatz von CAD-Systemen dominieren die Anwendungen in der mechanischen Konstruktion und Architektur. Dabei teilen sich etwa zehn Anbieter (IBM, Computervision, Intergraph, Applicon, Calma, Racal-Redac, Mentor, Daisy, Matra Division, Prime) mehr als die Hälfte des CAD – Marktes.

2. CAD - Systeme in Stahl- und Anlagenbau

In den letzten Jahren wurden, nicht zuletzt aus Wettbewerbsgründen, immer mehr CAD-Systeme in Stahl- und Anlagenbau angewandt. Als Darstellungsmodell wurde das Linien- und Flächenmodell verwendet, dies jedoch mit dem Nachteil, daß man große Eingabedaten hat. Die Rechenzeiten sind relativ klein, die Speicherkapazitäten wesentlich größer.

Bei den Volumenmodellen wird viel Aufwand bei der Eingabe gespart, die Rechenzeiten werden jedoch sehr lang und die Speicherkapazitäten müssen entsprechend groß sein. An der TH Darmstadt hat man schon vor 15 Jahren im Bereich des Stahlbaus große Programme geschrieben /1/,/2/,/3/,/4/,/5/. So entstand das "Darmstädter Modell" für Stahlhallen (Tabelle 2). Mit Hilfe von Menüfeld "Statikein" war eine mechanische Beschreibung der Tragstruktur möglich, sowie Angaben über Trägheitsmomente, Flächen, Belastungen usw. Eine statische Berechnung und Bemessung nach der Theorie erster oder zweiter Ordnung, elastisch, plastisch oder Verbund gemäß den DIN-Normen im "Ganzheitlichen Rechnerunterstützten Ingenieurentwurf", sowie Listen und Zeichnungen waren auch schon vorhanden. Später wurde das Programmpaket PAS und KRASTA entwickelt.

Tabelle 2. Stahlhallenbau

Konzeptphase:	Stahlhalle:
Eingabedatei:	Hallengeometrie Profil Fassade Belastung
Möglichkeiten:	graphische Kontrolle Änderungen Optimierung des Plattenabstandes Schnittgrößen - Theorie II-Ordnung Bemessung - Plastische Berechnung Fundament - Lastfälle Fassade Datei
Ausgabe:	Schnittgröße Erforderliche Profile Graphische Darstellung M,Q,N

Besonders im Bereich des Stahlhallenbau sind große Fortschritte erreicht worden /6/. Heute ist eine Rechenzeitminimierung möglich durch die Koppelung von Weggrößenverfahren mit dem Übertragungsverfahren. Für ein räumliches Tragwerk wurde dadurch eine Rechenzeitverkürzung von 23 Minuten (100%) für das Weggrößenverfahren bis zu 47 Sekunden (3,40%) für die Kombination Weggrößenverfahren/Übertragungsverfahren möglich /7/.

In der BR Deutschland werden sowohl CAD-3D Pakete auf PC-Basis als auch auf Workstation-Basis angeboten. Die ersten 3D-Programme auf PC-Basis erschienen 1983 nach dem System Radar, Ungarn, für den Lisa-Rechner Apple. 1984 erschien das System Cubicomp, USA, für IBM PC/XT. Cubicomp ist ein Festkörpermodelliersystem, das aber keine vordefinierten Grundkörper als Elementargeometrie kennt.

Mit Hilfe von Punkten und Linien werden Polygone in der Ebene konstruiert. Durch Bool-Operationen können komplexe Körper hergestellt werden und gleichzeitig ist es möglich, verdeckte Linien, schattierte Darstellungen, Füllung einer Fläche mit Farbe (Flat Shading-Verfahren), Übergang zwischen verschiedenen Farbwerten (Gourand-Shading), sowie glatte Oberfläche (Phong-Shading) herzustellen. Das Modellierungssystem Cubicomp ist aber branchenspezifisch und zwar sehr gut geeignet für Design.

Zur Zeit gibt es noch kein produktneutrales System in 3D-Darstellung auf Personal-Computern. Für Stahl- und Anlagebau werden oft folgende CAD-Systeme auf PC-Basis angewendet:

Tabelle 3. CAD-Systeme auf PC-Basis für den Stahl und Anlagenbau

CAD-System	Anwendung	Betriebssystem	Hersteller
Autocad	Stahlbau	MS-DOS	Autodesk AG
LogoCAD	Anlagebau	MS-DOS	LOGOTEC GmbH

CAD-Systeme auf Workstation-Basis können schon als leistungsfähig eingestuft werden, sie benötigen einen 32-bit-Rechner und werden von 3D-Modellen unterstützt. Dies erlaubt eine Eingabe über spezielle Menüs sowie verschiedene Variantenkonstruktionen für Stahlbau und Anlagenbau. Stark verbreitet und bekannt sind folgende CAD-Systeme:

Tabelle 4. CAD-Systeme auf Workstation Basis

CAD-System	Anwendung	Betriebssystem	Hersteller
A-Frame	Stahlbau	UNIX	Selenie
			Autotrol GmbH
Designer	Anlagebau	VMS	Computervision
DOGS	Anlagebau		Apollo-Domain
Superdraft	Anlagebau		IBM

Meistens sind die Schnittstellen zu diesen Programmen leicht verständlich, und durch einen Befehl wird aus dem Stahlbau-Menü ein FE-Modell sowie die zugehörige Eingabe für das Berechnungsprogramm erzeugt. Die Berechnungsverfahren werden unter Berücksichtigung der Konstruktionskriterien bis zur endgültigen Lösung, die Werkstattzeichnung und der Montageplan, graphisch dargestellt. Die Existenz von Datenbanken ermöglicht eine schnelle wirtschaftliche Lösung. Explosionszeichnungen und verschiedene Makros gehören heute schon fast zu jedem CAD-Paket.

Große CAD-Pakete versuchen eine dreidimensionale Objektbeschreibung auf Grundlage von sog. Solid-Modelling-Methoden herzustellen. So kann man erwähnen :

ROMULUS, Shape Date LTD,	ist ein 3D-CAD-System, das so konzipiert ist, daß es durch eindeutig definierte Schnittstellen sowohl für die graphische Ein- und Ausgabe, als auch für verschiedene Anwendungen offen ist. Die vorhandenen Schnittstellen erlauben einen Datenaustausch mit anderen CAD-Systemen, bzw.
CADIS 2D/3D, Siemens AG,	beinhaltet den Modul "Compac" der TU Berlin und hat ungefähr 900 Unterprogramme, sowie 40.000 ausführbare Anweisungen.Die rechnerinterne Darstellung (RID) ist prinzip ermöglicht die Abspeicherung auch nichtgeometrischer Angaben. Diese RID dient auch als Schnittstelle der einzelnen Anwendungsmodule.
EUCLID 2D/3D, Matra Division	erlaubt eine dreidimensionale graphisch interaktive Modellierung Perspektiven und bemaßte Zeichnungen, sowie die Berechnung geometrischer und physikalischer Eigenschaften. Die geometrische Modellierung wird mit Hilfe von biparametrischen Kurven 8-ten Grades nach der Beziér-Methode hergestellt.
CATIA, IBM,	hat mehrere Module: Volumenelemente aufgebaut aus Facetten, automatischen Ausblenden von verdeckten Kanten, komplexen Beschreibungen von Körpern. Mit Hilfe von Oberflächen-Modulen oder Facetten-Aproximation ist das System für freie Flächen sehr geeignet. Zum Beispiel eine Membranfläche, die die Bedingung:

$$\frac{\partial^2 z}{\partial x^2} + \frac{\partial^2 z}{\partial y^2} = -\frac{P}{N} \qquad (1)$$

$$Nx = Ny = -N \qquad Nxy = Nyx = 0 \qquad (2)$$
$$Mx = My = Mxy = Myx$$

erfüllt, kann durch die freie Fläche $z = (x,y)$ /8/, /9/ beschrieben werden:

$$z = \frac{16 \cdot p \cdot a^2}{\pi^3 \cdot N} \sum_n \frac{(-1)^{\frac{n-1}{2}}}{n^3} \left(1 - \frac{\cosh \frac{n\pi y}{2a}}{\cosh \frac{n\pi b}{2a}}\right) \cdot \cos \frac{n\pi x}{2a} \qquad (3)$$

Das Modul Kinematik erlaubt ebenfalls Lösungen für mechanische Zusammenhänge und zweidimensionale Bewegungen. Interessante Anwendungen sind in statischen und dynamischen Stabilitätssimulationen möglich /10/.

Obwohl es heute viele technische Möglichkeiten gibt, darf man nicht vergessen,
daß große Projekte, wie etwa eine Bohrinsel, ca. 135.000 Einzelteile, 130 km Rohrlei-
tung und 200 km elektrische Kabel, oder daß ein Heizkraftwerk mit einer Leistung
von 750 MW ca. 50 km Rohre, 100 Pumpen und Behälter, sowie 10.000 Armaturen
haben. Deshalb müssen neue und große CAD-Pakete noch mehr leisten können und
gleichzeitig die Komplexität der Konstruktion, als auch die Flexibilität der Lösungen
gewährleisten.

3. CAD - Schnittstellen

CAD-Benutzerschnittstellen sind in der Regel Funktionsaufrufe, sonstige Kontroll-
Übergaben oder gemeinsam benutzte Datenstrukturen. Eine Minimierung der Beziehungen zwischen Komponenten führt zu einer allgemeinen wirtschaftlichen Lösung.

Integration bedeutet die Existenz von mehreren modelltypabhängigen Alternati-
ven zur Lösung einer Modellieraufgabe. Deshalb wird die Komplexität der CAD-Systeme durch modulare Programmierung und Vereinbarung von Schnittstellen gelöst.

Zur Zeit existiert noch kein vollständig integriertes CAD-System und die meist
schlüsselfertigen Systeme sind nicht "offen". Eine Lösung, dies zu erreichen, wäre
möglich durch:

— Kopplungs- und Anpassungssoftware
— Standardisierte und anerkannte Schnittstellen
— Offene CAD-Systeme
— Universalschnittstellen

Im Architektur-Bereich existieren schon mehrere integrierte CAAD-Systeme, die
aber meist anwendungsbezogen sind. So gibt es zum Beispiel:

— CAEDS   "Computer Aided Engeneering and Architecture
            Design System" für dreidimensionale Strukturen
— OXYS   Orthogonale Geometrie und Element-Bausysteme
            Oxford
— BDS und
   GLIDE   komplexe, nicht orthogonale Gebäude.

Auf dem Gebiet der Integration wird in der Richtung der Spezifikation einer syn-
taktischen einheitlichen Modellschnittstelle und der Systementwicklung gearbeitet.
Die heutigen CAD-Systeme sind hierarchisch organisiert und werden durch Kom-
mando- oder menügesteuerte Schnittstellen gesteuert.

Bei komplexen Problemen aber, wie z.B. Farbvisualisierung, oder bei sehr hoher
Anzahl der Steuerparameter für die Bildgenerierung, treten Schwierigkeiten auf. Eine
typische Schnittstelle mit einem 32-Tasten Menü und 3 Menüebenen kann z. B. bis
über 32.000 Funktionen in den Menüraum aufnehmen, die aber sehr lange Lernpha-
sen benötigen. Deshalb sind neue Kommando- und Untermenü-Definitionen erforderlich, um die Möglichkeiten der Künstlichen Intelligenz zu verwerten.

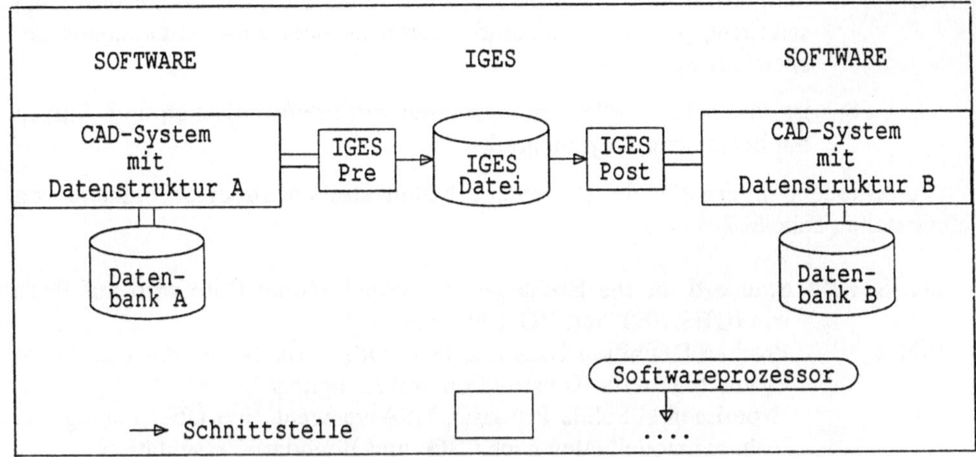

Tabelle 5. IGES-Schnittstellenkonzept

IGES   –   Initial Graphics Exchange Specification (Standard)
    –   externes Datenformat
    –   Datenaustausch zwischen unterschiedlichen CAD-Systemen
    –   Übergabe von zweidimensionalen Daten

Das Interesse an Datenaustauschprodukten und Schnittstellen des CAD-Bereiches nimmt stetig zu. Das schnelle Anwachsen von Graphik-Anwendungen im Ingenieurwesen und in der Wissenschaft hat zu einer großen Vielfalt von Hardware- und Softwareprodukten geführt. Deshalb erschien die Entwicklung der System-Integration als neuer und wichtiger Forschungsbereich. Seit 1975 konzentrieren sich die Aktivitäten darauf, Standards für die drei folgenden Bereiche zu entwickeln:

- Computer Graphik
- Geformte Oberflächen
- Datenaustausch für Zeichnungen aus dem Ingenieurwesen.

Zum Produktdatenaustausch stehen mehrere standardisierte Schnittstellen zur Verfügung:

- IGES   Initial Graphics Exchange Specification, USA, erlaubt einen Modellaustausch mit Hilfe von Pre- und Postprozessoren (Tabelle 5).
Der Postprozessor erzeugt aus einem CAD-Paket systemabhängige Modelldaten nach der Vorgabe der IGES-Spezifikationen und danach transformiert der Postprozessor die systemunabhängigen IGES-Modelldaten in systemspezifische Daten für ein anderes CAD-System. Die Übertragung von 2D- und 3D-Kantenmodellen, Flächenmodellen und Informationen ist möglich.

138

- SET   Standard d'Echange et de Transfert, Frankreich, hat das Konzept, daß
               sämtliche produktdefinierende Daten in einer Produktdatenbank ge-
               speichert werden.

- VDA-FS   ist eine Schnittstelle zum Austausch von Freiformflächen und -kurven
               mit beliebigem Polynomgrad.

Verschiedene internationale Normungsarbeiten streben zu einer einheitlichen
Schnittstelle (Tabelle 7):

- ISO-STEP   Standard for the Exchange of Product Model Date wird auf Basis
               von IGES, SET und VDA-FS entwickelt.
- PDDI   Product Definition Date Interface, USA, erlaubt den Austausch von
               Produktdaten für Konstruktion und Fertigung.
- ESP   Experimental Solids Proposal, USA versucht eine Übertragung von
               Volumenmodelldaten nach CSG- und Boundary-Presentation
- PDES   Product Date Exchange Specification, USA beinhaltet Kanten-, Flä-
               chen-, und Volumengeometrie sowie technologische Daten, Daten-
               menge für mechanische Konstruktion, Elektronik, Architektur.

Die europäische Benutzergruppe IFIB WG 6.5 hat ein Modell für die anwen-
dungsfähige Benutzerschnittstelle IFIP /11/ entwickelt. Die wesentlichen Entwicklungen beziehen sich auf die:

a) Schnittstelle für Ein- und Ausgabe
b) Dialogschnittstelle
c) Werkzeugschnittstelle
d) Organisationsschnittstelle.

Das graphische Kernsystem GKS ist ein genormtes Basissystem, das die Grundfunktionen für die Erzeugung und Behandlung computergenerierter Bilder bietet
(Tabelle 8). Es erlaubt die Ausgabe zweidimensionaler Vektor- und Rasterbilder, ermöglicht Speicherung und dynamische Veränderung von Bildern und unterstützt Be-
dienereingabe und Interaktionen durch verschiedene Funktionen für die graphische
Eingabe und Bildstrukturierung /12/.
Die wichtigsten Fähigkeiten des GKS sind:

- Unabhängigkeit von den verwendeten graphischen Geräten
- Arbeitsplatztreiber, d.h. die Umsetzung der geräteunabhängigen Darstellung der
  Funktionen in die geräteabhängige Form.
- einheitliche Arbeitsplatzschnittstelle, die im Rahmen der nationalen und interna-
  tionalen Normung entwickelt wird.
- Unabhängigkeit des GKS-Kern von einer Programmiersprache.

Ein Überblick über die nationale und internationale Normungsarbeit auf dem
Gebiet der Beschreibung und Übertragung produktdefinierender Daten zwischen
CAD/CAM-Systemen ist in Tabelle 6 und 7 gegeben.

Tabelle 6. Nationale Normungsarbeit zwischen CAD/CAM-Systemen.

Nationale und internationale Normungsarbeit auf dem Gebiet der Beschreibung und Übertragung produktdefinierender Daten zwischen CAD/CAM-Systemen

BRD		EG	
Institution	Projekt	Institution	Projekt
DIN NAM AA 96.4 Dr. Schuster	TAP Transfer und Archivierung produktdefi- nierender Daten)	ESPRIT (EG)	CAD*I (CAD-In- terfaces)
VDA (Verband der Automobilin- dustrie) H.MUND	VDAFS (VDA-Flächen- Schnittstelle)	AFNOR (F) (Association Francaise de Normalisation)	SET (System d'Exchange et de Transfer)
	VDAPS		AECMA (EG)
VDA-Programm- Schnittstelle		(Association Européene de Constructeurs de Material Aero- spatiale)	
DIN NSM AA 4 H.GÜRTLER	CAD–NORMTEILE		
DIN NAM AA 96.5	MAP (Manufacturing Automation Protocal)	BSI (UK) (British Standard Institute)	
		SMMT (UK) (Society of Motor Manufacturers and Traders)	ODETTE

Tabelle 7. Internationale Normungsarbeit zwischen CAD/CAM

Internationale Normungsarbeit auf dem Gebiet der Beschreibung und Übertragung produktdefinierender Daten zwischen CAD/CAM-Systemen

USA		INTERNATIONAL	
Institution	Projekt	Institution	Projekt
NBS National Bureau of Standards)	IGES V1.0 bis V3.0 (Initial Graphics Exchange Speci- fication)	ISO TC 184 SC4	STEP (Standard for Exchange of Product Model Data)
NBS	PDES (Product Data Exchange Specification)	(Japan National Commitee) PROF. KIMURA	JNC
ANSI (American Nationals Standards Institute)	Y14.26M		
CAM-I (Computer Aided Design and Manufacturing International)	XBF (Experimental Boundary File)		
US Air Force	PDDI (Product Definition Data Interface)		

Der internationale Projekt- STEP-Standard for Exchange of Product Model Date beinhaltet mehrere Einsatzschwerpunkte:

- Anwendungsunabhängig; realisierbar, indem man ein Drahtmodell (Wireframe 2D/3D), Flächen und Körper (B-Rep und CSG) darstellt.
- Anwendungsabhängigkeit; für Bemessung von Konstruktionen, FEM Berechnungen im Stahl-, Anlagebau und Architektur.

Tabelle 8. GKS Schnittstellenkonzept

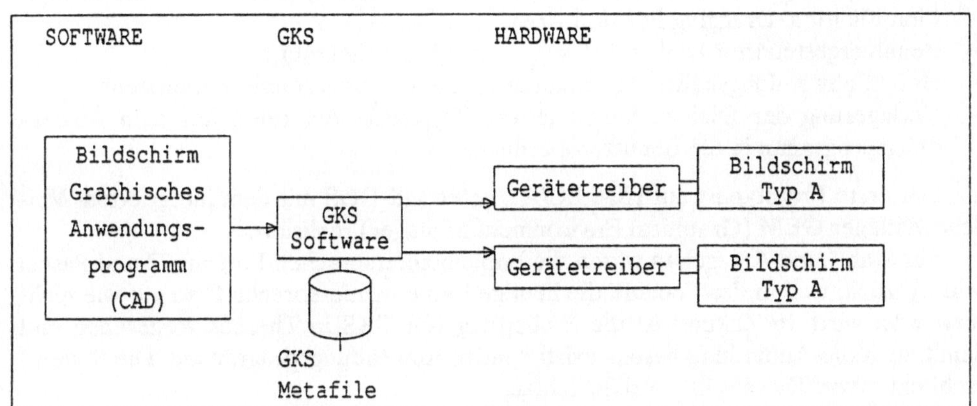

Die Verbesserungen gegenüber existierenden Standards beziehen sich auf eine umfassende, strukturierte Norm, angepaßt an Systemfähigkeiten, kompaktes Druckformat, günstige Elementdefinitionen, Erweiterbarkeit und Konvertierbarkeit zwischen verschiedenen Informationsebenen (Levelkonzept).

4. Aktuelle Forschungen am Zentrum für Graphische Datenverarbeitung Darmstadt

Die Zusammenarbeit zwischen der Technischen Hochschule Darmstadt, Fraunhofer-Gesellschaft, Arbeitsgruppe Graphische Datenverarbeitung (FhG-AGD) und dem Zentrum für Graphische Datenverarbeitung (ZGDV) hat zu sehr guten Ergebnissen geführt. Verbundprojekt UNIBASE, Projekt BMFT, ITS 8308 und THESEUS, als Teil-Projekt in UNIBASE, haben als Ziel die Entwicklung von Software-Engeneering auf UNIX-Basis /13/.

Das ZGDV hat als Aufgabe die Entwicklung von neuen Benutzer-Schnittstellen unter der Voraussetzung der Integration verschiedenster vorhandener Anwendungsprogramme, der Einbeziehung neuer Programme und der Vereinheitlichung der Benutzerschnittstellen. Als Prinzip gilt die Trennung von Benutzeroberfläche und Anwendung. Diese Ziele werden dadurch realisiert, daß die Ein-/Ausgabe relevanter Teile aus den einzelnen Anwendungsprogrammen herausgelöst und von der Benutzeroberfläche verwaltet werden.

Als Konzept sind vorgesehen:

— Mehrfenstertechnik auf dem Bildschirm, Darstellung verschiedener Kontexte und das Wechseln mit den typischen Window-Operationen Öffnen/Schließen, Vergrößern/ Verkleinern, Verschieben

— Verwendung sich überlappender Windows, Desktop-Konzept (Schreibtisch -Konzept)

- Unterstützung von Vollgraphik und Alphanumerik in den Windows (auch Scrolling/Panning) zur Ausgabe anwendungsbezogener Objekte.
- Unterstützung moderner Interaktionstechniken Menüs, Icons, Tastatur, Objekt-Identifikation, Dragging Position Area.
- Benutzergesteuerter Dialog (externe Kontroll-Architektur)
- Hohes, anwendungsnahes Abstraktionsniveau der Programmierschnittstelle
- Verlagerung der Dialogablaufsteuerung (Dynamik-Steuerung) aus dem Anwendungsprogramm in die Benutzeroberfläche

Der erste Prototyp ist auf IBM PC/AT unter MS-DOS mit dem integrierten Window-Manager GEM (Graphical Environment Manager) realisiert.

Für Stahl- und Anlagebau wären die Implementiersprachen Fortran 77 und Pascal sehr nützlich, weil in der Technik die heutige Implementiersprache C so gut wie nicht verwendet wird. In Zukunft ist die Einbettung von GKS in Theseus vorgesehen und damit auch die Anbindung bereits existierender Anwendungsprogramme. Die Systemarchitektur von Theseus hat drei Schichten:

a) Das Basis-E/A-System dient zur Umsetzung der gerätespezifischen Funktionen und HW-Eigenschaften auf ein geräteunabhängiges Niveau. Die darüberliegenden Schichten sind unabhängig von den speziellen Fähigkeiten der angeschlossenen Geräte.
b) Der Window-Manager hat die Aufgabe, Bildschirmbereiche zu verwalten und zu verändern.
c) Diese Schicht kommuniziert mit der Anwendung.
   Sie hat drei Bausteine:

   c1) Der Baustein "Präsentationsverwaltung" ist für die Darstellung aller Informationen auf dem Bildschirm verantwortlich.

   So wird angeboten: Window-Verwaltungsfunktionen
                       Anwendungsprogramm
                       Funktionen für Ausgabe
                       (graphisch, alphanumerisch)

   c2) Dialogverwaltung
       – bildet Benutzereingaben auf logische Eingaben ab.

   c3) Dialogsteuerung
       – definiert den Dialogablauf.

Die Benutzeraktionen werden von c2) und c3) gesteuert. Aufgrund der Informationen, die die Dialogsteuerung bereitstellt, kann die Dialogverwaltung die Benutzeraktionen vorbereiten, kontrollieren, ablehnen oder akzeptieren oder eventuell andere Komponenten involvieren.

Die dritte Lösung, c3), ist ein Kompromiß zwischen c1) und c2). Die Parameter müssen jeweils an das gültige Interface angepaßt werden, aber es gibt keine starken Vereinheitlichungen. Die Funktionen des Interface werden nicht zu groß oder zu langsam und weil es nur einige wenige Funktionen sind, kann man den Überblick behalten.

Man hat sich für Lösung c3) entschieden, und zwar dem Namensgerüst der Interface-Funktionen im Treiber.

Ganz aktuelle Forschungen sind die Projekte ESPRIT-Projekt CIM 322 und PROSYT. Das Projekt ESPRIT befaßt sich mit Schnittstellen für CAD-Systeme zum Austausch von Kanten-, Flächen- und Volumenmodellen, während PROSYT eine Schnittstelle PRODIA entwickelt, die ein Fensterverwaltungssystem (Window-Manager) beeinhaltet. Bei gleichzeitiger Nutzung unterschiedlicher Werkzeuge ist die Anwenderoberfläche sehr flexibel gestaltet.

5. Schlußbemerkungen

Die heutigen CAD-Systeme ermöglichen im Bereich Stahl- und Anlagebau moderne Lösungen, die die Arbeitsplatzproduktivität und -qualität wesentlich steigern.

Sehr interessante Lösungen bieten die CAD-Optimierungslösungen. In Optimierungsberechnungen werden die ins Gespräch kommenden Parameter so variiert, bis eine bestimmte Funktion einen Extremwert erreicht. Um eine Optimierung zu erreichen, muß man eine Zielfunktion, etwa Gewicht oder Kosten, und die Art der Verknüpfung der Parameter, z.B. linear oder nicht-linear, definieren. Eine Kombination zwischen der geometrischen Optimierung der Form und Topologie einerseits, mit der Struktur- und Querschnittsoptimierung andererseits, ermöglichen sehr wirtschaftliche Lösungen /14/.

Im Bereich der Schalen-, Aluminiumkonstruktionen oder Kaltprofile und Trapezbleche, gibt es zur Zeit noch keine überzeugenden CAD-Lösungen. Die Benutzung der Finit-Element-Modelle hat große Fortschritte gemacht und bleibt das wichtigste Arbeitswerkzeug des Statikers und Stahlbauingenieurs.

6. Literaturverzeichnis

/1 /   E. L. Hiegele: Rechnerunterstütztes Berechnen und Bemessen als Teil ganzheitlichen Entwerfens. Dissertation, Technische Hochschule Darmstadt, 1975

/2 /   O. Oberegge: Rechnergestütztes Entwerfen von und mit Konstruktionssystemen im Stahlgeschoßbau. Dissertation, TH Darmstadt, 1980

/3 /   O. Jungluth: Rechnerunterstütztes Entwerfen im Stahlmaschinenbau. Bauingenieur 52, 1977

/4 /   P. Merkel: Ganzteiliges rechnerunterstütztes Entwerfen im Stahlhallenbau. Dissertation, Technische Hochschule Darmstadt, 1978

/5 /   R. Bertzky: Konstruieren und Fertigen im Stahlbau durch ganzheitliches rechnerunterstütztes Entwerfen. Dissertation, TH Darmstadt, 1978

/6 /   F.Binde: Computer Aided Design von Stahlhallen, CAD-Seminarreihe. Tagungsband Stahlbau Karlsruhe 1981

/7 /   E. Ramm, U. Andelfinger, H. Höcklin,: Baustatik und Computer, Entwicklung und Tendenzen. Uni Stuttgart 12/13; S.Kimmlich März 1987

/8 /   P. Lorenz: Schalen. 1983 TH Temeschburg

/9 /   P. Lorenz: Schalen - CAD-gestütztes Entwerfen. TH Darmstadt, Vorlesungen

/10/   P. Lorenz: Flexural Buckling in Cold-formed Steel. Structural Members, Sixth International Speciality Conference of Cold-formed Steel Structures, University of Missouri-Rolla, USA, 1982

144

/11/   W. Dzida: Das IFIP-Modell für Benutzerschnittstellen,
        Office Management, 1983
/12/   Noll S., Poller J., Rix J: An Approach to solve the Compatibility Problem be-
        tween GKS and PHIGS. TH Darmstadt, FHG-AGD Darmstadt, 1986
/13/   W. Hübner, G. Lux-Mülders, M. Muth : Entwurf graphischer Benutzer-
        Schnittstellen. ZGDV-Darmstadt, Seminar 87-24, 1987
/14/   C.A.M. Soares: Computer Aided Optimal Design, Structural and Mechanical
        Systems Springer-Verlag, Berlin, 1987

Entwicklung graphischer Benutzerschnittstellen für die Geometrieverarbeitung

M. Ziegler

Institut für Schiffs- und Meerestechnik
Technische Universität Berlin

Auszug

Die wachsende Komplexität geometrieverarbeitender Programmsysteme erfordert leistungsfähige graphische Benutzerschnittstellen. Der Aufsatz beschreibt eine Methode für Entwurf und Entwicklung solcher Schnittstellen unter Berücksichtigung von vier Aspekten: Mensch-Rechner-Kommunikation, Handhabung und Bedienung, Planung und Entwurf sowie Systemstruktur und -realisierung. In Anlehnung an ein Modell menschlichen Problemlösungsverhaltens wird als Interaktionsprinzip der *Kontakt* zwischen einem *Werkzeug* und einem *Teil* innerhalb eines *Problemgebietes* vorgeschlagen, unter Berücksichtigung von Interaktionskontext und -geschichte. Dies erfordert einen teils regelorientierten, teils objektorientierten Programmieransatz sowie eine datengesteuerte Kontrollstrategie. Eine Benutzerschnittstelle ist von außen nach innen zu konstruieren, unter Verwendung von prozeduralem, kausalem und Faktenwissen. Nach der Beschreibung ihres Außenverhaltens wird dieses in die Maschine übertragen. Die Architektur eines experimentellen Systems, das als Testumgebung für neue Interaktionstechniken im CAD-Bereich dient, wird vorgestellt.

Abstract

The increasing complexity of computer aided systems for geometric data processing requires powerful graphical user interfaces. The paper presents a method for the design and development of such interfaces discussing four aspects: Man-machine-communication, program handling and operating, design strategy, and system architecture. Derived from a model of human problem solving, the principle of interaction proposed is the *contact* between a *tool* and a *part* within a *problem area*, utilizing contextual information and interaction history. This requires a mixture of rule based and object oriented programming, and a datadriven control strategy. User interfaces are to be designed outsidein, considering procedural, causal and fact knowledge. After describing the external behaviour of a system, it will be transfered into the machine. The architecture of an experimental system is presented, which serves as a testbed for new interaction techniques in CAD-applications.

1. Einleitung und Übersicht

Der Computerbildschirm als Arbeitsmittel hat in vielen Bereichen der technischen Geometrieverarbeitung bereits heute einen festen Platz. Kaum ein Buchstabe des Alphabets wurde noch nicht mit dem vielversprechenden Kürzel 'CA' versehen, das bestimmte Ingenieurprobleme als rechnerunterstützt lösbar kennzeichnet, CAD, CAM, CAP, CAQ, CAE, um nur einige hier zu nennen. Aktuelle Entwicklungen lassen eine Zunahme des Rechnereinsatzes am Arbeitsplatz vermuten, so beispielsweise die Bestrebungen der Integration von CAD- mit KI-Systemen /11/.

Als Folge werden mehr und mehr Arbeitnehmer täglich Umgang mit dem Rechner haben, da die Bandbreite der am Bildschirm lösbaren und zu bearbeitenden Aufgaben steigt. Es erscheint daher mehr als plausibel, den Kontaktpunkt zwischen dem Arbeitnehmer und dem Arbeitsmittel, die Benutzerschnittstelle, als ein besonders wesentliches und sensitives Element der innerbetrieblichen Kommunikation zu betrachten. Ihre Gestaltung wird letztlich viel zur Arbeitszufriedenheit und damit zur Produktivität des Arbeitnehmers beitragen.

Mit zunehmendem Rechnereinsatz steigen aber auch die Anforderungen an die zu entwickelnden Softwaresysteme. Diese werden zunehmend komplexer, erfordern längere Entwicklungszeiten, werden demzufolge teurer und sind, einmal in einen Betrieb eingeführt, bei steigender Lebensdauer immer schwerer austauschbar. Aktuelle Ansätze des SOFTWARE ENGINEERING verlassen daher schon das zyklische Modell zur Softwareentwicklung, das immer mit Aufbau, Betrieb, Abbau und Ersatz eines Systems verbunden ist. Neue Forderungen zielen auf einen evolutionären Ansatz, in dem ein System, ständig Wandlungen unterworfen, niemals vollständig terminiert /6/.

Die zunehmende Komplexität der Programmsysteme erfordert ihrerseits hochentwickelte Interaktionstechniken, ausreichend mächtig, um eine Vielzahl unterschiedlicher Anwendungen und Daten an *einem* Bildschirm zu bearbeiten. Aus der Systemkomplexität resultieren Anforderungen an die Gestaltung der Benutzerschnittstelle, die mit herkömmlichen Interaktionstechniken, wie Kommandodialog oder hierarchischen Menüsystemen, nicht mehr erfüllt werden können.

Vor diesem Hintergrund gewinnen Entwurf und Gestaltung graphischer Benutzerschnittstellen zunehmend an Bedeutung. Für deren Entwicklung werden vier Problemkomplexe berücksichtigt: Mensch-Rechner-Kommunikation, Handhabung und Bedienung, Planung und Entwicklung und schließlich Systemstruktur- und realisierung (Abb. 1). Die ersten beiden betreffen die arbeitswissenschaftlichen Aspekte einer Benutzerschnittstelle /5/, die letzten beiden die der Softwaretechnik /9, 12/.

Die Analyse der Mensch-Rechner-Kommunikation zeigt die Problematik des Informationstransports und liefert ein Verständnis über die Rolle einer Benutzerschnittstelle bei der Interaktion.

Aus der Analyse menschlichen Problemlösungsverhaltens entsteht ein Modell zur Gestaltung der Interaktionstechniken. Die Handhabung und Bedienung von Programmen erfolgt danach unter Berücksichtigung von Faktenwissen, kausalem und prozeduralem Wissen. Die einzelnen Komponenten dieses Modells können durch eine zweistufige Abbildung auf die Welt des Rechners übertragen werden.

Das Problemlösungsmodell liefert so die Grundstruktur einer Methodik zur Planung und Entwicklung von Benutzerschnittstellen. Danach wird zunächst das Außenverhalten eines Systems beschrieben und dann in den Rechner hineinkonstruiert.

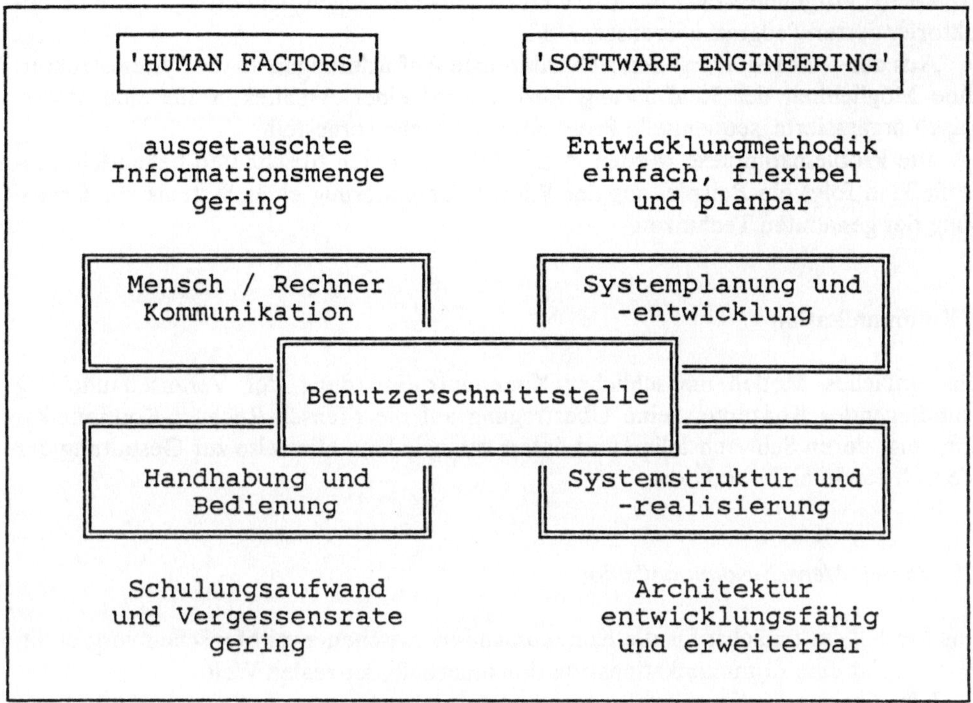

Abb. 1. Problemstruktur Benutzerschnittstelle

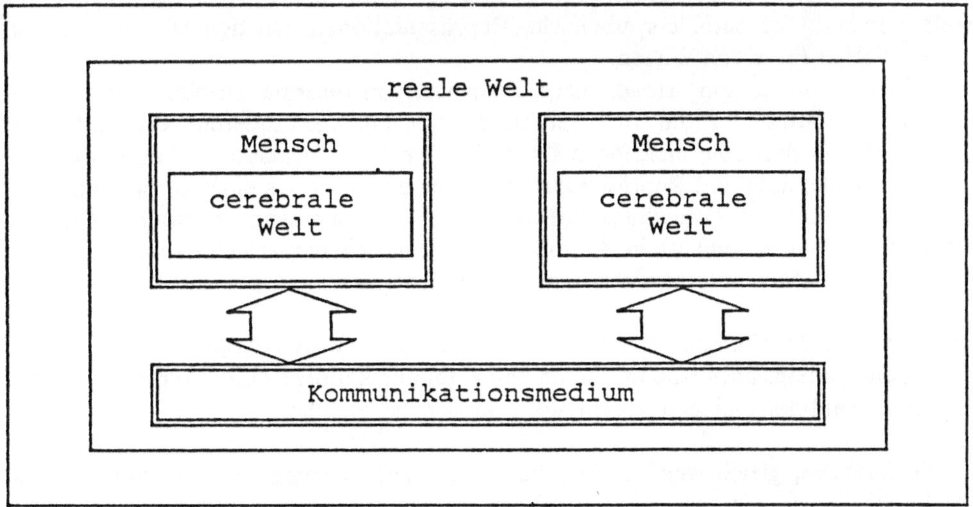

Abb. 2. Mensch-Mensch-Kommunikation

Diese Vorgehensweise erfordert einen teilweise regelorientierten, teilweise objektorientierten Programmieransatz /15/.

Aus der Diskussion ergeben sich zahlreiche Anforderungen an die Systemstruktur. Eine Möglichkeit der Realisierung wird anhand einer Architektur für eine hierarchisch organisierte, sequentielle Programmiersprache vorgestellt.

Die Problemkomplexe werden in den folgenden vier Abschnitten behandelt. Abschließend folgt ein Beispiel aus der Pilotimplementierung eines Systems zur Erprobung der genannten Techniken.

2. Kommunikation

Ein einfaches Modell menschlicher Kommunikation dient der Veranschaulichung grundlegender Konzepte. Seine Übertragung auf die Mensch-Rechner-Kommunikation zeigt deren Schwachstellen und liefert verschiedene Hinweise zur Gestaltung der Mensch-Rechner-Interaktion.

2.1 Mensch-Mensch-Kommunikation

Das Modell sei zunächst für die Kommunikation zwischen zwei Menschen vorgestellt. Abb. 2 zeigt eine Kommunikationssituation innerhalb der realen Welt.

Die Kommunikationspartner verwenden ein gemeinsames Kommunikationsmedium als Träger für den Informationsaustausch. Beide können innerhalb eines internen Systems, einer 'inneren Welt', Informationen symbolisch speichern, bearbeiten und manipulieren.

Da der Mensch nach geltender wissenschaftlicher Auffassung u.a. sein Gehirn zur kognitiven Informationsverarbeitung benutzt, sei diese innere Welt auch 'zerebrale Welt' genannt. Sie enthält symbolische Repräsentationen von den Dingen aus der realen Welt in Form von Wissen.

Die Kommunikation erfolgt durch Transport von Information längs eines Kommunikationspfades, der die eine zerebrale Welt mit der anderen verbindet. Der Transport erfordert eine mehrfache Umkodierung der Information auf unterschiedliche Kodierschemata und Repräsentationsebenen, zunächst aus einer zerebralen Welt auf das Kommunikationsmedium und dann hinein in die zweite zerebrale Welt. Das Kommunikationsmedium ist in diesem Fall Bestandteil der realen Welt. Menschen können sehr effektiv miteinander kommunizieren, wenn

1. eine partielle Abbildung zwischen ihren zerebralen Welten existiert,
2. sie ein gemeinsames Kodierschema und Kommunikationsmedium verwenden, und
3. sie sich auf den gleichen Kommunikationskontext beziehen.

Differenzen, gleich welcher Art, rufen eine Veränderung des Kommunikationsverhaltens hervor, die sich durch den Wechsel der Initiative, geändertes Frage- bzw. Antwortverhalten und ähnliches äußert.

2.2 Mensch-Rechner-Kommunikation

Die Erkenntnisse aus dem einfachen Modell menschlicher Kommunikation lassen sich durch Analogieschluß übertragen auf ein Modell der Mensch-Rechner-Kommunikation. Abb. 3 zeigt eine ähnliche Situation.

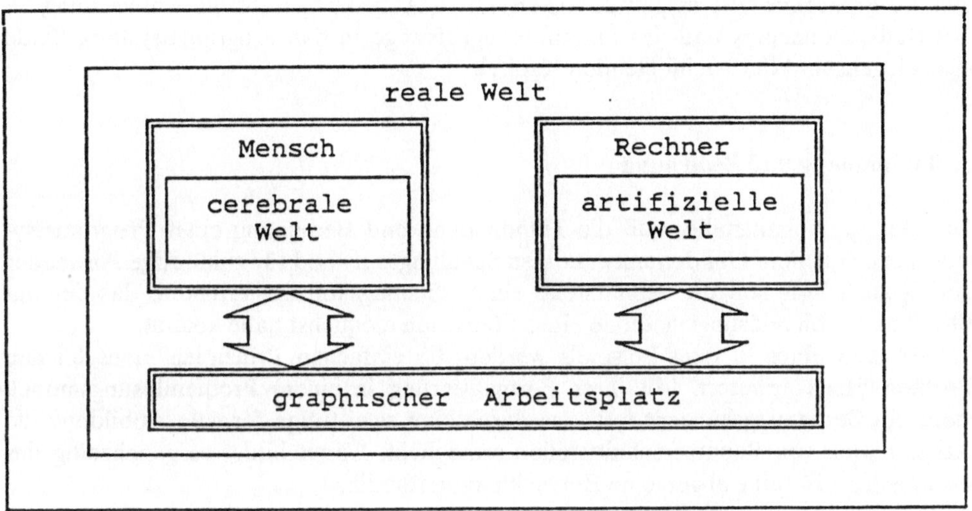

Abb. 3. Mensch-Rechner-Kommunikation

Die Kommunikation erfolgt durch Transport von Information längs eines Kommunikationspfades, der die zerebrale Welt des Benutzers mit der artifiziellen Welt innerhalb des Rechnersystems verbindet. Der Transport erfordert ebenfalls eine mehrfache Umkodierung der Information auf unterschiedliche Kodierschemata und Repräsentationsebenen, allerdings ist der graphische Arbeitsplatz als Kommunikationsmedium in diesem Fall Bestandteil des Rechnersystems. Der Analogieschluß zeigt deutlich einige Problempunkte auf:

1. Rechner haben zur Zeit noch ein sehr begrenztes Wissen über den Anwender und die gemeinsame reale Welt. Daher muß ein Anwender große Mengen an Wissen über eine Maschine in seine zerebrale Welt übertragen, bevor er jene zur Problemlösung effektiv nutzen kann.
2. Der graphische Arbeitsplatz ist Bestandteil des Rechnersystems. Ein Systementwickler muß daher das gemeinsame Kodierschema zwischen Mensch und Maschine, die graphischen Darstellungen, mitentwickeln.
3. Die Kommunikationspfade aller Anwendungen treffen sich am Bildschirm des graphischen Arbeitsplatzes. Dort wird eine Vielzahl unterschiedlicher Konzepte auf das Kodierungsschema einer einzigen Repräsentationsebene abgebildet. Mit wachsender Systemkomplexität steigen daher die Anforderungen an die Gestaltung der Zugriffspfade zu den internen symbolischen Darstellungen.

Die Entwicklung einer Benutzerschnittstelle umfaßt nun zum einen die Konstruktion von Kommunikationspfaden von der artifiziellen Welt im Rechner zu dem gemeinsamen Kodierschema des graphischen Arbeitsplatzes und zurück. In Abhängigkeit von der Interaktionsaufgabe sind hier ggf. simultan mehrere ähnliche oder unterschiedliche Repräsentationen für ein und dieselbe rechnerinterne symbolische Darstellung vorzusehen und die dazugehörigen Datenzugriffswege zu entwerfen.

Zum anderen muß der Entwurf die Handhabung und Bedienung des zugrundeliegenden Programmsystems gewährleisten. Diese Aufgabe umfaßt die Entwicklung eines Bedienkonzeptes und der Funktionszugriffswege in das Programmsystem. Beide sind Gegenstand der nachfolgenden Kapitel.

3. Handhabung und Bedienung

Die Benutzerschnittstelle muß die Handhabung und Bedienung eines Programmsystems ermöglichen. Um den notwendigen Schulungsaufwand für zukünftige Anwender gering zu halten, soll die Schnittstelle ein Bedienungskonzept erhalten, das der natürlichen Problemlösungsmethode eines Menschen möglichst nahe kommt.

Anhand eines kleinen Beispiels werden die einfachen Prinzipien menschlichen Problemlösens erläutert. Mit ihrer Formalisierung in einem Problemlösungsmodell steht ein Bedienungskonzept fest, das durch eine zweistufige formale Abbildung die Konstruktion von Benutzerschnittstellen ermöglicht. Damit bildet es gleichzeitig das Grundgerüst für eine allgemeine Entwicklungsmethodik.

3.1 Beispiel

Menschen können Probleme des täglichen Lebens sehr effektiv und oftmals unbewußt lösen. Angenommen, jemand wollte eine warme Suppe essen, so könnte sich folgende Szene abspielen:

Die Person betritt die Küche, stellt einen Topf auf den Herd, öffnet eine Konservendose mittels eines Dosenöffners, gibt den Inhalt der Dose in den Topf, erhitzt den Topf bis Dampf aufsteigt, nimmt den Topf vom Herd, schüttet den heißen Inhalt in einen tiefen Teller, stellt diesen auf den Tisch, setzt sich dazu und ißt die dampfende Flüssigkeit genüßlich mit einem Löffel.

Dieser Vorgang erscheint geradezu hochgradig kompliziert, was die Person glücklicherweise irgendwann im Laufe ihrer Kinderstube verdrängen und vergessen konnte. Etwas näher betrachtet läßt sich jedoch ein einfaches Grundmuster menschlichen Problemlösens erkennen:

0. Erkenne das Problem. In diesem Fall hat die Person ganz einfach Hunger, ohne Hunger keine warme Suppe.
1. Suche ein dem Problem angemessenes Problemgebiet auf. Die Person geht nicht in die Garage und nicht in das Badezimmer, nein, die Person betritt die Küche.
2. Finde ein Verfahren, um den Gegenstand des Problems, das Teil, von einem Anfangszustand in einen Endzustand zu überführen. Der Anfangszustand des Problems 'Suppe essen' heißt 'Kalte Suppe ist in Dose', sein Endzustand 'Warme Suppe ist in Magen'. Zwischen diesen beiden Zuständen verändert sich der Zu-

stand der Suppe entlang einer Kausalkette durch Abarbeitung eines Kochverfahrens.

3. Wende die im Problemgebiet enthaltenen Werkzeuge auf die Teile an, um das Problem zu lösen. Erst die Herstellung eines geeigneten Kontaktes zwischen einem Teil und einem Werkzeug bringt das Problem seinem Lösungszustand entlang der Kausalkette ein wenig näher. Werkzeuge gehen dabei weitgehend unverändert aus dem Prozeß hervor. So verwendet die Person einen Dosenöffner, um die Suppe aus ihrem Gefängnis zu befreien, einen Topf, um sie über der Herdplatte festzuhalten, den Herd, um sie zu erhitzen und Teller, Tisch und Löffel, um sie dann zu verputzen.

Beispiele dieser Art lassen sich beliebig aus dem täglichen Leben entnehmen, es läßt sich immer wieder dieses Grundmuster erkennen: Problem erkennen, Problemgebiet aufsuchen, Verfahren finden und Werkzeuge auf Teile anwenden. Erstaunlich erscheint, daß Menschen mit unglaublicher Treffsicherheit immer und immer wieder ähnliche Lösungsmuster für ähnliche Problemstellungen verwenden. Tatsächlich wird man in den meisten Fällen in einer Küche einen Dosenöffner und nicht etwa einen Vorschlaghammer finden. Dieses erfolgreiche Grundmuster läßt sich zur Gestaltung von Benutzerschnittstellen einsetzen. Dazu bedarf es allerdings einer modellhaften Beschreibung.

3.2 Problemlösungsmodell

Die vorgestellte Szene aus dem Leben eines Junggesellen dient der Entwicklung eines formalen Modells menschlichen Problemlösens. Abb. 4 zeigt dieses Modell in Form eines semantischen Netzes.Das Modell enthält drei nach Wissenskategorien unterteilte Bereiche, die miteinander in Beziehung stehen. Sie berücksichtigen Faktenwissen, Kausalwissen und prozedurales Wissen.

3.2.1 Faktenwissen

Dinge der realen Welt werden durch Faktenwissen erfaßt. Die menschliche Umgebung wird hier in drei verschiedene Kategorien von Fakten unterteilt: *Problemgebiete*, *Werkzeuge* und *Teile*. Diese bilden gemeinsam den Inhalt der *Welt*. Teile werden im Zuge der Problemlösung verändert, während Werkzeuge weitgehend unverändert aus dem Prozeß hervorgehen. Der *Zustand* der Welt hält den Fortschritt einer Problemlösung fest. Der Zustand der beteiligten Objekte wird durch relevante Größen beschrieben, die durch Messung erfaßt und zur Beurteilung einer Situation herangezogen werden können. Die Änderung des Zustandes impliziert das Konzept der *Geschichte*. Zustand und Geschichte bilden den Übergang zur kausalen Sektion des Modells.

3.2.2 Kausalwissen

Die physikalischen Zusammenhänge der realen Welt werden auf kausales Wissen abgebildet. Dieses Wissen dient der Vorhersage der *Wirkung* eines Werkzeuges bei seiner Anwendung auf ein Teil und die dadurch hervorgerufene Änderung des Weltzustandes.

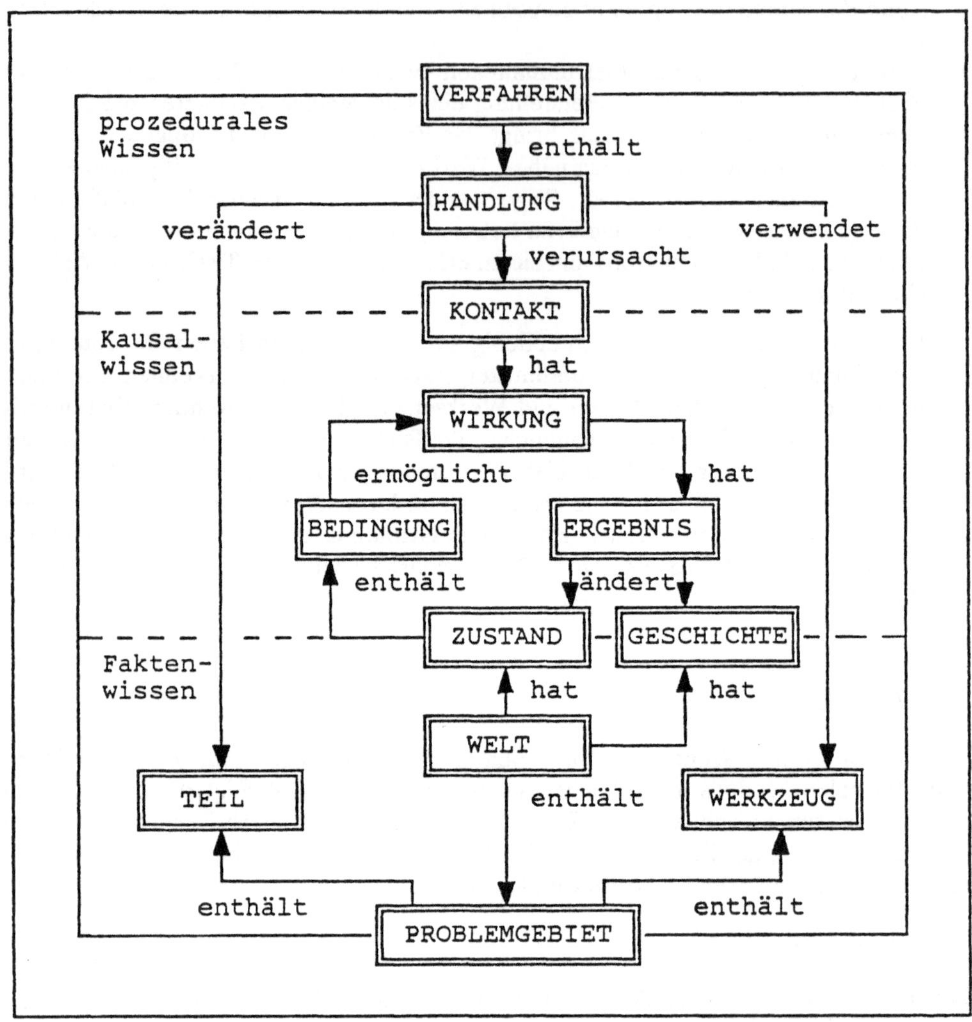

Abb. 4. Problemlösungsmodell

Der *Kontakt* zwischen Werkzeug und Teil zieht eine Wirkung nach sich, die als *Ergebnis* eine Zustandsänderung verursacht. Eine Wirkung kann allerdings nur eintreten, wenn eine bestimmte *Bedingung* im Zustand der Welt erfüllt ist. So transformiert der Dosenöffner die Konservendose von dem geschlossenen in den geöffneten Zustand, worauf sich eine Bedingung erfüllt, den Inhalt in den Topf zu gießen.

Problemlösung ist dann die Abarbeitung von Kausalketten im Sinne von Bedingung-Wirkung-Ergebnis, jeweils hervorgerufen durch den Kontakt zwischen einem Werkzeug und einem Teil innerhalb eines Problemgebietes.

Die kausale Sektion des Problemlösungsmodells enthält zur Erzeugung von Kausalketten eine Schleife über Zustand, Bedingung, Wirkung, Ergebnis und wieder

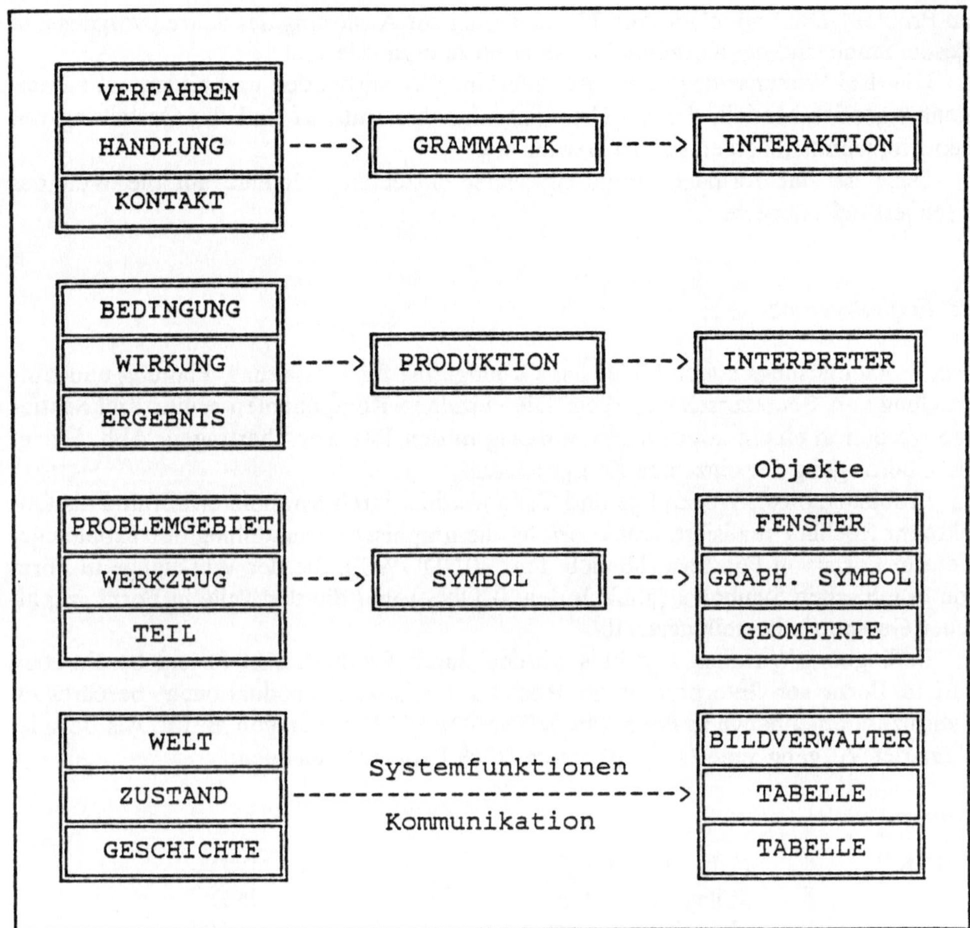

Abb. 5. Zweistufige formale Abbildung

Zustand. Die Wirkung wird ausgelöst durch einen Kontakt, der den Übergang zur prozeduralen Sektion des Modells herstellt.

3.2.3 Prozedurales Wissen

Die prozedurale Sektion enthält die Beschreibung von Verfahren zur Lösung eines Problems. Ein *Verfahren* enthält eine Menge möglicher *Handlungen*, die jeweils einen *Kontakt* zwischen einem Werkzeug und einem Teil herstellen und so ein Problem in seinen Lösungszustand überführen.

Die vorgestellten Konzepte von Werkzeug, Teil und Problemgebiet sind eher im Sinne einer Rolle zu verstehen, die einem bestimmten Objekt im Rahmen einer Problemlösung zukommt.

So ist eine Schreibmaschine ein Werkzeug innerhalb eines Büros, sie enthält aber ein Problemgebiet mit einer Anzahl von Tasten zur Auslösung des Schreibvorgangs. In diesem Sinne sind die Konzepte hierarchisch zu organisieren.

Die drei Wissenskategorien sind untereinander verbunden und bilden ein zusammenhängendes Modell, das als Grundlage für den Entwurf und die Gestaltung von Benutzerschnittstellen eingesetzt werden soll.

Dazu ist eine formale Abbildung seiner einzelnen Elemente auf die Welt des Rechners erforderlich.

3.3 Formalisierung

Das Problemlösungsmodell bildet das Grundgerüst für Gestaltung, Planung und Entwicklung von Benutzerschnittstellen. Die einzelnen Komponenten seiner drei Sektionen werden in einem zweistufigen Vorgang in den Rechner übertragen. Abb. 5 zeigt die Übertragung der einzelnen Komponenten.

Problemgebiete, Werkzeuge und Teile werden durch Symbole erfaßt und als Objekte im Rechner realisiert. Dabei erfolgt die graphische Darstellung der Problemgebiete in Form von Fenstern (ähnlich den 'WINDOWS'), die der Werkzeuge in Form von graphischen Symbolen (ähnlich den 'ICONS') und die der Teile in Form graphischer Geometriedarstellungen /10/.

Bedingung, Wirkung, Ergebnis werden durch Produktionen formal beschrieben und in Form von Interpretern im Rechner realisisert. 'Produktionen' beschreiben Kausalzusammenhänge in Form von WENN-DANN-Beziehungen /8, 13/. Als Beispiel diene der Vorgang, eine Linie auf einem Stück Papier zu zeichnen:

Klartext:

WENN	(Stift ist in Hand	UND
	Spitze ist auf Papier	UND
	Hand bewegt Stift	DANN
AKTION	ziehe Linie von alter Position zu neuer Position	
ZUSTAND	eine Linie ist auf dem Papier der Stift ist am Ende der Linie	

Pseudocode:

IF	(CURSOR	=	PEN	AND
	LAST-INPUT	=	PAPER	AND
	NEW-INPUT	=	PAPER	AND
	NEW-XY	< >	LAST-XY)	THEN
DO	CREATE POLYGON (LAST-INPUT:NEW INPUT) DISPLAY POLYGON TO USER			
STATE	LINE-CONTEXT	=	PAPER	
	PEN-CONTEXT	=	LINE-ENDPOINT	

Diese Methode dient der Beschreibung des Wirkungsgefüges zwischen Werkzeug, Teil und Problemgebiet. Alle zu einem Kontakt gehörenden Produktionen werden dann zusammengefaßt und in einem Kontaktinterpreter implementiert. Jede einzelne Handlung eines Verfahrens findet ihre Entsprechung in einer Produktion.

Die Menge der zu einem Verfahren gehörenden Handlungen entspricht einer Menge von Produktionen, die das Interaktionswissen einer Benutzerschnittstelle enthalten. Sie bilden eine Grammatik zur Manipulation rechnerinterner Symbolketten oder Modelle, d.h. zur rechnerunterstützten Bearbeitung von Geometrie.

Die Abbildungen 6 und 7 zeigen als Beispiel eine Grammatik, bestehend aus insgesamt 16 Regeln, die eine Bearbeitung einfacher Liniengraphiken mittels 'Stift' und 'Papier' ermöglicht. In keinem der angegebenen Fälle ist die Funktionsauswahl mittels eines Menüs erforderlich !

Die Elemente Welt, Geschichte und Zustand sind nur einmal als Systemfunktionen zu implementieren. 'Welt' entspricht einem Bildschirmverwalter, der die Verknüpfung zwischen der externen Darstellung des graphischen Arbeitsplatzes mit der internen Darstellung innerhalb der artifiziellen Welt herstellt. 'Zustand' und 'Geschichte' sind Tabellen, die, von der 'Welt' verwaltet, wesentliche Elemente des Interaktionsgeschehens aufnehmen und speichern.

4. Planung und Entwicklung

Die Struktur des Problemlösungsmodells und seine zweistufige Formalisierung liefern eine Methodik zur Entwicklung graphischer Benutzerschnittstellen. Sie zielt auf eine Entwicklung des Systems von *außen nach innen*, unter möglichst frühzeitiger Einbeziehung eines zukünftigen Benutzers.

Im Anschluß an Aufgabenanalyse und Zieldefinition ist das Außenverhalten eines Systems zu beschreiben, und damit im Grunde seine Benutzerschnittstelle. Anschließend wird diese Beschreibung nach innen übertragen und das Programmsystem gemäß den äußeren Anforderungen in die artifizielle Welt des Rechners übertragen. Zum Schluß erfolgt die Integration in ein bestehendes System.

4.1 Aufgabenanalyse, Zieldefinition

Diese Entwurfs- bzw. Planungsphase dient der Beantwortung der Frage 'Was sollen wir eigentlich wollen?'. Es geht darum, Ideen und Konzepte zu verdichten, die Problemstellung zu analysieren und Lösungswege aufzuzeigen.

Nach Abschluß dieser Phase sollten Anfangs- und Endzustand der Problemstellung bekannt sein. Beide Zustände werden über die Kausalkette eines Lösungsverfahrens miteinander in Verbindung gebracht. Hier ist eine enge Zusammenarbeit zwischen Systementwickler und Benutzer hilfreich, da der eine am ehesten weiß, WAS und WIE etwas später realisierbar ist, und der andere das in der Erfahrung verankerte prozedurale Wissen einer Problemlösungsmethode formulieren kann.

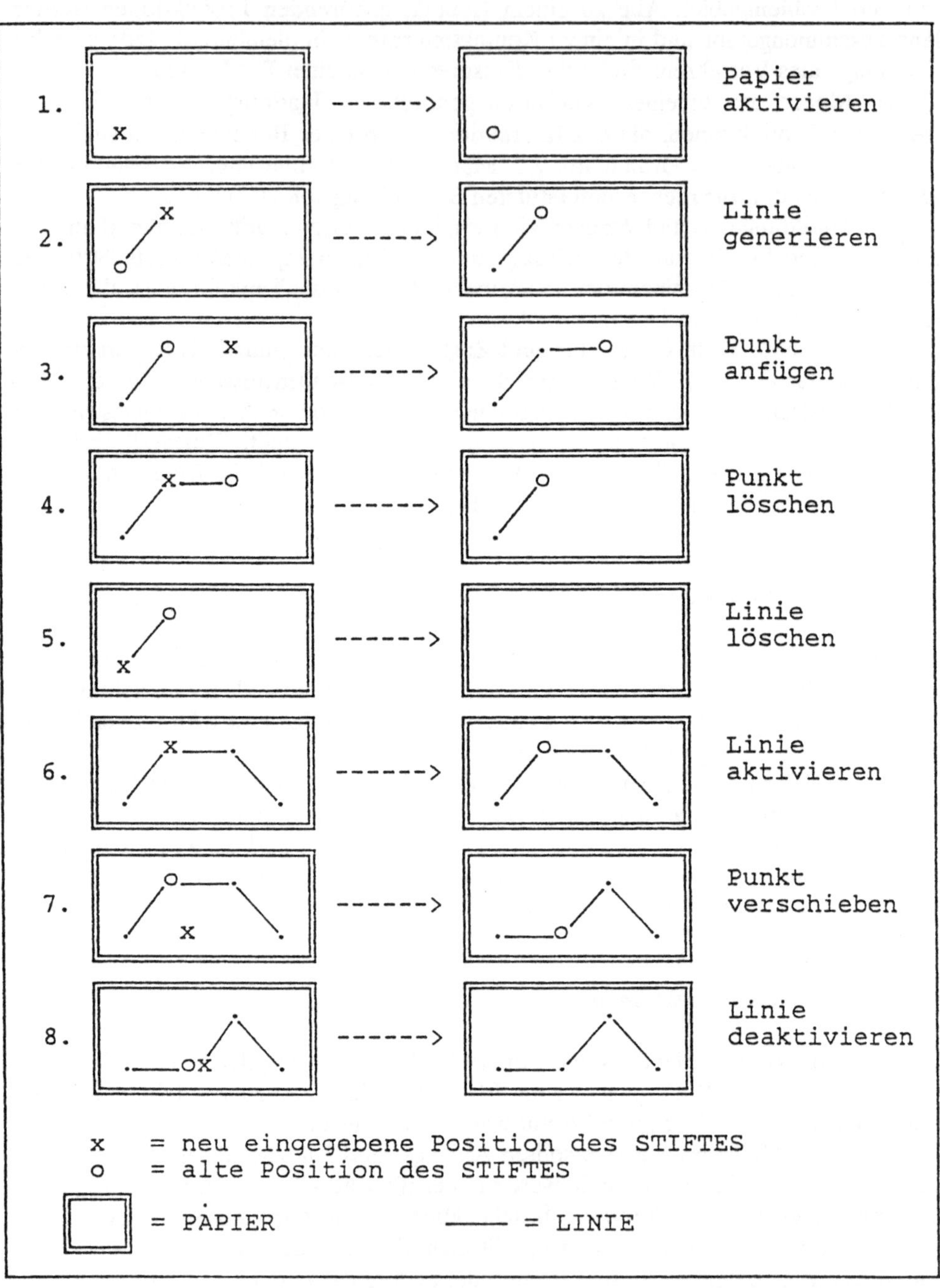

Abb. 6. Grammatik I

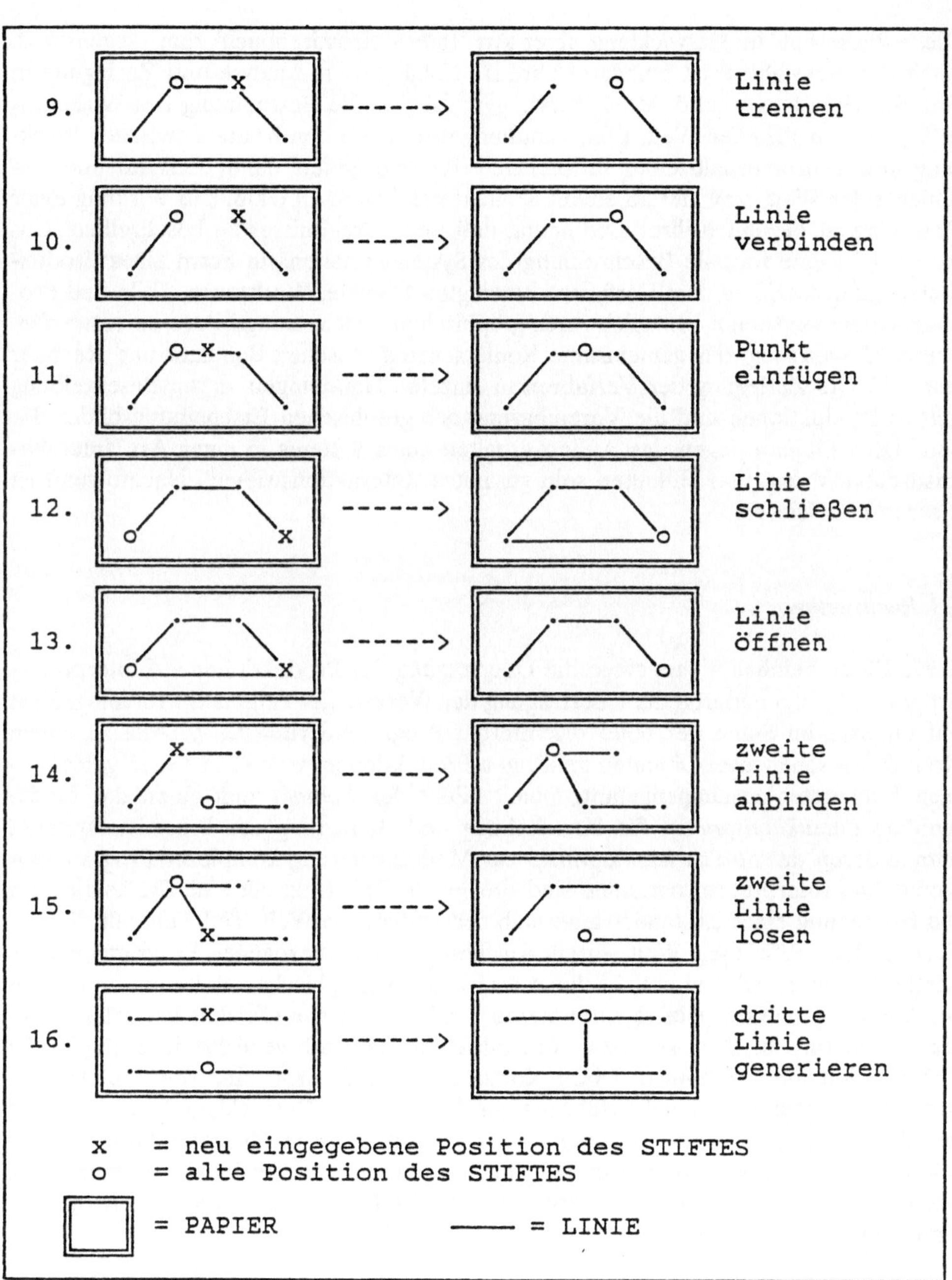

Abb. 7. Grammatik II

158

4.2 Formalisierung

Diese Phase hat die Entwicklung einer Art 'Interaktionsdrehbuch' zum Gegenstand. Nach der Auswahl des Lösungsverfahrens erfolgt dessen Analyse und Zerlegung in einzelne Handlungen und deren Wirkungen, folglich die Bestimmung des Wirkungsgefüges der artifiziellen Welt. Eine Handlung produziert den Kontakt zwischen Werkzeug und Teil innerhalb eines Problemgebietes und ändert damit Zustand und Geschichte der Welt, bzw. der an einem Kontakt beteiligten Objekte. Die Wirkung einer Handlung ist bezüglich ihrer Bedingung und ihres Ergebnisses zu beschreiben. Das Resultat ist eine formale Beschreibung des Systemverhaltens in Form eines Produktionensystems. Die an dem Verfahren beteiligten Objekte, Werkzeuge, Teile und Problemgebiete sind dann bezüglich ihres graphischen Erscheinungsbildes zu entwerfen. Dieser Entwurf legt das gemeinsame Kodierschema zwischen Benutzer und Rechner fest /16/. Die Zerlegung der Verfahren in einzelne Handlungen, deren Beschreibung mittels Produktionen und die Vereinbarung des graphischen Erscheinungsbildes der beteiligten Objekte legen das Außenverhalten eines Systems in einer Art 'Interaktionsdrehbuch' fest und enthalten sein gesamtes 'Interaktionswissen'. Nachfolgend ist dieses zu realisieren.

4.3 Realisierung

Diese Phase beinhaltet zum einen die Übertragung der Produktionen auf Interpreterprogramme, zum anderen die Übertragung der Werkzeuge, Teile und Problemgebiete auf Objekte im Sinne der objektorientierten Programmierung /2, 7/. Alle zu einem Kontakt zwischen zwei Objekten gehörigen Produktionen werden in einem gemeinsamen Interpreter zusammengefaßt. Damit bildet der *Kontakt* zum einen das fundamentale *Interaktionsprinzip* für Handhabung und Bedienung des Programmsystems, zum anderen das *Strukturierungsprinzip* zur Modularisierung komplexer Programmsysteme. Die Interpreterprogramme sind dreigeteilt. Teil 1 enthält eine Prüfsektion für die Erkennung eines Zustandes innerhalb der artifiziellen Welt. Teil 2 enthält die Änderung der artifiziellen Welt durch Ausführung objektbezogener Programme bzw. Methoden, und Teil drei enthält die Anweisung zur graphischen Präsentation des Interaktionsergebnisses. Die rechnerinterne Realisierung der Objekte betrifft ihre interne Struktur, ihr Protokoll bzw. ihre Funktionalität und weiterhin ihre graphische Präsentation am Bildschirm. Diese Komponenten erfordern eine sensible Abstimmung und entsprechend viel Erfahrung auf der Seite des Entwicklers. Vereinfachend bei dieser Aufgabe wirkt allerdings die prinzipiell ähnliche Grundstruktur der Objekte, da jedes einen grundlegenden Satz an Operationen ausführen können muß. Nach der Realisierung von Kontaktinterpretern und Objekten erfolgt deren Integration in ein Gesamtsystem.

4.4 Systemintegration

Programmierte und getestete Objektroutinen und Kontaktinterpreter können aus ihrer Testumgebung in ein Gesamtsystem übertragen werden, sofern dieses geeignete interne Erweiterungsschnittstellen anbietet. Mit der Integration wird das Gesamtsystem um die Fähigkeiten der neu hinzugekommenen Objekte erweitert, die dann wiederum als Grundlage weiterer Kontaktdefinitionen dienen können. Die Erweiterung um die Kontakinterpreter vergrößert die Funktionalität des Systems.

Abb. 8 zeigt im Überblick noch einmal die Vorgehensweise zur Planung und Entwicklung von Benutzerschnittstellen. Sie kann betrachtet werden als eine Methode zur Übertragung von Wissen aus der realen Welt in die artifizielle Welt des Rechnersystems. Dazu werden prozedurales, kausales und Faktenwissen formal durch Grammatik, Produktionsregeln und Symbole beschrieben und in Form von Regelinterpretern und Objekten im Rechner realisiert. Die Grammatik ermöglicht einem Anwender eine verfahrensbezogene Auswahl seiner Interaktionshandlungen zur Lösung eines Problems mit Hilfe des Rechners.

Aus der bisherigen Diskussion ergeben sich Anforderungen an ein Softwaresystem zur Realisierung der genannten Prinzipien.

5. Systemstruktur

Aus der bisherigen Diskussion ergeben sich vielfältige Forderungen und Hinweise bezüglich der Systemstruktur. Im Anschluß an eine Diskussion der Anforderungen wird eine mögliche Softwarearchitektur mit ihren Komponenten vorgestellt, und abschließend die Kontrollstrategie erläutert.

5.1 Anforderungen

Die Softwarearchitektur muß zahlreichen Anforderungen gerecht werden. Modularität, Wachstums- und Erweiterungsfähigkeit und Komplexitätsbewältigung sind allgemeine Ziele von Seiten des *Software Engineering*. Spezielle Anforderungen entstammen zum einen aus dem Prinzip der Kontaktinteraktion, zum anderen aus der Abbildung von Kausal- und Faktenwissen auf die Welt des Rechners.

Da ein Benutzer als 'stochastischer Faktor vor dem Bildschirm' jederzeit eine unbekannte aus einer Menge zulässiger Handlungen durchführen kann, resultiert aus dem Kontaktprinzip die Forderung nach einer datengesteuerten Kontrollstrategie.

Die Umsetzung der Kausalzusammenhänge erfordert einen regelorientierten Programmieransatz, die der Fakten einen objektorientierten /15/.

Die Kommunikation zwischen Benutzer und System über einen graphischen Arbeitsplatz macht hochauflösende Graphik, Zeigezugriff auf die Objekte und damit einen Bildschirmverwalter notwendig, der eine Verbindung zwischen der externen graphischen Repräsentation der Objekte und ihrer rechnerinternen Darstellung herstellt /3/. Objektorientierte Programmierung schließlich fußt auf dynamischer Datenverwaltung, abstrakten Datentypen und komplex verzeigerten Datenstrukturen /2/.

Die genannten Forderungen müssen von der einzusetzenden Programmiersprache erfüllt oder durch geeignete Programmierung simuliert werden.

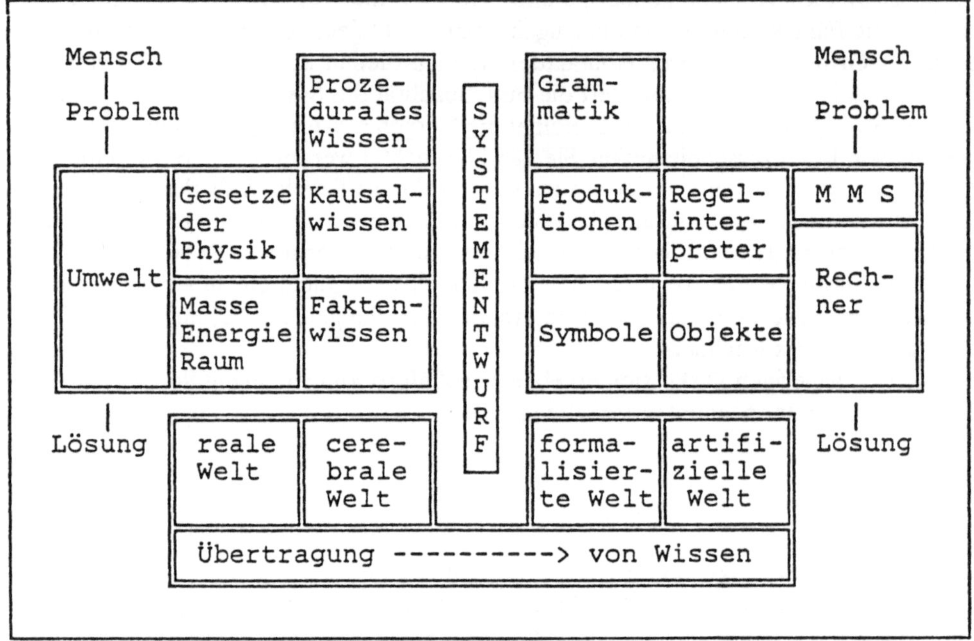

Abb. 8. Systementwurf Benutzerschnittstelle

5.2 Architektur

Die hier vorgeschlagene Architektur zielt auf hierarchisch organisierte, sequentielle Programmiersprachen, da diese im Anwendungsbereich 'Geometrieverarbeitung' hohe Verbreitung gefunden haben. Abb. 9 zeigt die Grundstruktur in mehreren klar voneinander getrennten Schichten: Systemschicht, Kausalschicht, Faktenschicht, Kommunikationsschicht und Basisschicht.

5.2.1 Systemschicht

Die Systemschicht enthält den Systemrumpf und alle Prozesse, die der Verbindung der artifiziellen Welt mit der Außenwelt dienen. Der Systemrumpf startet und beendet die Programmausführung und weist die Aktivitäten an einzelne im System enthaltene Prozesse zu. Als 'Prozesse' seien diejenigen Programmeinheiten verstanden, die als 'Sensor' des Rechnersystems die Verbindung zu Benutzereingaben bzw. Netzwerkaktivitäten herstellen. Die rozesse erhalten je nach Status zyklisch die Aktivität zugewiesen und geben sie nach Beendigung ihrer Funktion wieder ab.

5.2.2 Kausalschicht

Die Kausalschicht enthält sämtliche Kontaktinterpreter zusammengefaßt unter einer Verteilerroutine. In einem Kontaktinterpreter sind alle Produktionsregeln enthalten,

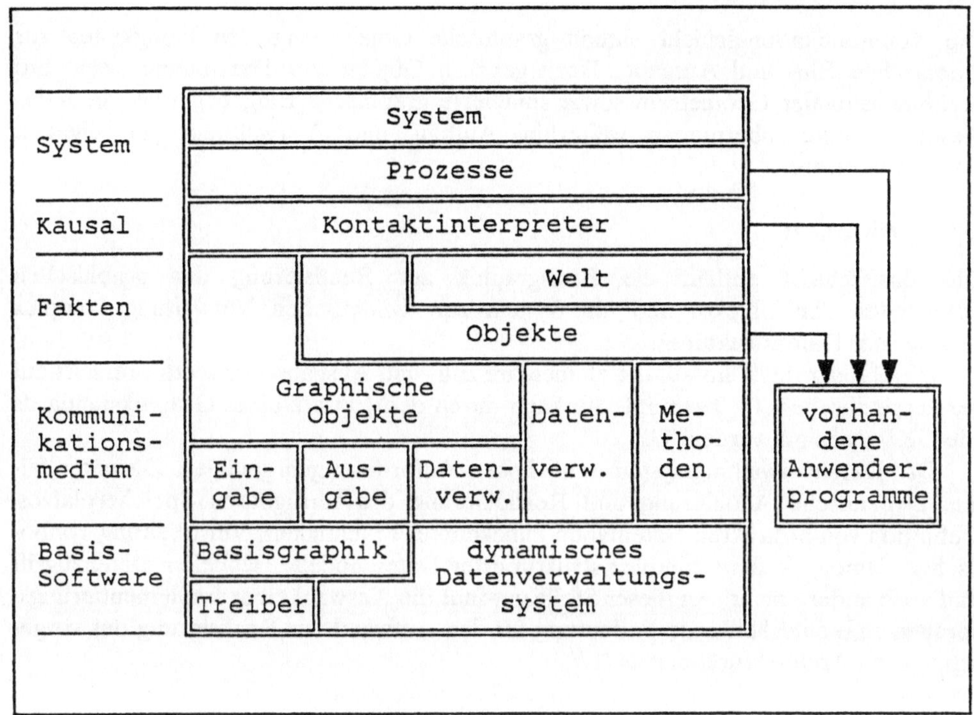

Abb. 9. Systemarchitektur

die als Einstiegsbedingung denselben Kontakt enthalten. Nach Zuweisung der Aktivität prüft der Kontaktinterpreter die Erfüllung einer bestimmten Zustandsbedingung und löst bei positivem Ergebnis die interne und externe Zustandsänderung aus.

5.2.3 Faktenschicht

Die Faktenschicht enthält eine Schnittstelle zur 'Welt' sowie alle objektbezogenen Routinen zusammengefaßt unter einem Verteiler.

Die 'Welt' sichert die Konsistenz der internen und externen Repräsentationen, verwaltet Bildschirm und Geschichtstabelle und unterstützt den schnellen graphischen Zeigezugriff auf interne Strukturen.

Die Funktionalität eines jeden Objekts wird durch eine dazugehörige Routine realisiert, die mindestens eine Menge von Grundfunktionen umfassen muß. Dazu gehören Aufbau und Verwaltung der eigenen Datenstrukturen, Realisierung des graphischen Zeigezugriffs, Reaktion auf graphische Eingabe, graphische Ausgabe und die Ausführung objektspezifischer Methoden. Die graphischen Fähigkeiten der Objekte können zum Teil von graphischen Objekten der Kommunikationsschicht übernommen werden.

5.2.4 Kommunikationsschicht

Die Kommunikationsschicht enthält graphische Objekte mit den Fähigkeiten zur graphischen Ein- und Ausgabe. Dazu gehören Objekte zur Darstellung zwei- und dreidimensionaler Geometrien sowie simulierte graphische Eingabegeräte /4/. Jedes dieser Objekte übernimmt weiterhin Aufbau und Verwaltung der eigenen Datenstrukturen.

5.2.5 Basisschicht

Die Basisschicht enthält die Basisgraphik zur Realisierung der graphischen Fähigkeiten der Objekte und ein System zur dynamischen Verwaltung komplex verzeigerter Datenstrukturen.

Die Basisgraphik umfaßt die elementare Ein- und Ausgabe und setzt ihrerseits auf gerätespezifischen Treibern auf. Sie kann durch den Einsatz eines Graphikstandards wie GKS realisiert werden /1/.

Das Datenverwaltungssystem muß hohen Anforderungen genügen. Darunter fallen: Dynamische Allokierung und Reallokierung des verfügbaren Speicherplatzes, Definition von abstrakten Datentypen unbekannter Mächtigkeit, Verarbeitung symbolischer Namen, Aufbau komplex strukturierter Datenmodelle, schneller Datenzugriff und viele andere mehr. An dieser Stelle gewinnt die Auswahl einer Implementierungssprache eine entscheidende Bedeutung für den Aufwand zur Realisierung des vorgeschlagenen Architekturkonzepts /17/.

5.3 Kontrollstrategie

Nach der knappen Übersicht einzelner Systemkomponenten wird eine Methode zur Realisierung der datengesteuerten Kontrolle vorgestellt. Abb. 10 zeigt das Prinzip mit einer Programmierschnittstelle, einem Verteiler und dem Verwalter einer Tabelle, der Agenda /14/.

Stellt die 'Welt' nach einer graphischen Eingabe den Kontakt zwischen 'Bleistift' und 'Papier' fest, so wird der Programmierschnittstelle das Datum dieses Kontakts übergeben und die Agenda nach der Existenz dieses Kontakts durchsucht. Bei positivem Ergebnis erhält der Verteiler die Aufrufadresse des dazugehörigen Kontaktinterpreters und reicht die Aktivität an diesen weiter.

Dieses Prinzip läßt sich bei der Implementierung aller Kontakte, Objekte und graphischen Objekte wiederholen.

Wichtig ist an dieser Stelle, daß die Agenda bei der Systeminitialisierung zur Laufzeit aufgebaut wird, da sonst die Flexibilität der Programmierung verloren geht. Als Bonbon erhält man die Fähigkeit des Programmsystems, sich partiell selbst zu dokumentieren, da der Inhalt aller Tabellen Aufschluß über die im System enthaltenen Programmeinheiten vermittelt.

Jede Verteilerroutine liefert eine standardisierte systeminterne Programmschnittstelle, die langfristig die Wachstums- und Erweiterungsfähigkeit des Gesamtsystems sicherstellt: Neue Systemteile sind an wenigen Stellen in das System einzubringen.

Weiterhin können große Systeme in kleinen abgeschlossenen Einheiten entwickelt und später durch Integration in die Verteiler zusammengestellt werden. Extraktion

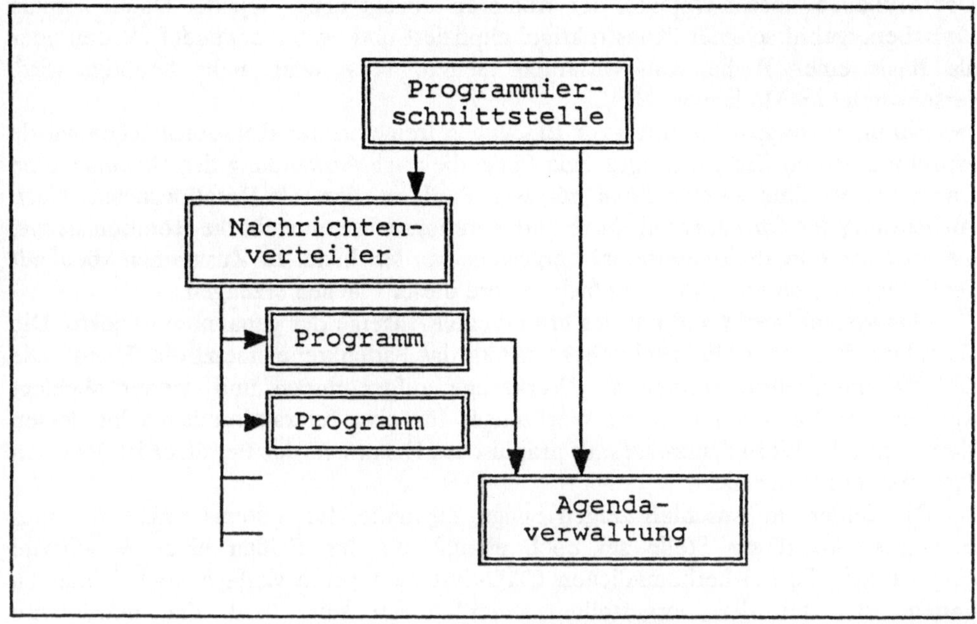

Abb. 10. Datengesteuerte Kontrolle

von Untermengen und Rekonfiguration ganzer Subsysteme ist auf diesem Wege ebenfalls möglich.

Damit wird diese Methode zur Realisierung des datengesteuerten Kontrollflusses wesentlichen Anforderungen aus dem Bereich des *Software Engineering* gerecht.

Die vorgestellte Architektur konnte in einer Pilotimplementierung realisiert und die wesentlichen Prinzipien darin erprobt werden. Ein Beispiel möge die Interaktionsmethode verdeutlichen.

6. Beispiel

Die Pilotimplementierung enthält einige Objekte zur Erzeugung einfacher Skizzen: *Stift, Zettel, Linie, Farbkasten, Operator* und *Service*.

Zwischen *Stift, Zettel* und *Linie* existiert eine Grammatik wie in Abbildungen 6 und 7 vorgestellt. *Linie* kann durch Anwendung eines *Operators* interpoliert oder approximiert und so in einen Kurvenzug umgewandelt werden. Auf diese Weise lassen sich einfache, aus geradlinigen Polygonen und freigeformten Kurvenzügen bestehende Linienzüge eingeben. *Zettel* besitzt die Fähigkeit, Ausschnitte einer Skizze zu zeigen, so daß Übersichts- und Detaildarstellungen simultan möglich sind.

Der *Farbkasten* enthält drei 'Potentiometer' zum Mischen einer gewünschten Farbe sowie ein Farbmenü für die langfristige Speicherung einzelner Farben. Wird ein *Stift* oder ein *Marker* in einen 'Farbtopf getunkt', so nimmt er dessen Farbe an. Bei Anwendung des *Stiftes* auf den *Zettel* entsteht eine *Linie* in der Farbe des *Stiftes* .

Service enthält neben Systemfunktionen einen 'Mülleimer' und einen 'Kopierer'.

Der Mülleimer löscht Objekte, der Kopierer erzeugt neue Objekte. Damit können Zwischenergebnisse einer 'Konstruktion' dupliziert und weiterverwendet werden oder als Basis einer Reihe von Varianten dienen. Was nicht mehr benötigt wird, verschwindet im Mülleimer.

Ein mehrstufiges Verfahren zur Erzeugung freigeformter Rotationsflächen wurde erprobt: *Stift* und *Zettel* erzeugen eine *Linie*, die nach Anwendung des *Operators* eine Kurve ergibt. Eine weitere *Linie* mit zwei Punkten dient als Rotationsachse. Nach Anwendung des *Operators* auf *Kurve* und Rotationsachse entsteht die Rotationsfläche, die anschließend dreidimensional dargestellt werden kann. In Zusammenarbeit mit *Service* lassen sich schnell und einfach weitere dieser Flächen erzeugen.

Das System 'wacht auf' mit der graphischen Anzeige der genannten Objekte. Die Eingabe erfolgt über ein graphisches Tablett, das Fadenkreuz ersetzt die 'Hand'. Die Objekte am Schirm können als Werkzeuge aufgenommen und wieder abgelegt werden. Bei Verwendung eines Werkzeuges für eine Interaktion erscheint dessen Name anstelle des Fadenkreuzes als graphisches Echo, und der Benutzer ist über den Systemzustand informiert.

Die Bilder im Anschluß zeigen einige Zustände des Systems während seines Einsatzes. An dieser Stelle sei noch einmal auf das Fehlen einer Menüleiste hingewiesen, die bei herkömmlichen CAD-Systemen heute vielfach noch immer zu finden ist. Bei der vorgestellten Interaktionstechnik wird die gewünschte Modellierfunktion aus der Konstruktionshandlung des Benutzers herausgefiltert.

Die Implementierung erfolgte auf einer IBM 4331 unter VM 370 / CMS in FORTRAN 77. Als graphischer Arbeitsplatz stand ein Farbrastergerät TEKTRONIX 4115B zur Verfügung.

7. Zusammenfassung

In vier Abschnitten wurde eine Methode zur Entwicklung graphischer Benutzerschnittstellen für die Geometrieverarbeitung vorgestellt. Als Mittel des Informationstransportes zwischen Mensch und Rechner enthält die Benutzerschnittstelle den Teil des Kommunikationspfades, der die artifizielle Welt des Rechners mit dem gemeinsamen Kodierschema am graphischen Arbeitsplatz verbindet. Sie stellt sowohl die Verbindung zu rechnerinternen Datenmodellen als auch zu Programmfunktionen her. Auf der Basis eines Modells menschlichen Problemlösungsverhaltens wurde ein Konzept zur Handhabung und Bedienung von Programmen entwickelt, das prozedurales, kausales und Faktenwissen für die Interaktion berücksichtigt. Das Lösen von Problemen wird so als eine Folge von *Kontakten* zwischen einem *Werkzeug* und einem *Teil* betrachtet, die das Problem von seinem Anfangszustand über eine Kausalkette in seinen Endzustand überführen. Im Zuge der Diskussion wurden die Konzepte *Verfahren, Handlung, Kontakt, Bedingung, Wirkung, Ergebnis, Zustand, Geschichte, Welt, Teil, Werkzeug* und *Problemgebiet* erläutert. Das Problemlösungsmodell lieferte die Grundstruktur der Methodik zur Planung und Entwicklung einer Benutzerschnittstelle. Danach wird diese zunächst in ihrem Außenverhalten beschrieben und dann in die artifizielle Welt hineinkonstruiert. Die Übertragung erfolgt mittels einer zweistufigen Abbildung der einzelnen Komponenten. Aus dieser Vorgehensweise resultiert ein teils regelorientierter, teils objektorientierter Programmieransatz.

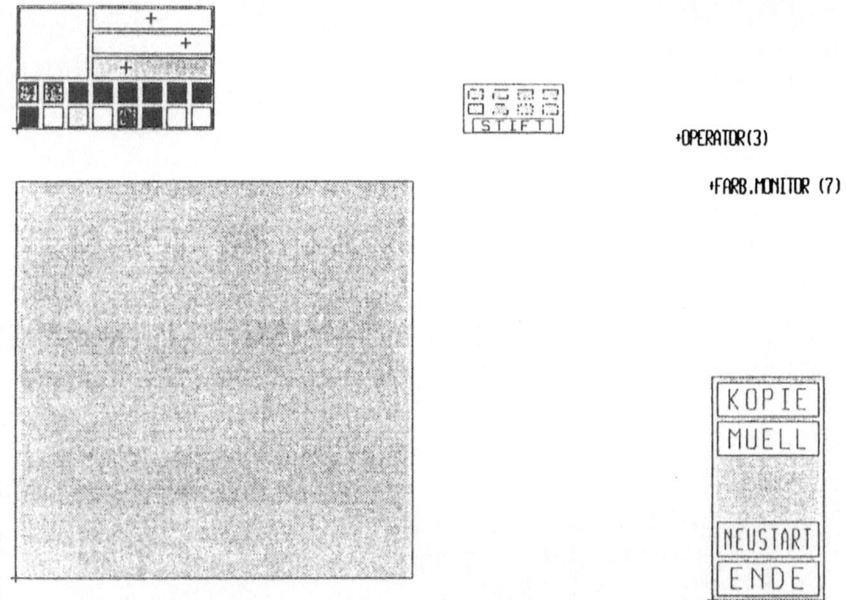

Abb. 11. Pilotimplementierung, der Anfangszustand

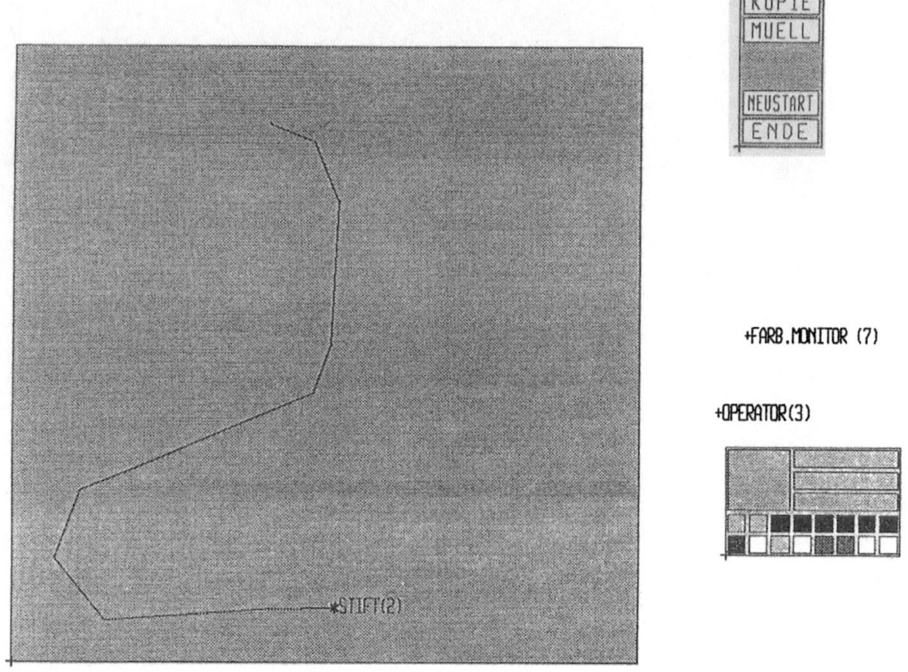

Abb. 12. Stift und Zettel generieren Linienzug

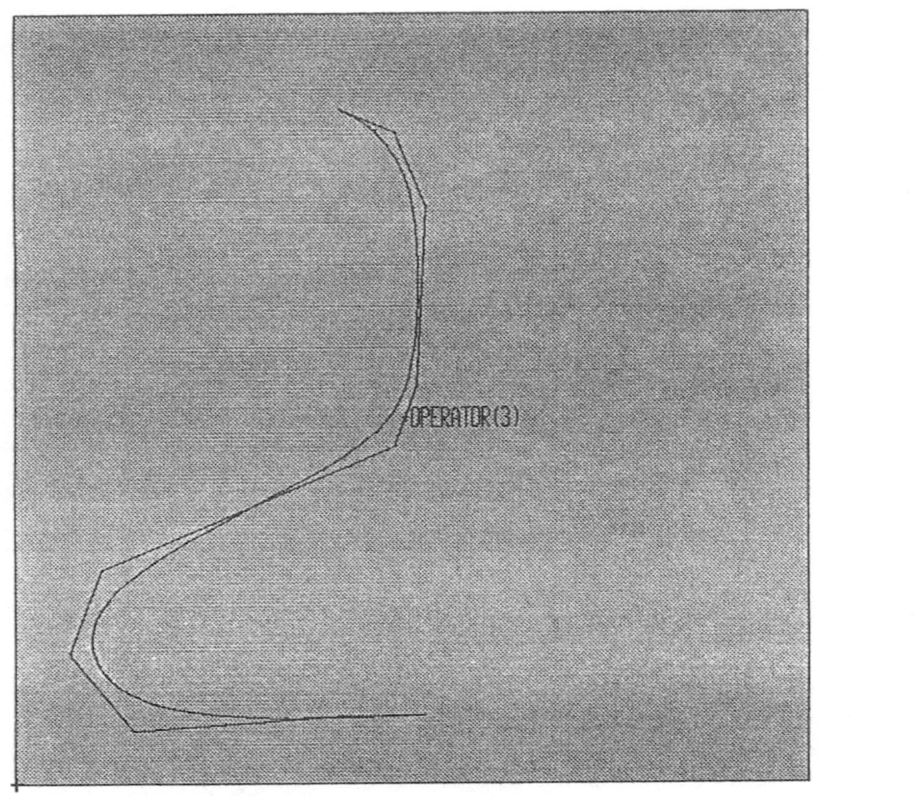

Abb. 13. Modellieroperator auf Linie generiert Kurve

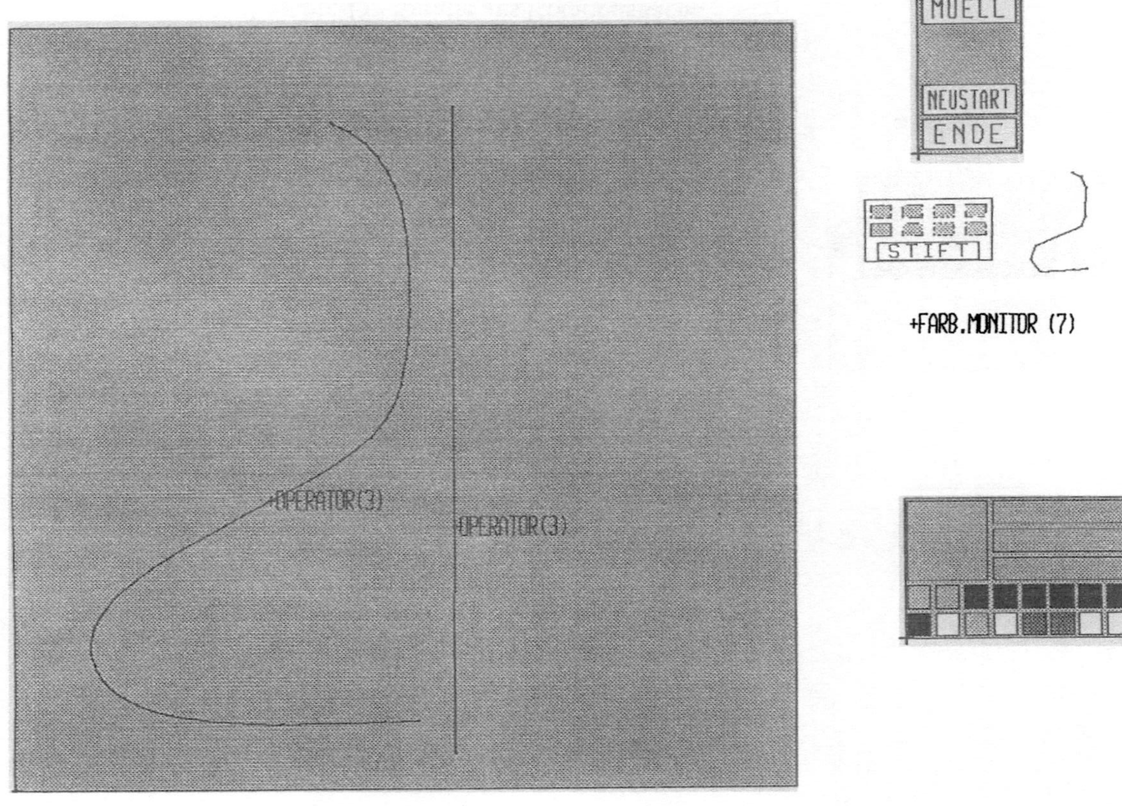

Abb. 14. Operator auf Kurve und Linie generiert Fläche

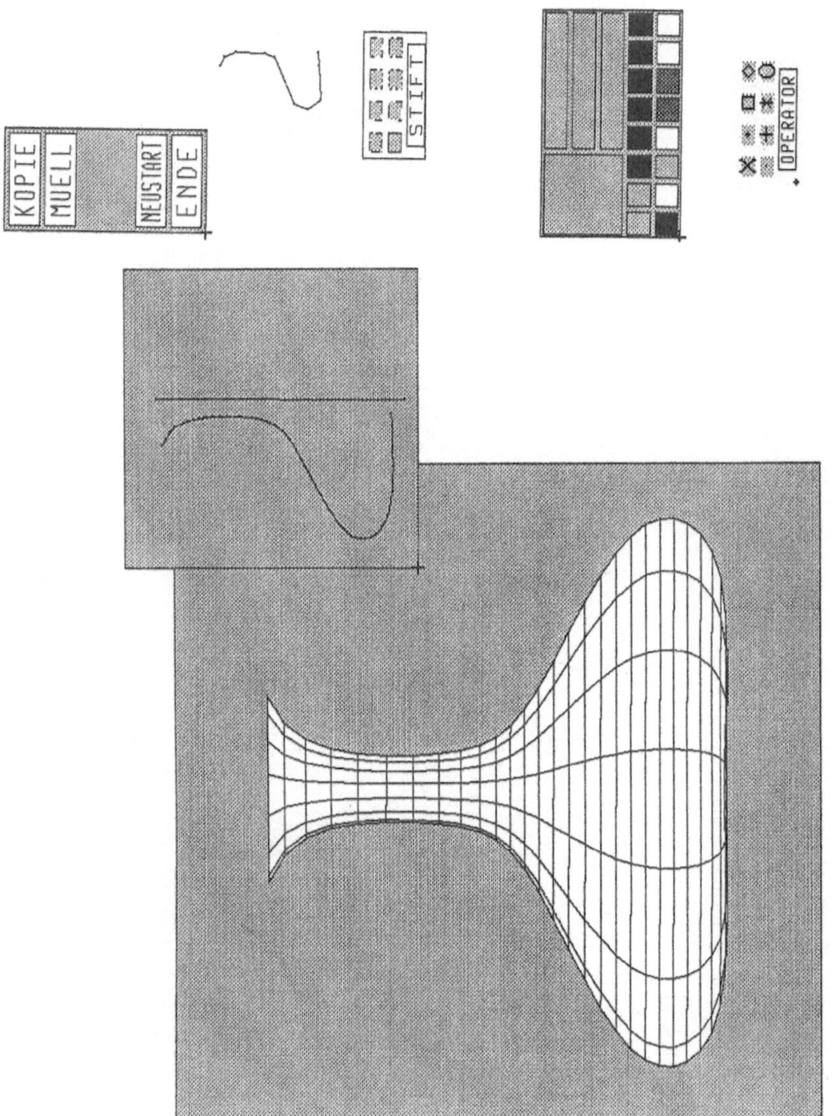

Abb. 15. Karaffe aus Rotationsfläche

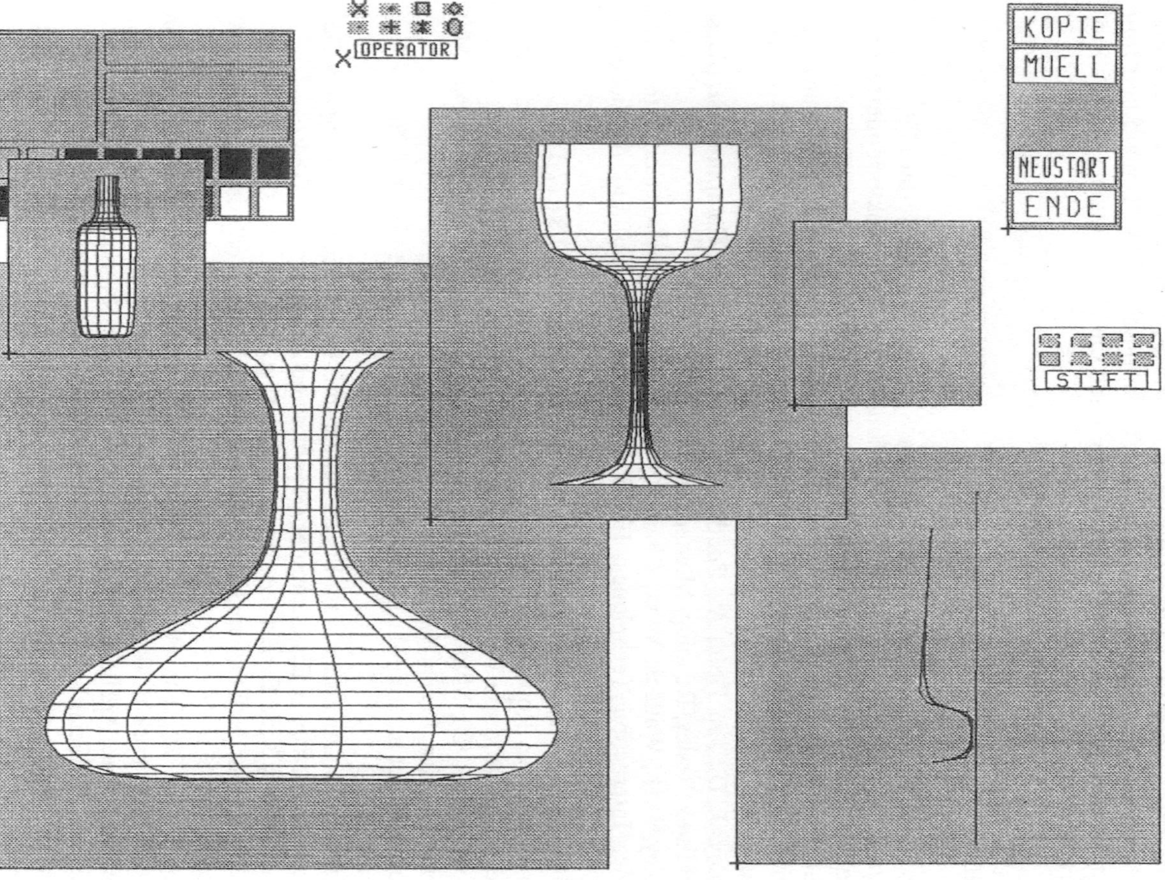

Abb. 16. Einige Gefäße

8. Danksagung

Die Untersuchungen und Entwicklungen entstanden im Rahmen meiner Tätigkeit beim Sonderforschungsbereich 203 'Rechnerunterstützte Konstruktionsmodelle im Maschinenwesen', Teilprojekt A3, am Institut für Schiffs- und Meerestechnik der Technischen Universität Berlin, unter der Leitung von Herrn Prof. Dr.-Ing. Nowacki, dem ich an dieser Stelle für seine wohlwollende Unterstützung danken möchte. Dank auch an Andreas Meißner, Thomas Reuding, Volkhard Schill, Uwe Umlauf und Jörg Weber für viele Stunden angeregter Diskussionen und die Unterstützung bei der Programmierung.

9. Literatur

/1 / Bechlars, J.; Buhtz, R.: GKS in der Praxis. Springer Verlag, Berlin 1986

/2 / Budde, R.: Objektorientierte Konstruktion. Tutorium 'Objektorientierte Programmierung', GI Tagung, Berlin 1986

/3 / Encarnacao, J.: Forschungsthemen und Trends in der graphischen Datenverarbeitung. Tagungsband zum CAD-Kolloqium 1986 des Sonderforschungsbereichs 203, 24./25. Nov, Technische Universität Berlin

/4 / Foley, J. D.; van Dam, A.: Fundamentals of Interactive Computer Graphics. Addison Wesley, Reading, Massachusetts 1982

/5 / Foley, J. D.; Wallace, V. L.; Chan, P.: The Human Factors of Computer Graphics Interaction Techniques. IEEE Computer Graphics and Applications, 11/82:13-48

/6 / Gilb, T.: Evolutionäres Entwickeln. Computer Magazin, 1/2/87:17-19

/7 / Goldberg, A.; Robson, D.: SMALLTALK-80, The Language and its Implementation. Addison Wesley, Reading, Massachusetts 1983

/8 / Hennings, R. D.; Munter, H.: Artificiacl Intelligence, 1. Expertensysteme. Mathware Verlag, Berlin 1985

/9 / Kimm, R., et al.: Einführung in Software Engineering. de Gruyter, Berlin-New York 1979

/10/ Marcus, A.: Corporate Identity for Iconic Interface Design: The Graphics Design Perspective. IEEE Computer Graphics and Applications, 12/84:24-32

/11/ MacCallum, K. J.: Expert Systems in CAD. Tagungsband zum CAD-Kolloqium 1986 des Sonderforschungsbereichs 203, 24./25. Nov, Technische Universität Berlin

/12/ Page-Jones, M.: The Practical Guide to Structured Systems Design. Yourdon Press, New York 1980

/13/ Retti, J., et al.: Artificial Intelligence. B.G. Teubner, Stuttgart 1984.

/14/ Rich, E. Artificial Intelligence. McGraw Hill, New York 1983

/15/ Stoyan, H.; Görz, G.: LISP, Eine Einführung in die Programmierung. Springer-Verlag, Berlin 1984

/16/ Wilson, J. L., et al.: Designing a Graphics Application Interface. Proceedings of the Graphics Interface 1985, 373-380

/17/ Wirth, N.: Algorithmen und Datenstrukturen. 3. Auflage, B.G Teubner, Stuttgart 1983

STEP – Eine Schnittstelle zum Austausch integrierter Modelle

R. Anderl
B. Schilli

Institut für Rechneranwendung in Planung und Konstruktion
Universität Fridericiana (TH) Karlsruhe

Zusammenfassung

In diesem Beitrag wird zunächst die Bedeutung der Schnittstellennormung bei der
Einführung DV-gestützter Informationsstrukturen hervorgehoben. Im folgenden werden Leistungsfähigkeit von Schnittstellen, der aktuelle Stand der Schnittstellennormung und Entwicklungstendenzen aufgeführt. Die Entwicklung und Konzeption der
internationalen Schnittstelle STEP werden behandelt und einzelne Gesichtspunkte wie
mechanisches Produktmodell, AEC-Modell und FEM-Modell herausgegriffen.

Abstract

As introduction to this contribution the importance of standardisation of interfaces for
new computer based information structures in companies is emphasized. Then the ef-
ficiency of interfaces, the actual state of the art of standardisation of interfaces and the
trend of development is presented. The development and concepts of STEP form the
main part of the contribution by extracting some aspects of mechanical product model, of AEC-model and of FEM-model.

1. Bedeutung der Schnittstellennormung

Zunehmender Wettbewerbsdruck zwingt die Unternehmen dazu, die Produktivität
ständig zu steigern. Insbesondere werden betriebliche Informationsstrukturen aufgebaut, deren wesentliche Zielsetzung

- die Integration sowohl von Rechnersystemen und Produktionsmitteln als auch von
  Unternehmensbereichen,
- der Aufbau datentechnischer Infrastrukturen für betriebsinterne und betriebsex-
  terne Informationsflüsse und
- der Aufbau systemunabhängiger Informationsbestände zum Zwecke der Archivierung und der Bereitstellung von Produktinformationen ist /1/.

Schnitt-stelle	Anwendungs-bereich	Land	Art		Normungs-aktivität
			proze-dural	deskrip-tiv	
CAD*I	CAD-CAD; CAD-sonst.	Europa		●	ISO/TC184/SC4
CAD-NT	CAD-CAD	D		●	DIN V 4001
ESP	CAD-CAD; CAD-sonst.	USA		●	
IGES	CAD-CAD; CAD-sonst.	USA	●	●	ANSI Y 14.26 M
PDDI	CAD-CAM	USA		●	
PDES	CAD-CAD; CAD-sonst.	USA		●	ISO/TC 184/SC4
SET	CAD-CAD; CAD-sonst.	Frankr.		●	AFNOR-Vorschl.Z68-300
STEP	CAD-CAD; CAD-sonst.	internat.	●	●	ISO/TC184/SC4/WG1
VDA-FS	CAD-CAD; CAD-sonst.	D		●	DIN 66301
VDA-PS	CAD-CAD	D	●		DIN 66304 (Entwurf)

Abb. 1. Internationale Schnittstellenaktivitäten

Hierfür benötigt man Kopplungen zwischen Unternehmen und Unternehmensbe-reichen, um einen durchgängigen Informationsfluß zu erreichen. In zunehmendem Maße werden diese Kopplungen über Schnittstellen verwirklicht, deren Realisierung und Betrieb einen erheblichen Aufwand bedeutet.

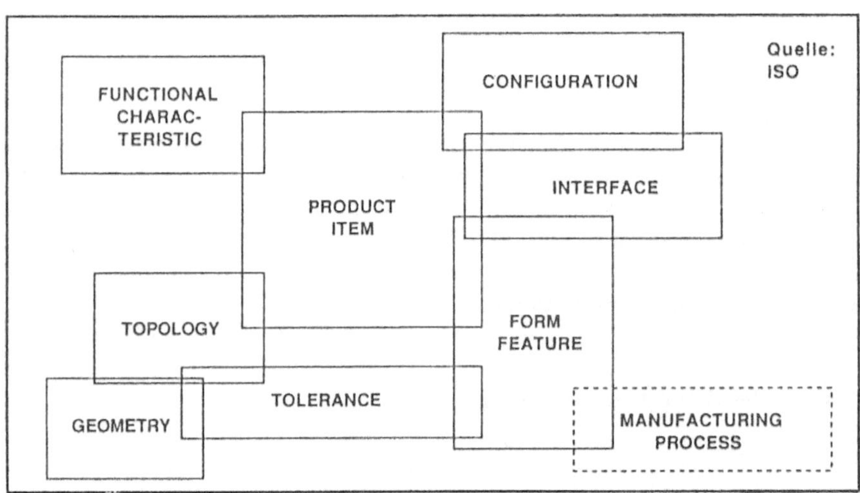

Abb. 2. Produktmodell von PDES (Quelle: ISO/TC 184/SC4/WG1)

Aus diesem Grund ist man bestrebt, die Anzahl der verwendeten Schnittstellen zu vermindern. Insbesondere externe Schnittstellen zur Einbindung eines DV-Systems in systemübergreifende Informationsstrukturen lassen sich bei entsprechender Lei-stungsfähigkeit auf ein Minimum reduzieren.

Vorteile einer eindeutig spezifizierten Schnittstelle liegen im Erreichen einer Unabhängigkeit des Unternehmens vom eingesetzten DV-System, einer Verbesserung der Flexibilität des DV-Einsatzs und einer gesteigerten Wettbewerbsfähigkeit durch Einbettung in unternehmensübergreifende Informationsstrukturen. Aus diesem Grund gewinnt die Spezifizierung von Schnittstellen eine immer größer werdende Bedeutung, eine Tendenz, die sich im zunehmenden Angebot von Produktschnittstellen, die zum Teil genormt sind, wiederspiegelt (Abb. 1).

Genormte Schnittstellen bieten den Vorteil, daß im Zuge der Normung einheitliche Lösungen erarbeitet werden, um einerseits den Aufwand zur Erstellung, Wartung und Pflege der Schnittstellensoftware zu minimieren und dadurch den wirtschaftlichen Einsatz in der industriellen Anwendung zu fördern, und um andererseits die Abbildung von Modell- und Datenstrukturen auf die Schnittstellen zu gewährleisten.

2. Stand der Schnittstellennormung

Zum Austausch produktdefinierender Daten kann im Moment auf vier nationale Normen zugegriffen werden, die sich bereits in der industriellen Anwendung befinden und sich zum Austausch einer begrenzten Informationsmenge bewährt haben.

Es sind dies die Schnittstellen

- IGES (Initial Graphics Exchange Specification) zum Austausch von Zeichnungsdaten, Kantenmodellen und Flächenmodellen mit begrenzter Möglichkeit, Technologiedaten und Interpretationsregeln zu transferieren;
- SET (Standard d'Echange et de Transfert) zum Austausch von Zeichnungsdaten, Kantenmodellen und Flächenmodellen;
- VDA-FS (Flächenschnittstelle des Verbandes der deutschen Automobilindustrie) zum Austausch von Freiformflächendaten und
- CAD-NT und VDA-PS (CAD-Normteildatei und Programmschnittstelle des Verbandes der deutschen Automobilindustrie) zum Austausch von Norm- und Zukaufteilen.

Daneben existieren Schnittstellenvorschläge, die zu verbessertem Leistungsumfang bestehender Schnittstellen beitragen sollen. Ein Beispiel hierfür ist der ESP-Vorschlag (Extended Solids Proposal), der zur Erweiterung der Schnittstelle IGES beitragen soll, um die Übertragung bisher nicht unterstützter Volumeninformationen zu ermöglichen.

Hierbei wird eine Übertragung sowohl in Form eines topologischen Strukturmodells (boundary representation = B-rep) als auch in Form eines Produktionsmodells (constructive solids geometry = CSG) vorgeschlagen. Für beide Modelle wurden Testinstallationen durchgeführt.

Abb. 3 zeigt das ESP-Datenformat eines Zylinders in B-rep-Ausprägung, das durch einen für das CAD-System DICAD (Dialogorientiertes integriertes CAD-System) an der Universität Karlsruhe realisierten Preprozessor erzeugt wurde /2/. Der CSG-Modelle betreffende Teil des ESP-Vorschlags wird in IGES-Version 4.0 integriert sein.

174

Übertragung des DICAD-Einzelteiles Zylinder							S	1
„18hZylinder 27-MAY-86,8HZylinder,8HPDP11/34,1H1,16,8,24,8,56,							G	1
18HZYLINDER 27-MAY-86,1.000,1,2HMM,10,,13H52786,070534,,,							G	2
12HMANFRED ROHR,28HANLEGEN EINER IGES/ESP-DATEI;							G	3
402	1	1	1	1	0		00010001D	1
402	1	1	1	7		ASS GRP	1D	2
198	2	1	1	1	0		00010001D	3
198	1	1	1			OBJ ENT	1D	4
196	3	1	1	1	0		00010001D	5
196	1	1	1			SHE ENT	1D	6
194	4	1	1	1	0		00010001D	7
194	1	1	1			FAC ENT	1D	8
770	5	1	1	1	0		00010001D	9
770	1	1	1			CYL SUR	1D	10
116	6	1	1	1	0		00010001D	11
116	1	1	1			PNT	1D	12
750	7	1	1	1	0		00010001D	13
750	1	1	1			DIR	1D	14
190	8	1	1	1	0		00010001D	15
190	1	1	1	1		LOO ENT	1D	16
188	9	1	1	1	0		00010001D	17
188	1	1	1			EDG ENT	1D	18
754	10	1	1	1	0		00010001D	19
754	1	1	1			CIRC CUR	1D	20
190	11	1	1	1	0		00010001D	21
190	1	1	1	1		LOO ENT	2D	22
188	12	1	1	1	0		00010001D	23
188	1	1	1			EDG ENT	2D	24
754	13	1	1	1	0		00010001D	25
754	1	1	1			CIR CUR	2D	26
116	14	1	1	1	0		00010001D	27
116	1	1	1			PNT	2D	28
194	15	1	1	1	0		00010001D	29
194	1	1	1			FAC ENT	2D	30
764	16	1	1	1	0		00010001D	31
764	1	1	1			PLA SUR	1D	32
190	17	1	1	1	0		00010001D	33
190	1	1	1	1		LOO ENT	3D	34
194	18	1	1	1	0		00010001D	35
194	1	1	1			FAC ENT	3D	36
764	19	1	1	1	0		00010001D	37
764	1	1	1			PLA SUR	2D	38
116	20	1	1	1	0		00010001D	39
116	1	1	1			PNT	3D	40
190	21	1	1	1	0		00010001D	41
190	1	1	1	1		LOO ENT	4D	42
402,1,3;							1P	1
198,1,5;							3P	2
196,3,3,7,29,35;							5P	3
194,9,1,5,2,15,21;							7P	4

Abb. 3. (Fortsetzung)

```
770,11.00000,13.00000,15.00000;                                9P      5
116,0.00000,0.00000,0.00000;                                   11P     6
750,0.00000,0.00000,1.00000;                                   13P     7
190,7,1,17,0,17,1;                                             15P     8
188,19,0,0,0,15,33;                                            17P     9
754,11.00000,13.00000,15.00000;                                19P     10
190,7,1,23,0,23,1;                                             21P     11
188,25,0,0,0,21,41;                                            23P     12
754,27.00000,13.00000;                                         25P     13
116,0.00000,0.00000,110.00000;                                 27P     14
194,31,1,5,1,33;                                               29P     15
764,11,13;                                                     31P     16
190,29,1,17,0,17,1;                                            33P     17
194,37,0,5,1,41;                                               35P     18
764,39,13;                                                     37P     19
116,0.00000,0.00000,110.00000;                                 39P     20
190,35,1,23,0,23,1;                                            41P     21
S       1G      3D      42P     21                              T       1
```

Abb. 3. Beispiel einer ESP-Datei

Weitere Schnittstellenvorschläge sind die PDDI-Schnittstelle (Product Data Definition Interface), die einen ersten integrierten Modellansatz für mechanische Konstruktion und Fertigung bietet, und die PDES-Schnittstelle (Product Data Exchange Specification), deren integrierter Modellansatz in Abb. 2 dargestellt ist. Diese Schnittstelle wird in den USA zur Zeit stark forciert entwickelt.

Im Rahmen des ESPRIT-Projektes Nr. 322 "CAD Interfaces" (CAD*I) werden die wichtigsten Schnittstellen im CAD/CAM-Bereich spezifiziert. Hierzu gehören Schnittstellen zum Produktdatenaustausch zwischen CAD-Systemen, Schnittstellen zu Datenbanken, zu Finite Elemente Systemen und Schnittstellen für höhere Modellierungsverfahren.

Das Projekt soll europäisches Knowhow auf dem Schnittstellensektor zusammenfließen lassen, um den breiten industriellen Einsatz von CAD/CAMSystemen zu fördern /3/. Die CAD*I-Schnittstelle wird zur Zeit auf den verschiedensten Systemen implementiert.

Abb. 4 zeigt ein Beispiel einer CAD*I-Datei. Die nationalen Anstrengungen zur Normung von Schnittstellen sind Ausgangsbasis zur Entwicklung der internationalen Schnittstelle STEP (Standard for the Exchange of Product Model Data) im Ausschuß ISO/TC 184/SC4/WG1. Die gegenseitigen Einflüsse bei der Schnittstellenentwicklung zeigt Abb. 5.

Der Leistungsumfang der verschiedenen Schnittstellen hängt entscheidend ab von den bei der Konzeption berücksichtigten Anwendungen der Schnittstelle (vgl. Abb. 6).

Auffallend ist hierbei, daß hohe Leistungsfähigkeit vor allem im geometrischen Bereich erreicht wird, d.h. bei der Übertragung von geometriebezogenen Informationen.

```
CAD*I_FORMAT_BEGIN_19860430

OPENMODEL (#CANTILEVER:,"EXAMPLE OF NEUTRAL FILE");

FREEDOM (#FR1:",
        #FR2:'123456',;
NODE   (#N1:0,0,0,,#FR2;
        #N2:0,1,0,,#FR2;
        #N3:1,0,0,,#FR1;
        #N4:1,1,0,,#FR1;
        #N5:2,0,0,,#FR1;
        #N6:2,1,0,,#FR1;
        #N7:3,0,0,,#FR1;
        #N8:3,1,0,,#FR1;)

material(#mat1:'STEEL',ISO,2.E11,0.3,7900.);
PROPERTY(#P1:THICK,0.05);
QUAD4(#E1:#MAT1,#P1,#N1,#N3,#N4,#N2)
     (#E2:#MAT1,#P1,#N3,#N5,#N6,#N4)
     (#E3:#MAT1,#P1,#N5,#N7,#N8,#N6);

CLOSEMODEL(#CANTILEVER);
OPENANA(#STATIC:#CANTILEVER);
COLLECT(#OBJ1:#E1,#E2,#E3);
LOADP1(#FORCE:2,,-1000.);
NODELOAD(#FORCE,1,#N8);
ANSTATIC(#ST1:#OBJ1,1,1);
OUTDISP(#ST1,ALL);
CLOSEANA(#STATIC);

OPENFERES(#R1:#STATIC,'DISPLACEMENTS');
ANCASE(#R1,#ST1,1,'Static loadcase 1');
DISPLACEMENT(#N1, 0.,0.,0.,0.,0.,0.,;
             #N2, 0.,  0.,  0.,0.,0.,0.,;
             #N3,-0.05,-0.1, 0.,0.,0.,0.,;
             #N4, 0.05,-0.1, 0.,0.,0.,0.,;
             #N5,-0.1, -0.25,0.,0.,0.,0.,;
             #N6, 0.1, -0.25,0.,0.,0.,0.,;
             #N7,-0.15,-0.6, 0.,0.,0.,0.,;
             #N8, 0.15,-0.6, 0.,0.,0.,0.,;
CLOSEFERES(#R1);

CAD*I_FORMAT_END_19860430
```

Abb. 4. Beispiel einer CAD*I-Datei (Quelle: Schlechtendahl)

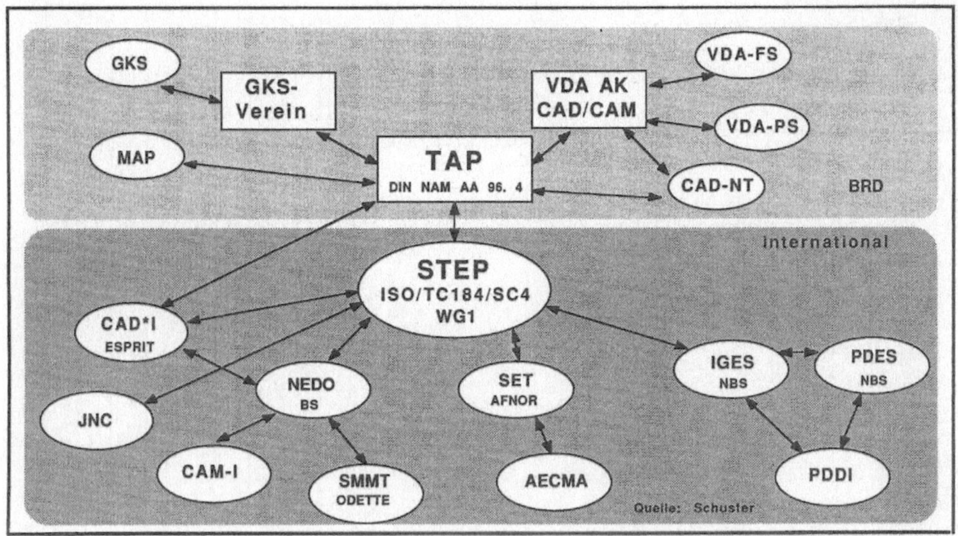

Abb. 5. Gegenseitige Beeinflussung bei der Schnittstellenentwicklung (Quelle: Schuster)

Unter technologisch/analytischen Informationen versteht man Informationen, die fertigungstechnische, montagetechnische und prüftechnische Informationen bzw. Daten zur analytischen Berechnung von Bauteilen beinhalten. Technologisch/analytische Informationen sind bei mittlerer Leistungsfähigkeit in einigen Schnittstellenspezifikationen berücksichtigt worden, die alle ein sog. integriertes Modell spezifizieren (PDDI, PDES, STEP).

Strukturell/assoziative Informationen sind Informationen, die eine Gliederung eines Produktes nach verschiedenen Gesichtspunkten bzw. eine Beschreibung der Beziehungen zwischen Datenstrukturen bzw. Datentypen eines Objektes erlauben. Derartige Informationsarten sind in einigen Schnittstellen bei geringem Leistungsumfang spezifiziert, allerdings nur für einige Teilaspekte.

3. Die Entwicklung von STEP

STEP ist die Schnittstellenspezifikation, die die mit Schnittstellen bisher gemachten Erfahrungen beinhaltet und die in einem integrierten Modell alle zum Lebenszyklus eines Produktes gehörenden Daten zur Verfügung stellen soll. Hierbei werden vor allem Anwendungen aus den Bereichen Maschinenbau, Elektrotechnik/Elektronik und Bauwesen berücksichtigt.

Die Entwicklung von STEP wird maßgeblich aus den Erfahrungen mit IGES, von PDES, SET und CAD*I beeinflußt. Der Entwicklungsplan in Abb. 7 (Stand 1/87) sieht die Veröffentlichung eines Normvorschlages (draft international standard) Ende 1987 vor. Die Veröffentlichung der internationalen Norm (IS) wird Mitte 1988 erwartet.

Informationsart / Schnittstellen	CAD*I	CAD-NT	ESP	IGES	PDDI	PDES	SET	STEP	VDA-FS	VDA-PS
geometrisch										
– 2D	●	●		●	●	●	●	●	○	●
– 3D-Kanten	●		○	●	●	●	●	●	○	
– 3D-Flächen	●		○	□	□	□	□	●	□	
– 3D-Volumen	●		●			□	○	□		
graphisch										
– 2D		□		□		□	□	□		□
– 3D				□		□	□	□		
– normgerechte Graphik		○		○		○	○	○		□
technologisch und analytisch										
– Berechnungsgeometrie (z.B.:FEM)	○			○		○		○		
– geometriebez. Eigenschaften					□	□		□		
– Formelemente					□	□		□		
– Fertigungstechnik					○	○	○	○		
– Montagetechnik					○	○		○		
– Prüftechnik										
– Betriebstechnik										
strukturell/assoziativ										
– Graphik		○		○	□	○	○	○		○
– Geometrie (Baugruppen)										
– Technologie (Montagestruktur)										
– Geometrie -> Graphik				○	○	○	○	○		
– Geometrie -> Fertigung					○			○		
– Produktgeom.->Betriebsm.geom.										
– Produktgeom.->Prüfgeometrie										

○ gering □ mittel ● hoch

Abb. 6. Leistungsumfang von Schnittstellen

4. Die STEP-Konzeption

Ziel von STEP ist der Austausch und die Archivierung produktdefinierender Daten, wobei hierunter alle zum Lebenszyklus eines Produktes gehörenden Daten verstanden werden. Hierbei wird eine informationsverlustfreie Übertragung gefordert und zwar nicht nur auf Daten, sondern auch auf Funktionalität bezogen. Zum Lebenszyklus eines Produktes zählen Daten aus Konstruktion, Berechnung, Fertigung, Qualitäts-

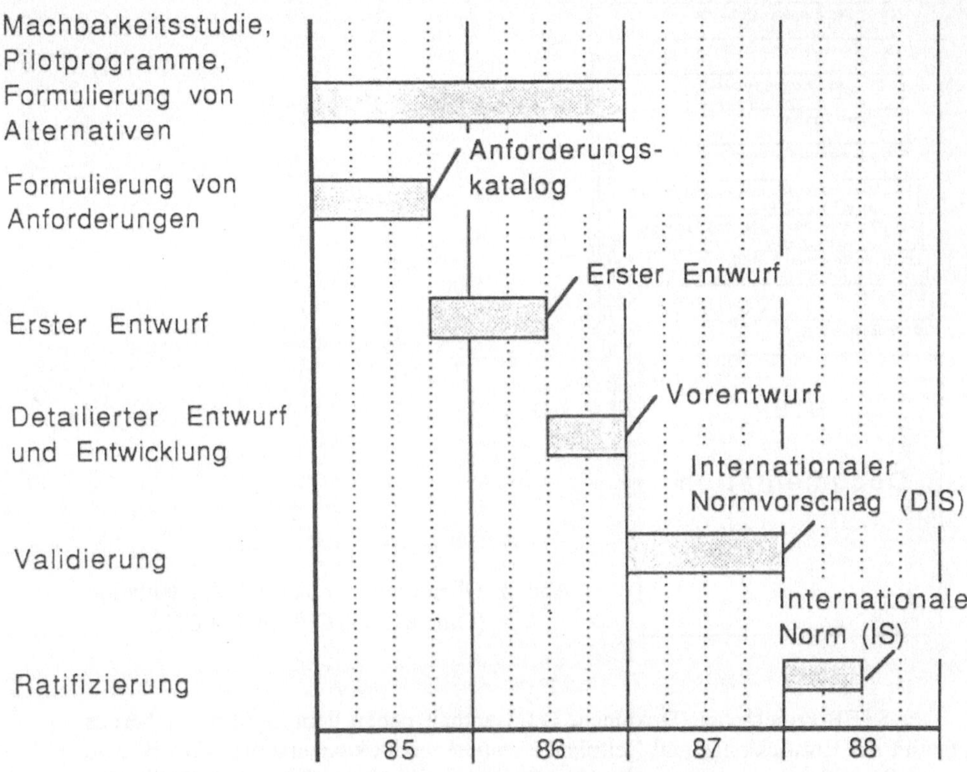

Abb. 7. STEP-Entwicklungs- und Zeitplan
(Quelle: ISO/TC184 /SC4/ WG1)

sicherung und Informationen für Wartung und Produktbetrieb. Dies bedeutet, daß nicht allein Geometrie übertragen werden muß, sondern daß Toleranzen, Materialeigenschaften, Oberflächengüte und Eigenschaften, die funktions- oder baugruppenbezogen sind, übertragen werden müssen, so daß ein Aufsetzen von CAD/CAM-Anwendungen wie Arbeitsplanung, automatische Bahnplanung für Handhabungs- und Fertigungsvorgänge oder Generierung von Prüfvorschriften möglich wird.

Eine weitere Forderung ist, daß STEP in Zukunft erweitert werden kann, ohne daß auf alten Implementierungen basierende Informationsbestände ihre Gültigkeit verlieren. Das STEP-Datenformat soll kompakt, effizient und kompatibel zu anderen Normen sein. Redundanzen bei Struktur- und Elementdefinition sollen vermieden werden, da hierdurch Fehlinterpretationen und Fehlimplementierungen resultieren und die Größe von STEP minimiert werden kann. Zur Gewährleistung der Fehlerfreiheit von STEP-Informationsbeständen wird eine Zertifizierung von Pre- und Postprozessoren gefordert, die mit von STEP zur Verfügung gestellten Testmethoden und Testfällen durchgeführt werden soll.

Die Entwicklung und Konzeption von STEP wird in einer Reihe von Dokumenten dargestellt, die sich nach Abb. 8 in neun Kapitel gliedern läßt.

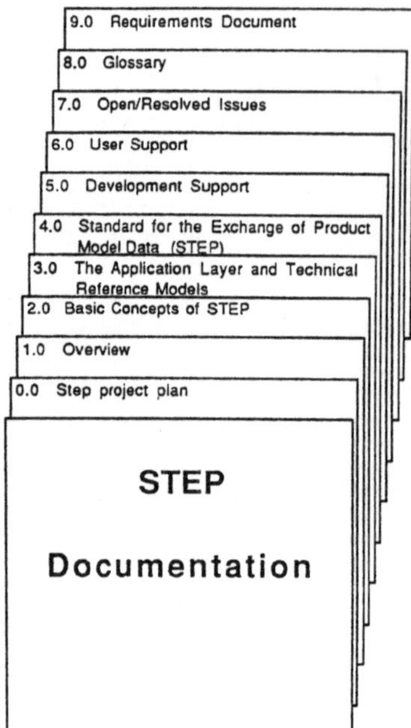

Abb. 8. Gliederung der STEP-Dokumentation
(Quelle: ISOTC184/SC4/WG1)

Der STEP-Projektplan (Dokument O.O) enthält neben dem in Abb. 3-1 bereits aufgeführten Entwicklungs und Zeitplan Angaben zur Dokumentation, wie z.B. eine vollständige Gliederung mit Angabe über den Bearbeitungsstand, eine vollständige Liste aller bisher erarbeiteten Dokumente, Dokumentationsrichtlinien und eine Liste aller an der Erstellung der Spezifikation beteiligten ISO-Mitglieder. Das Dokument "Basic concepts of STEP" stellt die Konzepte von STEP vor. Kern der Konzepte von STEP ist ein 3-Schichtenansatz, der die Abbildung von Produktinformationen in drei logische Schichten vorsieht (Abb. 9):

– Eine Anwendungsebene (application layer), in der aus der Sicht verschiedener Anwendungen aus den Bereichen Maschinenbau, Elektrotechnik und Bauwesen sogenannte Referenzmodelle spezifiziert werden, die eine Informationsstruktur darstellen (dokumentiert in Dokument 3.0).
– Eine logische Schicht (logical layer), die die Referenzmodelle als Datenstruktur und mögliche Ausprägungen dieser Datenstruktur (entities) beschreibt (dokumentiert in Dokumentteil 4.1).
– Eine physikalische Schicht (physical layer), in der die Syntax der Modellbeschreibung und das physikalische Austauschformat beschrieben werden (dokumentiert in Dokumentteil 4.2).

Diese Trennung in verschiedene Schichten wurde vorgenommen, um auf möglichst abstraktem Niveau Referenzmodelle parallel zu entwickeln und zu integrieren, und um über allgemeingültige Abbildungskonzepte Methoden zur Abbildung anwendungsabhängiger Informationsstrukturen auf Datenstrukturen und das konkrete Datenformat zur Verfügung stellen zu können.

Zur Entwicklung von STEP werden in den verschiedenen Schichten verschiedene Werkzeuge verwendet. Zur Darstellung der Referenzmodelle in der Anwendungsebene wird eine graphische Repräsentation in der IDEF1X-Darstellung verwendet /4/.

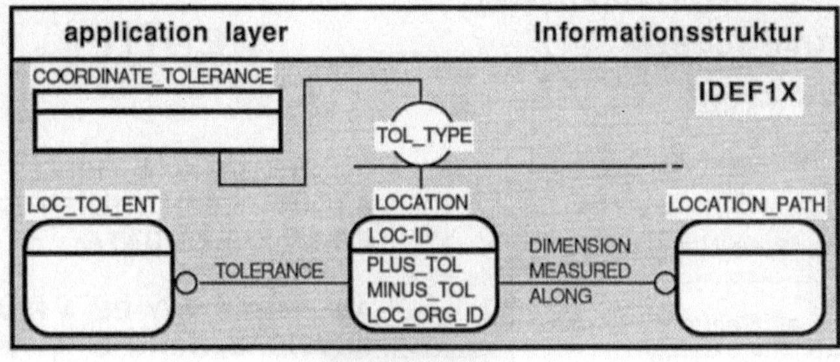

```
logical layer                                      Datenstruktur

ENTITY LOCATION SUBTYPE OF (COORDINATE_TOLERANCE)
    PLUS_TOL              : NUMBER;                    EXPRESS
    MINUS_TOL             : NUMBER;
    ORIGIN               : LOC_ORIGIN;
    PATH                 : OPTIONAL LOCATION-PATH;
    TOLERANCED_ENTITY: LOC_TOL_ENT;
WHERE
    (PLUS_TOL>= 0.0);
    (MINUS-TOL>= 0.0);
    NOT ((PLUS_TOL = 0.0) AND (MINUS_TOL = 0.0));
    LOCATED(TOLERANCED_ENTITY) = LOCATED(ORIGIN);
END_ENTITY;
```

```
physical layer                                     Dateiformat

STEP_FORMAT_BEGIN_1987
OPENMODEL(#NAME:, 'BEISPIEL');


   COORDINATE_TOLERANCE(#PLUS_TOL:0.01;
   #MINUS_TOL:0.02; #ORIGIN:#LOC_ORIGIN;
   #TOLERANCED_ENTITY:#LOC_TOL_ENT;)


CLOSEMODEL(#NAME:, 'BEISPIEL');
STEP_FORMAT_END_1987;
```

Abb. 9. Der Schichtenansatz von STEP
(Quelle: ISO/TC184/SC4/WG1)

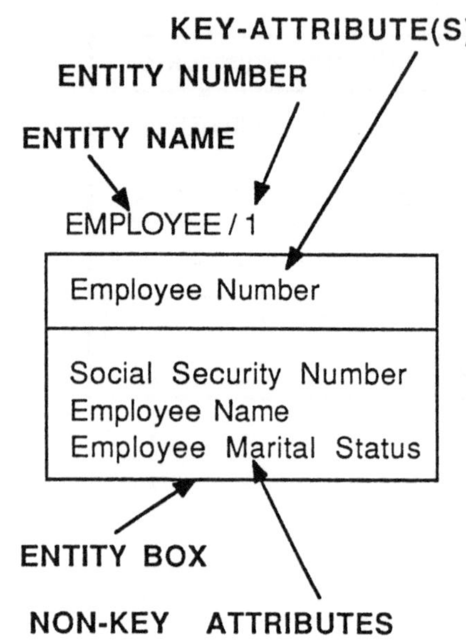

ENTITY

- AN ENTITY IS A THING
  ABOUT WHICH THE ENTER-
  PRISE KEEPS DATA

- AN ENTITY MAY BE A REAL,
  PHYSICAL THING LIKE AN
  EMPLOYEE OR A MACHINE;
  OR IT MAY BE AN AB-
  STRACT THING SUCH AS
  A SCHEDULE EVENT

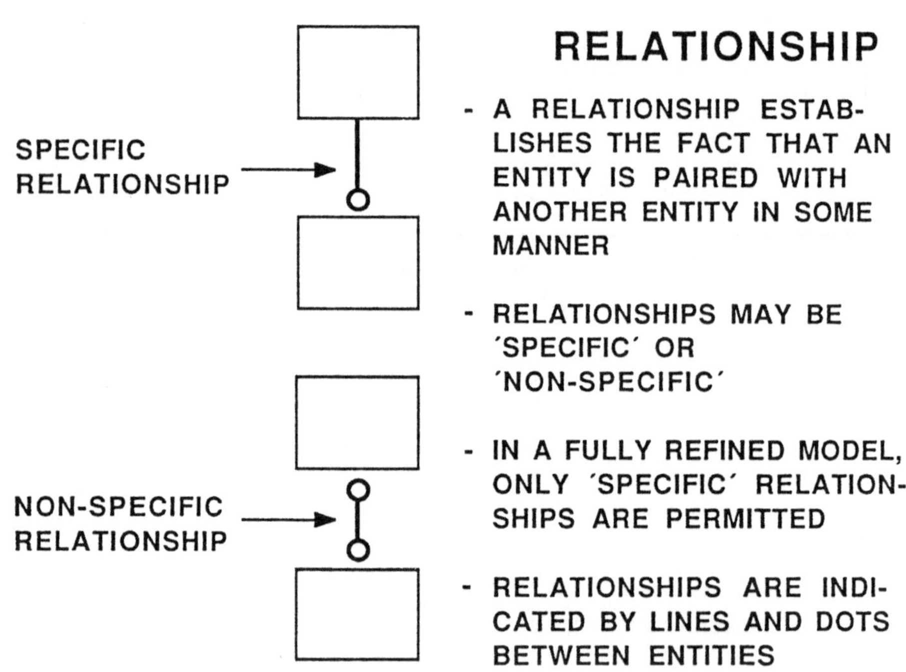

RELATIONSHIP

- A RELATIONSHIP ESTAB-
  LISHES THE FACT THAT AN
  ENTITY IS PAIRED WITH
  ANOTHER ENTITY IN SOME
  MANNER

- RELATIONSHIPS MAY BE
  'SPECIFIC' OR
  'NON-SPECIFIC'

- IN A FULLY REFINED MODEL,
  ONLY 'SPECIFIC' RELATION-
  SHIPS ARE PERMITTED

- RELATIONSHIPS ARE INDI-
  CATED BY LINES AND DOTS
  BETWEEN ENTITIES

Abb. 10. Entities und Relationen im IDEF1X-Format
(Quelle: ESPRIT, ProjektNr. 322 CAD*I)

Hierbei werden Informationseinheiten (entities) und Beziehungen (relations) zwischen Informationseinheiten verwendet und dargestellt, wie in Abb. 10 erläutert.

In der logischen Ebene wird die Sprache EXPRESS verwendet /5/, die speziell für STEP entwickelt wurde, um Informationsinhalte beschreiben zu können. Hierbei werden Strukturen und Sachverhalte beschrieben, die in der Datenbasis nicht abgespeichert sein müssen, sondern sich nur in den Algorithmen widerspiegeln, die diese Datenbasis bearbeiten. Ein Beispiel hierfür ist die Forderung, daß die Quadratsumme eines Basisvektors gleich eins sei. Diese Forderung schlägt sich einzig und allein in einem Prüfalgorithmus in einem Anwendungsprogramm nieder /5/. Die Formulierung dieser Forderung ist in Abb. 11. dargestellt.

```
ENTITY unit_vector;
   a,b,c:real;
WHERE
   a**2+b**2+c**2=1.0;
END_ENTITY;
```

Abb. 11. Beispiel einer Entity-Definition in EXPRESS
(Quelle: ISOTC184/SC4/WG1))

4.1 Die STEP-Anwendungsschicht

Die STEP-Anwendungsschicht sieht die Spezifizierung eines allgemeinen technologischen Referenzmodells vor, das Gestalt, Produktdarstellung und Verwaltungsdaten berücksichtigt. Spezielle Anwendungsmodelle für die Bereiche Maschinenbau, Bauwesen und Elektronik bilden Grundlage eines integrierten Modells (vgl. Abb. 12). Die bisher bei den verschiedenen Anwendungsgebieten erzielten Ergebnisse zur Spezifikation von Referenzmodellen sind sehr detailliert ausgearbeitet.

So existiert auf dem Gebiet der Geometriebeschreibung von 3D-Objekten (3D Shape Definition) eine umfangreiche Spezifikation, basierend auf einem CAD*I-Vorschlag, zur integrierten Abbildung von Kanten-, Flächen- und Volumenmodellen als topologische Strukturmodelle (B-rep) oder als Produktionsmodelle (CSG) /6/.

Diese Spezifikation liegt CAD*I-spezifisch als formale und informale Beschreibung vor. Die Übertragung in EXPRESS findet derzeit statt. Eine Darstellung auf Anwendungsebene mittels IDEF1X ist nicht bekannt. Die oben erwähnte Integration mit anderen Anwendungsmodellen vor Übertragung in die logische Ebene fand nicht statt.

Das mechanische Produktmodell (mechanical products reference model) spezifiziert ein Referenzmodell für Produkte (Einzelteile oder Baugruppen) aus dem Bereich Maschinenbau. Hierbei werden folgende Informationsarten berücksichtigt /7/:

- Geometrische Gestalt,
- Toleranzen,
- Stücklisteninformationen,
- Fertigungsinformationen,
- Baugruppenzugehörigkeit,
- verschiedene Baugruppenhierarchien und
- funktionale Zusammenhänge.

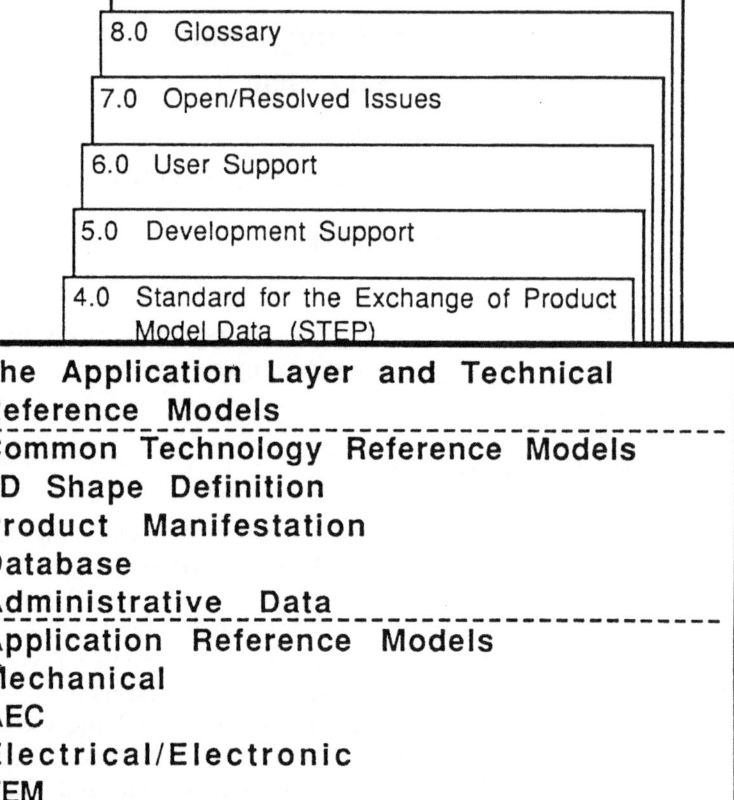

Abb. 12. STEP-Anwendungsebene (Quelle: ISO/TC184/SC4/WG1)

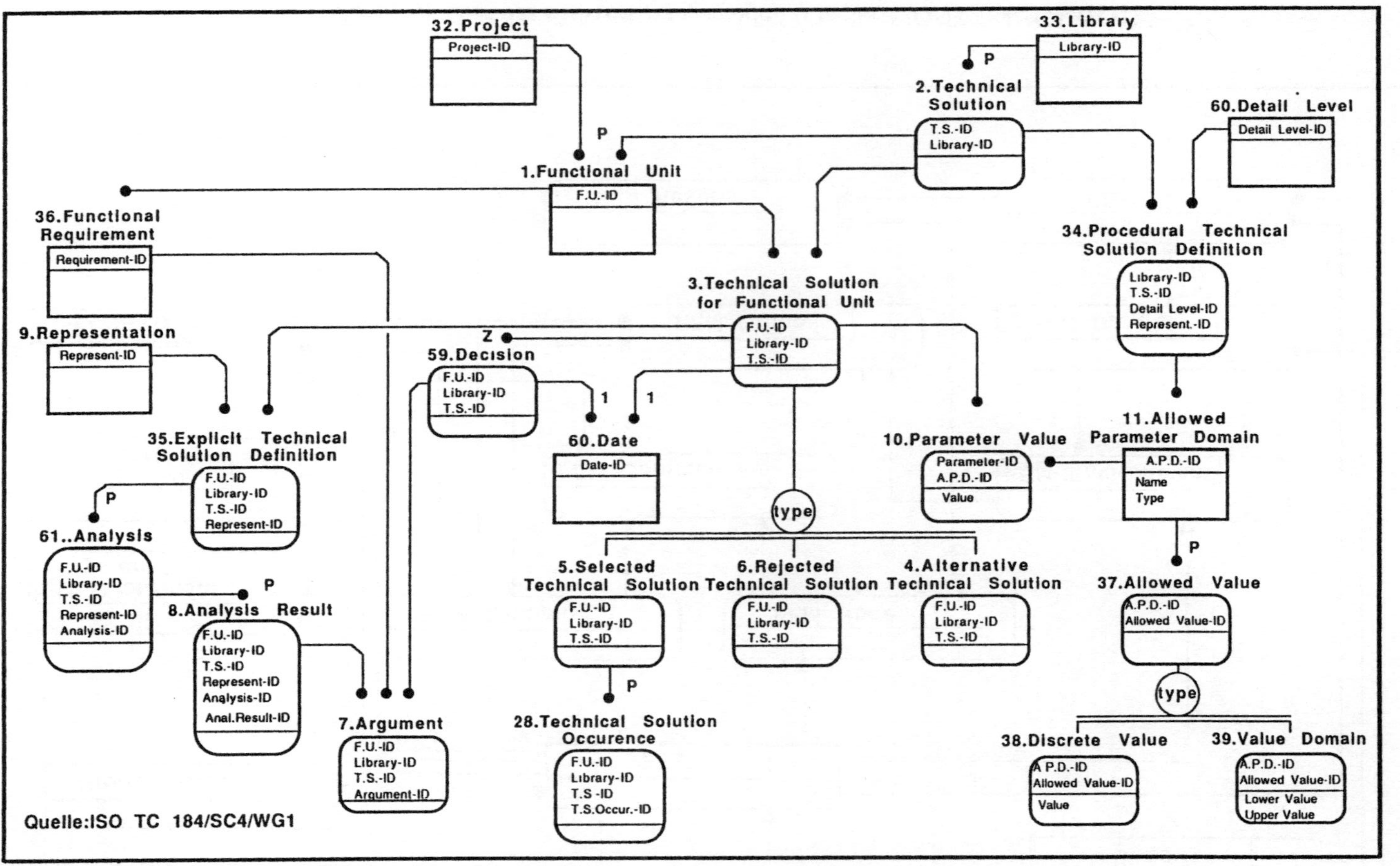

Abb. 13: Überblick über das AEC-Referenzmodell (Quelle: ISO/TC184/SC4/WG1)

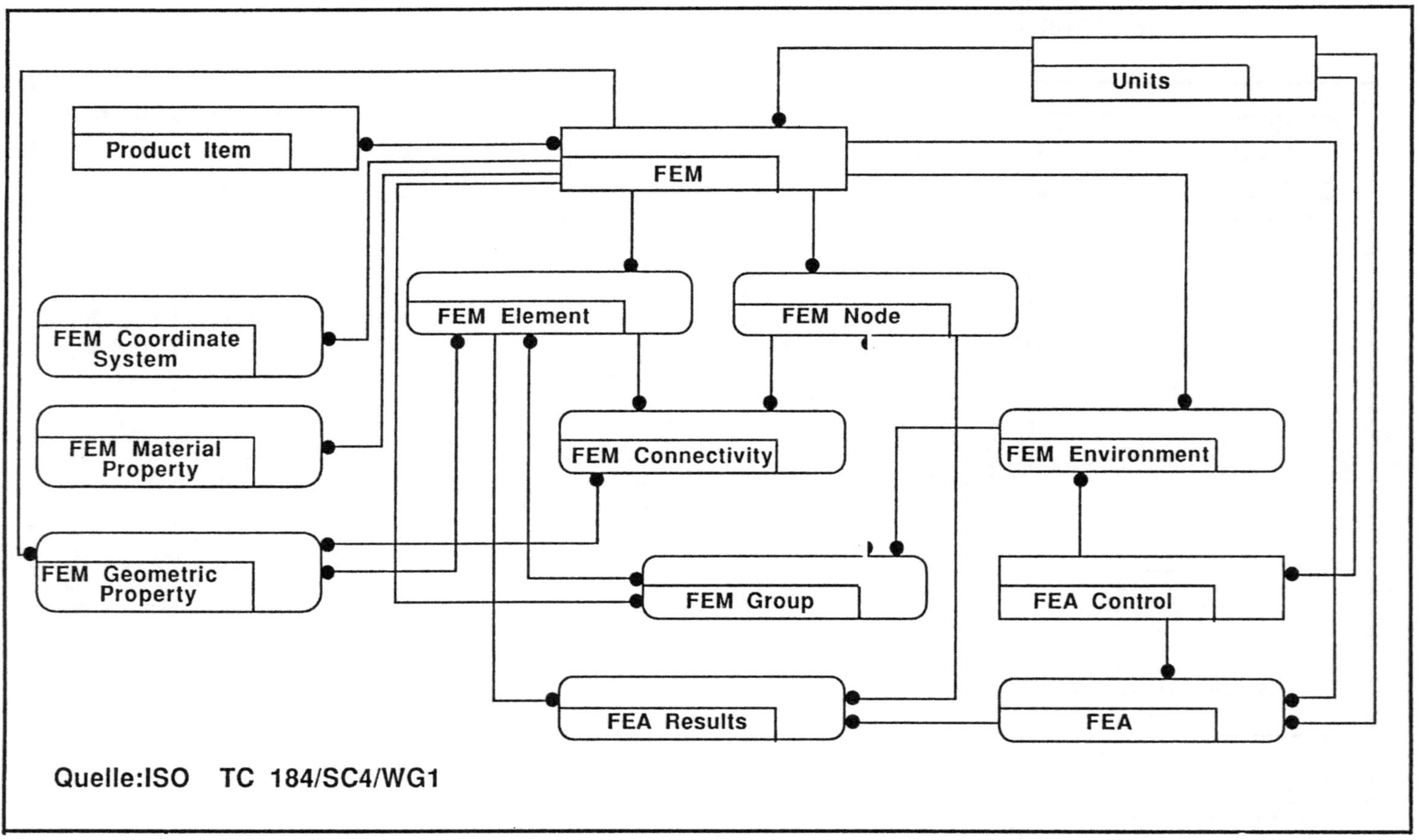

Abb. 14.   Überblick über das FEM-Planungsmodell (Quelle: ISO/TC184/SC4/WG1)

9.0   Requirements Document

8.0   Glossary

7.0   Open/Resolved Issues

6.0   User Support

5.0   Development Support

4.0	Standard for the Exchange of Product Model Data (STEP)
4.00	Introduction
4.01	Scope & Field
4.02	References
4.03	Definitions and Abbrevations
4.04	Concept
4.1	Logical Layer
4.1.1	Use of Formal Language
4.1.2	Product Definition Data
4.1.3	Product Life Cycle Data
4.1.4	Application Specific Data
4.2	Physical Layer
4.2.1	The STEP Physical File Structure
4.2.2	Mapping from Logical Layer to Physical
4.2.3	Concrete Schema

Abb. 15. Aufbau der STEP-Spezifikation
(Quelle: ISO/TC184/SC4/WG1)

Geometrie wird für das "Mechanical products reference model" als topologisches Strukturmodell definiert. Nichtgeometrische Informationen, wie z.B. Härteangaben, Oberflächenangaben oder Fertigungsanweisungen, werden den topologischen Elementen des topologischen Strukturmodells zugeordnet.

Das Referenzmodell für Anwendungen aus dem Bereich des Bauwesens (AEC-Modell) stellt ein allgemeines Schema zur Produktstrukturierung zur Verfügung.

Hierbei werden folgende Anforderungen herausgestellt, die sich auch auf andere Anwendungen übertragen lassen /8/:

- Gestaltung von Baugruppen,
- Verfügbarkeit von Projektierungsinformationen,
- Verfügbarkeit der semantischen Bedeutung einer Darstellung,
- Verfügbarkeit der Abhängigkeit der Produktinformation in der Nutzung (verlangt, konstruiert, geplant, gebaut, im Betrieb genutzt),
- Verfügbarkeit der Produktionsinformation.

Das unter diesen Gesichtspunkten vorgeschlagene Referenzmodell ist in Abb. 13 in IDEF1X-Ausprägung dargestellt. Das FEM-Referenzmodell wurde bereits als Entwurf ("Draft"-Status) /9/ vorgestellt. Es beschränkt sich auf linearelastische und thermische Anwendungen. Abb. 14 zeigt die Struktur des FEM-Planungs-Modells. Das FEM-Referenzmodell ist sowohl im IDEF1X-Format als auch in der logischen Schicht spezifisch.

4.2 *Die logische und die physikalische Schicht*

Die logische und physikalische Schicht bilden Grundlage der STEP-Schnittstellenspezifikation, deren grobe Gliederung in Abb. 15 dargestellt ist.
Eine Spezifizierung für die logische Schicht liegt in Form eines Vorabentwurfs vor /10/. Die Referenzmodelle für Kurven und Flächenmodell, CSG-Modell, B-rep-Modell und Toleranzmodell sind in diesem Dokument enthalten und liegen spezifiziert in EXPRESS vor. FEM, AEC und das mechanische Produktmodell sollen in der nächsten Version integriert sein.
Für die physikalische Schicht liegt bisher noch kein Entwurf vor, so daß hier keine Aussage über das Datenformat gemacht wird.

4.3 *Die STEP Implementierung*

Zur Implementierung der STEP-Schnittstelle sollen umfangreiche Unterlagen und Werkzeuge zur Verfügung gestellt werden (vgl. Abb. 16).

Hervorzuheben sind hier

- Implementierungsrichtlinien,
- Testbibliotheken mit STEP-Dateien,
- Software-Testwerkzeuge für Systementwickler,
- Prototypen von Pre- und Postprozessoren.

Diese Hilfsmittel sind wichtig für

- die konsistente Entwicklung von Pre- und Postprozessoren,
- das Testen, Validieren und Zertifizieren von Prozessoren und
- die Entwicklung von Softwaretools wie Scanner, Parser, Analysatoren und Auswerteprogrammen.

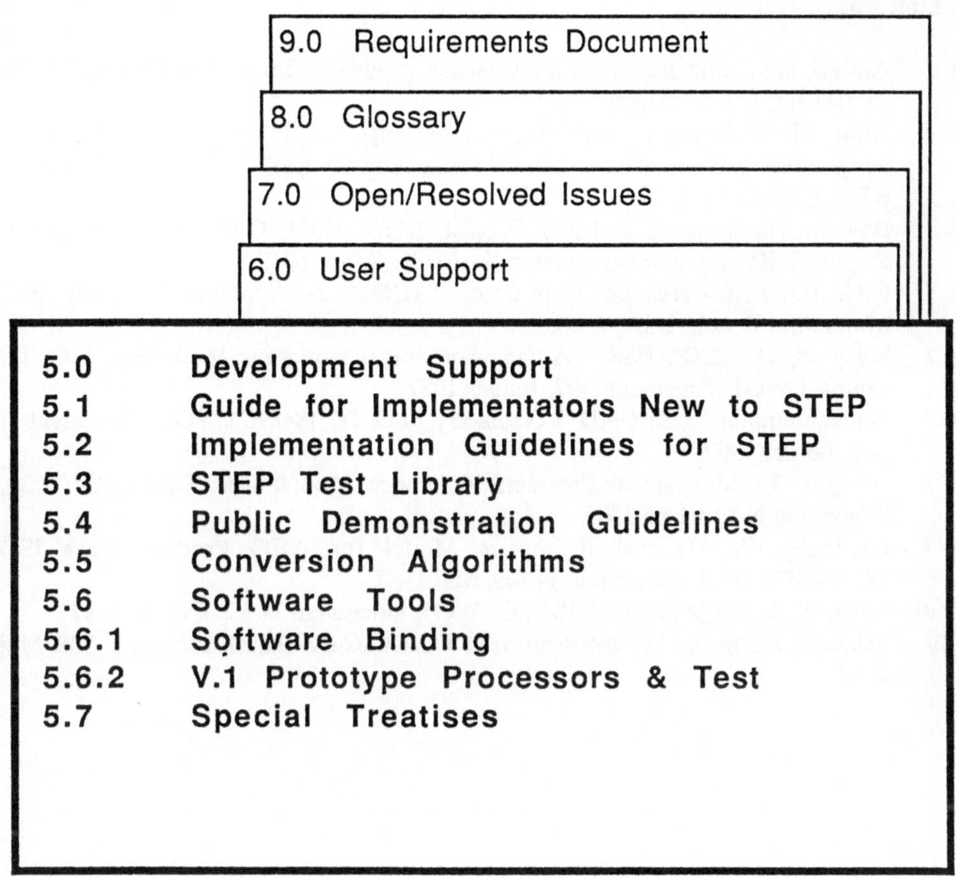

Abb. 16. Gliederung von Kapitel 5 der STEP-Dokumente
(Quelle: ISO/TC184/SC4/WF1)

5. Ausblick

Die Entwicklung von STEP ist eine Schnittstellenentwicklung, die von ihrer Konzeption her alle Voraussetzungen erfüllt, um erfolgreich in der industriellen Anwendung eingesetzt zu werden und die eine Bereinigung des im Moment expandierenden Schnittstellensektors verspricht. Insbesondere die Einbeziehung bisheriger Erfahrungen mit Schnittstellen und die Berücksichtigung des industriellen Einsatzes schon in der Projektierungsphase erlauben eine positive Beurteilung dieser großen internationalen Anstrengung, da herkömmliche Schnittstellen einige Schwachstellen aufweisen, die sich gerade in der industriellen Nutzung als Fehlerquellen fatal auswirken. Die Veröffentlichung der STEP-Norm Mitte 1988 ist als großer Schritt in Richtung CIM (Computer integrated manufacturing) zu sehen.

190

6. Literatur

/1 /   Anderl, R.: Schnittstellen zum Austausch produktdefinierender Daten, REFA-Zeitschrift, FBEE, August 1987

/2 /   Rohr, M.: Entwicklung und Programmierung eines Preprozessors zur Erzeugung einer systemneutralen Modelldarstellung im ESP-Format, Studienarbeit, RPK, Universität Karlsruhe, 1986

/3 /   Bey, I., Leuridan, J.: ESPRIT Project 322: CAD*I, CAD-Interfaces, Status Report 3, Kernforschungszentrum Karlsruhe, März 1987

/4 /   N.N.: IDEF1X - Readers Reference, DACOM, D. Appleton Company, Inc., Manhattan Beach, USA, 1986

/5 /   Schenck, D.: EXPRESS - A language for Information Modelling, ISO TC 184/SC4/WG1 Document N97, Januar 1987

/6 /   Schlechtendahl, E.E.: CAD*I Geometry, ISO TC 184/SC4/WG1, Document N 1o1, Januar 1987

/7 /   Voegeli, T.: Mechanical Products Reference Model, ISO TC184/SC4/WG1, Document N 129, Mai 1987

/8 /   Gielingh, W.: General Reference Model for AEC Product Data ISO TC184/SC4/WG1, Document N 149, Mai 1987

/9 /   Gray, W. H.: FEM, ISO TC184/SC4/WG1, Document D 3.2.4, März 1987

/10/   Schenck, D.: Initial Testing draft, ISO TC184/SC4/WG1, Document N 138, Mai 1987

CAD-CAM-System für Hochgeschwindigkeitszerspanung

F. Liu
Technische Hochschule Darmstadt

1. Einleitung

Hochgeschwindigkeitsbearbeitung (HSC-High Speed Cutting) bedeutet Vordringen in neue Dimensionen der Schnittgeschwindigkeiten. Das Ergebnis ist nicht nur ein höheres Zerspanungsvolumen, sondern birgt auch, wie die umfangreichen Untersuchungen am Institut für Spanende Technologie und Werkzeugmaschinen der technischen Hochschule Darmstadt ergeben haben, eine Reihe anderer, entscheidender Vorteile in sich. So geht mit der Erhöhung der Vorschubgeschwindigkeit eine Erhöhung des spezifischen Zerspanungsvolumens sowie eine Reduktion der Zerspanungskräfte um bis zu 30% einher. Außerdem werden Oberflächengüten erzielt, die nahezu Schleifqualität aufweisen; die Zerspanungswärme wird fast vollständig mit dem Span abgeführt, wodurch wärmeempfindliche Werkstücke verzugsfrei bearbeitet werden können.

Voraussetzung für die Nutzung all dieser Vorzüge ist allerdings eine den Anforderungen der Hochgeschwindigkeitsbearbeitung angemessene Bearbeitungsmethode. Hier treten besondere Probleme durch die Steuerung der HSC-Maschine auf. Mit konventionellen Fräsmethoden werden Fräsbahnen generiert, bei der der Fräser von einer Seite aus die Fläche entlang der Randkurven bis zur gegenüberliegenden Flächenbegrenzung überfährt. Hier wird der Fräser im spitzen Winkel von seiner bisherigen Richtung in die neue umgelenkt.

Durch das ständige Anhalten und wieder Anfahren der Vorschubeinheit entsteht eine Schwingungserregung des gesamten Maschinensystems. Desweiteren führt die ungleichmäßige Vorschubgeschwindigkeit zur Beeinträchtigung der Oberflächengüte. Bei hohen Vorschubgeschwindigkeiten muß auch mit einer erheblichen Abweichung der Ist- von der Soll-Fräsbahn gerechnet werden. Aus dieser Problemstellung resultieren drei Forschungsbereiche. Zunächst muß ein Konzept zur Generierung von kontinuierlichen Fräsbahnen für die Bearbeitung von 2½-D-Werkstücken erarbeitet werden. Dieses steht in engem Zusammenhang mit der Entwicklung einer speziellen Bearbeitungsmethode für dünnwandige Werkstücke. Daran anschließend wird dieses Konzept auf die Generierung kontinuierlicher Fräsbahnen für die 3-Achsen-NC-Fertigung übertragen. Als Basis findet das CAD-CAM-System von Fides Euklid Anwendung.

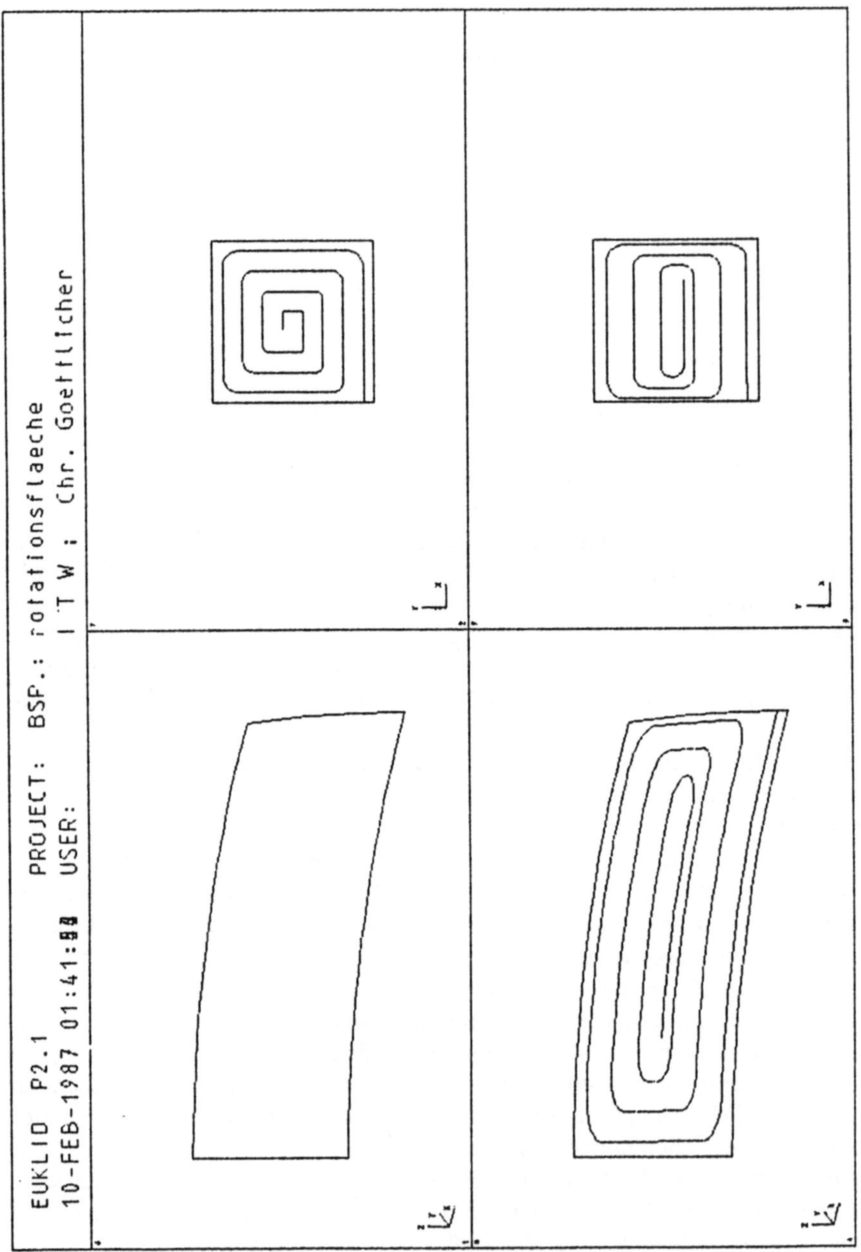

Abb. 1. Prozessablauf bei der Generierung spiralförmig-kontinuierlicher Fräsbahn
[Quelle: Institut für Technologie und Werkzeugmaschinen, TH Darmstadt]

2. Kontinuierliche Fräsbahn für die Fertigung von 2½-D-Werkstücken

Ziel des Konzeptes ist es, mit Hilfe von parametergesteuerten CAD-CAM-Programmen Geometrieelemente zu definieren und mit Fräsprogrammen zu bearbeiten. Während der Fräsbearbeitung erfolgt ein kontinuierlicher Fräsereingriff mit einer kontinuierlichen Fräsbahnerzeugung in der X-, Y-Richtung.

Für jedes bis jetzt behandelte Geometrieelement stehen zwei Fräsprozeduren zur Verfügung. Mit der ersten erfolgt die Grobbearbeitung durch einen Fräser mit größerem Durchmesser, mit der zweiten werden die Ecken auf den gewünschten Verrundungsradius bearbeitet. Im folgenden werden die wesentlichen Gesichtspunkte des Konzeptes vorgestellt:

- Definition der Geometrie
  Durch Aufruf der Geometrieprozedur und Eingabe der notwendigen Parameter wird das Element im X-,Y- und Z-Koordinatensystem erzeugt. Dieses Element muß dann einer im Euklid-System definierten Variablen zugewiesen werden.

- Aufbau der Werkzeugdatei
  Die Werkzeugdatei enthält die Merkmale aller für die Fräsprozeduren benötigten Fräserwerkzeuge. Diese sind für jedes Fräswerkzeug in zwei Datensätzen, einem Datensatz mit den syntaktisch notwendigen Euklid-Anweisungen und einem Datensatz mit den Zustellungsparametern in Z-Richtung, gespeichert. Jedes Fräswerkzeug ist durch eine Fräsernummer gekennzeichnet. Dazugehörigen Datensätzen ist eine indizierte Variable (TOOL(i,j)), die ebenfalls die Fräsernummer enthält, zugeordnet. Der Index i kennzeichnet die Art des Datensatzes, der Index j die Werkzeugnummer. Die Anzahl der in der Werkzeugdatei speicherbaren Fräswerkzeuge ist beliebig.

- Inhalt des Datensatzes mit Zustellparametern
  Dieser Datensatz besteht aus mindestens einem Wertepaar, das die Zustellparameter für den jeweiligen Fräser spezifiziert.

- Die Fräsbahngenerierung
  Der Anwender muß sich an die Vorschriften der CAD-Sprache Euklid halten, wenn er ein Fräsprogramm für ein Werkstück unter Verwendung der Fräsprozeduren schreibt, d.h Defininition von Technologieparametern (Vorschub, Drehzahl), Sicherheitsebenen und die Aktivierung eines Fräsers. Will der Anwender jedoch die Werkzeugdatei verwenden, braucht er das Fräswerkzeug nicht neu zu definieren. Die Fräsbahngenerierung übernimmt die Fräsprozedur. Dazu ist nur die Zuweisung der Werkzeugdatei, der Fräsernummer und die der Geometrie notwendig.

- Die Geometrie der Fräsbahn
  Ausgangspunkt für die Generierung der kontinuierlichen Fräsbahn ist die Werkstückgeometrie. Diese wird vom Benutzer im X-, Y- und Z-Koordinatensystem definiert und durch die vorgegebene Euklid-Anweisung in eine Polynomfläche umgewandelt. Die Polynomfläche ist durch U-V-Parameter definiert. Durch Angabe von U-V-Punkten, die eine Gerade mit Steigung generieren, wird in Verbindung mit dem Fräsprogramm auf der Fläche eine Fräsbahn erzeugt. Entsprechend wird die Spiralwindung der Fräsbahn für das Werkstück durch das Aneinander-

reihen mehrerer Programmschleifen erzeugt. Dadurch stellt jede Schleife einen eigenen Abschnitt dar, wobei sich die Steigung der Windung nach der jeweiligen Vorgabe aus der Werkzeugdatei mit Zustellungsparametern bestimmt. Mit den übergebenen Geometriedaten und unter Berücksichtigung des Fräserradius und des mit Hilfe der Fräsernummer identifizierten Datensatzes mit den Werkzeugpaaren für die Z-Zustellung wird die kontinuierliche Fräsbahn berechnet. Bis zum Erreichen der Ist-Tiefe werden in der oben beschriebenen Weise weitere Schleifen generiert, bis ihre Anzahl der der Zustellungen entspricht. Alle Zustellparameter werden anschließend in Abhängigkeit vom nächsten Wertepaar erzeugt.

Dies erfolgt bei jeder weiteren Schleife, bei der die neue Zustellung berücksichtigt wird. Mit diesem Teil ist die Generierung des Fräsprogrammes für die Grobbearbeitung abgeschlossen, sobald die gewünschte Endtiefe des Werkstückes bzw. der Werkstückbearbeitung erreicht ist. Die Generierung der Fräsbahn für die spätere Endbearbeitung wird unter Berücksichtigung der Eckradien danach in vergleichbarer Weise durchgeführt. Die entwickelte Bearbeitungsmethode unterscheidet sich von den bisher im Rahmen des CAD-CAM-Systems eingesetzten Methoden in technologischer Hinsicht durch die Erzeugung einer kontinuierlichen Fräsbahn und in wirtschaftlicher Hinsicht durch eine Reduzierung der Hauptzeit. Zur Bearbeitung von Integralwerkstücken sollen diese Methoden in Form von Unterprogrammen als Standard-Formelemente in ein entsprechendes Menütablett eingearbeitet werden. So kann der System-Anwender direkt ein Werkstück aus vorhandenen Standard-Formelementen zusammensetzen und für die NC-Fertigung die notwendige Fräsbahn HSC-gerecht generieren.

3. Bearbeitung dünnwandiger Werkstücke

Ein Ziel der Forderung der Hochgeschwindigkeitsbearbeitung ist die Reduzierung der Hauptzeiten bei der Bearbeitung von dünnwandigen Werkstücken, insbesondere von solchen aus Leichtmetall, die durch das Schwingungsverhalten des Werkstück-Werkzeugmaschinen-Systems als besonders problematisch angesehen werden. Am ITW (Institut für Spanende Technologie und Werkzeugmaschinen) wurde eine Bearbeitungsmethode entwickelt, die es ermöglicht, jeweils eine Seite fertig abzuarbeiten, bevor der Wechsel erfolgt. Dabei wird zunächst auf der ersten Seite mit der maximalen Zustellung die erste Schicht abgetragen. Danach wird die Seite gewechselt und diese dann komplett mit abnehmender Zustellung in Z-Richtung bearbeitet. Die dazu benötigten Zustellparameter werden aus dem vorgegebenen Wertpaar mit Hilfe des entwickelten Programms generiert. Der erste Wert des Wertpaares gibt den jeweils mit einer festen Zustellgröße zu bearbeitenden Tiefenbereich, der zweite Wert die in diesem Tiefenbereich maximal mögliche Zustelltiefe pro Fräserumlauf an.

4. Kontinuierliche Fräsbahn für die Bearbeitung von 3D-Werkstücken

Bedingt durch ihre komplexe Geometrie erweisen sich 3D-Werkstücke als weitaus schwieriger in der Handhabung als 2½-D-Werkstücke. Aus diesem Grund gilt bei der Generierung von kontinuierlichen Fräsbahnen der Wirtschaftlichkeit und der Bearbeitungstechnologie ein verstärktes Augenmerk. Als Grundlage dieser Fräsbahnen dient die mathematische Theorie von Bezier, mit deren Hilfe komplizierte Flächen beschrieben werden können.

Die Generierung der Fläche erfolgt auf dem Einheitsquadrat. Dabei wird die kontinuierliche Fräsbahn aus den geometrischen Grundelementen Kreisbogen und Gerade zusammengesetzt. Das Einheitsquadrat wird mit einem Netz von Geraden überzogen, die in gleichen Abständen parallel zu den Rändern verlaufen. Die Anzahl der Geraden entspricht der doppelten Anzahl der späteren Fräsumläufe. Auf den Geraden liegen die Stützpunkte der späteren Fräsbahn.

Um eine einseitig offene Bahn zu erhalten, wird, ausgehend von einem Schnittpunkt zweier äußerer Geraden, im linken Umlaufsinn die Bahn generiert. Die Richtungsänderung erfolgt, wenn der letzte Schnittpunkt einer Bahn erreicht ist. Die Bahn entlang der vierten Seite wird nicht bis zum Ausgangspunkt der ersten Seite generiert, sondern nur bis zum Schnittpunkt der vierten äußeren Gerade mit der zweitäußeren der ersten Seite. Betrachtet man die zweitäußeren Geraden der Seiten als äußere, wird mit dem soeben beschriebenen Algorithmus von vorne begonnen, bis die Bahn sich selbst schneidet. Es ist eine eckige, einseitig offene Bahn entstanden. Eine wesentliche Anforderung an die Fräsbahn ist die stetige Differenzierbarkeit, d.h. die Fräsbahn darf keine Sprünge und Knicke haben. Um die Bahn einfach differenzierbar zu gestalten, werden die Ecken durch Viertelkreise mit vom Benutzer bestimmten Radien ersetzt.

Für eine Fläche, die aus mehreren Patches besteht, wird die Kurve auf dem Einheitsquadrat der Fläche angepaßt. Die Bahnen werden so verschoben, daß kleine Patches seltener überfahren werden als große. Das Verfahren ist wie folgt zu beschreiben: Auf der Fläche wird ein Gitter entlang den Parameterlinien berechnet. Die Anzahl der Parameterlinien muß gleich oder ein Vielfaches der Netzdichte des oben berechneten Einheitsquadrates sein. Entlang den Parameterlinien werden die Bogenlängen über der Fläche berechnet. Anschließend wird jeder Kreuzungspunkt komponentenweise so verschoben, daß die Bogenlänge von der entsprechenden U-V-Nullinie aus bis zu dem neugefundenen Punkt im Verhältnis zu der Gesamtbogenlänge auf der entsprechenden Parameterlinie gleich dem entsprechenden U-V-Wert ist. Nach der Generierung des Gitters werden alle Bogenlängen mit den von ihnen abhängigen Werten im Feld auf eins normiert.

Es entsteht ein neues Einheitsquadrat. Trägt man hier die berechneten Abstände als U-V-Werte ein, so werden im allgemeinen gekrümmte Linien entstehen. Das alte Einheitsquadrat wird in das neue umgesetzt, indem die Stützpunkte der Bahnen einzeln auf die Linien projiziert werden. Entspricht die Netzdichte der Gitterdichte, wird die i-te Bahn der i-ten Linie zugeordnet; ansonsten wird die Nummer der i-ten Bahn mit dem Quotienten aus Gitterdichte und Netzdichte multipliziert, um die Nummer der gewünschten Linie zu erhalten.

Die Verrundungen werden mit den Randpunkten auf die Linien projiziert, die Stützpunkte auf dem Viertelkreis werden interpoliert. Das neue Einheitsquadrat wird mit den Stützstellen auf die notwendige Größe des U-V-Parameterfeldes projiziert. Mit Hilfe der Stützpunkte wird die Kurve als Fräsbahn auf der Fläche dargestellt.

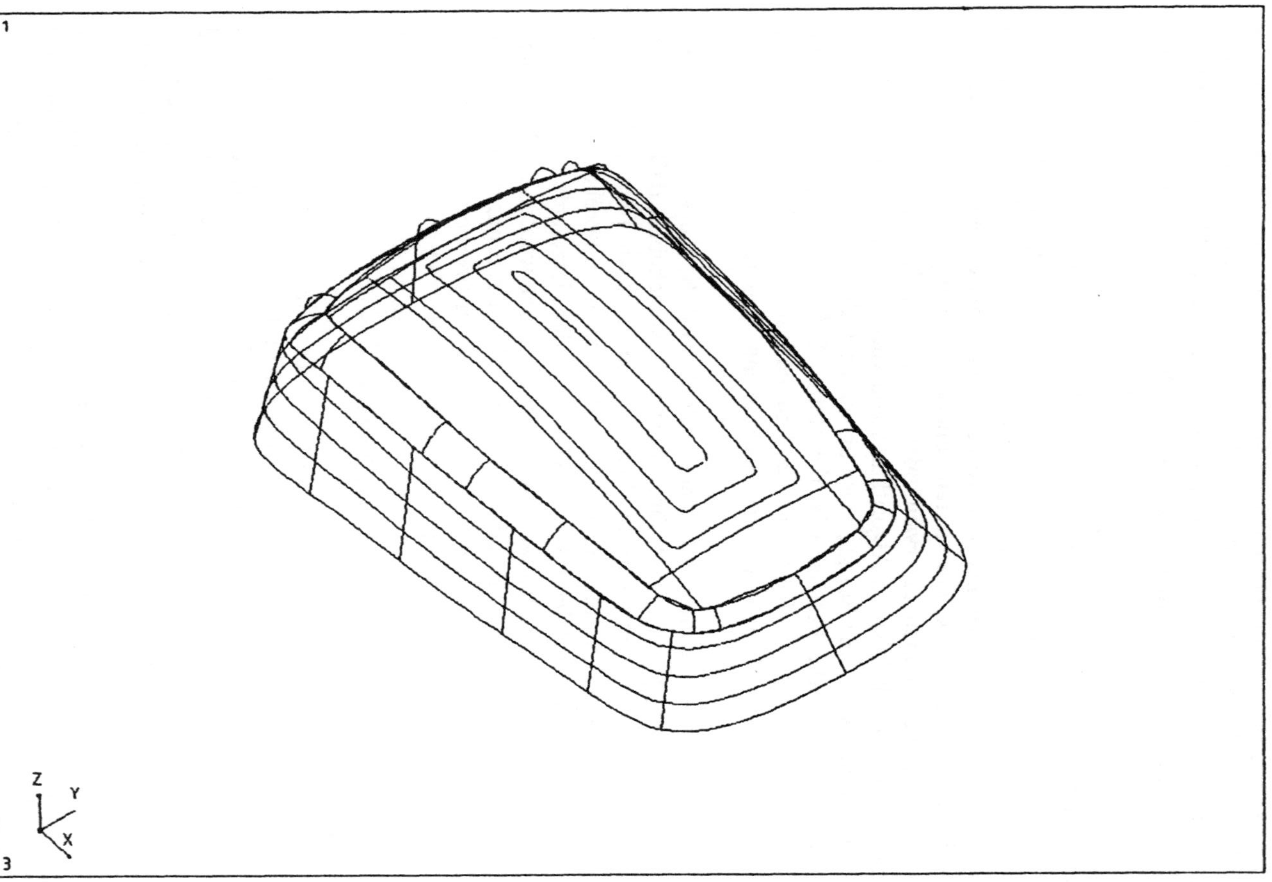

Abb. 2. Anwendungsbeispiel für ein Formenbauteil
[Quelle: Institut für Technologie und Werkzeugmaschinen, TH Darmstadt]

5. Einsatz Beispiele

Die Mehrzahl der in Frage kommenden Flächen kann von dem am ITW (Institut für Spanende Technologie und Werkzeugmaschinen) entwickelten Fräsprogramm abgedeckt werden. Nachfolgend sollen anhand einiger Beispiele die mit diesem Programm erzielten Resultate dargestellt werden.

Im ersten Beispiel wird die Anpassung der Fräsbahn an eine gegebene Fläche deutlich. Die Fläche, mit CAD-CAM-System Euklid erzeugt, enthält einige Segmente von Rotationskörpern. Sie wurden mit folgendem Euklid-Programm erstellt:

```
L1:      = CSEG((0,.C(.(),150),-12),
L2:      = ROTSURF(L1,30,"N");
FLAE:    = L2('RY-90);
```

Abb. 1 zeigt im ersten Quadranten die mit Euklid erzeugte Fläche, im zweiten Quadranten die im Parameterfeld berechnete Kurve (die X-Achse entspricht der U-Richtung, die Y-Achse der V-Richtung) und im dritten Quadranten die durch die Flächenanpassung korrigierte Fräsbahn. Es ist deutlich zu sehen, daß die Fläche in V-Richtung eine kleinere Ausdehnung besitzt als in U-Richtung. Dementsprechend ist im Parameterfeld ein größerer Abstand der Spiralumläufe in V-Richtung zu sehen. Bei der Darstellung des Parameterfeldes auf der Fläche im vierten Quadranten ist der Abstand der Spiralumläufe wieder gleich. Abb. 2 zeigt einen Außenspiegel, der mit kontinuierlicher Bahn gefräst ist.

6. Zusammenfassung

Für die Hochgeschwindigkeitsbearbeitung erwiesen sich die konventionellen CAD-CAM-Bearbeitungsmethoden, bedingt durch die dort auftretenden hohen Schnitt und Vorschubgeschwindigkeiten, als nicht geeignet. Um dieses Problem zu lösen, wurden im Rahmen des Forschungsvorhabens mehrere Programmodule entwickelt, die den kontinuierlichen Fräsereingriff ermöglichen. Bisher wurden kontinuierliche Fräsbahnen für die 3D-Werkstückbearbeitung realisiert. Zusätzlich wurden Technologie-Elemente mit kontinuierlicher Fräsbahn und variabler Zustellung in der Z-Richtung für die Bearbeitung von 2½-D-Integralwerkstücken realisiert. Dadurch kommt es zu einer kürzeren Hauptzeit und einer besseren Bearbeitungsqualität.

Beschreibung der CAD*I-Schnittstelle zum Austausch von Volumenmodellen

W. Weick

Projektträger Fertigungstechnik (PFT)
Kernforschungszentrum Karlsruhe

1. Einleitung

Computer Aided Design versteht sich als ein rechnergestütztes Werkzeug aller in den Konstruktionsprozeß eingebundenen Funktionsbereiche. Trotz eingeschränktem Leistungsstand derzeit bekannter CAD-Systeme ist CAD als Baustein gesamtbetrieblicher Integrationsbemühungen, bekannt unter dem Schlagwort CIM, zu verstehen. Diesen Integrationsaspekt voranzutreiben heißt, die in den rechnergestützten CAD-Bereichen einmal erzeugten Daten anderen vor- und nachgelagerten Bereichen zugänglich zu machen. Die zuvor skizzierte Notwendigkeit des CAD-Datenaustausches läßt sich mit Unterstützung standardisierter CAD-Schnittstellen realisieren.

Eine CAD-Schnittstelle kann verstanden werden als das Zusammenwirken von Schnittstellenspezifikation und der entsprechenden programmtechnischen Implementierung. Das in einer Spezifikation definierte Austauschformat, bestehend aus Elementen, Merkmalen und Relationen, dient zur Übertragung CAD-System spezifischer Datenelemente und Datenstrukturen.

In Abb.1 sind die grundsätzlich möglichen Datenschnittstellen dargestellt, die CAD-Schnittstellen sind entsprechend kenntlich gemacht. Für den Datenaustausch zwischen CAx-Systemen sind u.a. von Bedeutung:

- der Datenaustausch zwischen CAD-Systemen,
- Schnittstellen zur Integration der CAD- und FEM- Anwendungen,
- Kopplung von CAD und Datenbanken,
- Schnittstellen zur Anbindung von:
  - CAM-Systemen, insbesondere NC-Anwendungen
  - CAT- (Computer Aided Testing) Systemen
  - PPS-Systemen
  - Simulationssystemen
  - .....

Jede CAD-Schnitttstelle basiert auf dem rechnerinternen Modell (RIM) des jeweiligen CAD-Systems. Die Informationsmodelle (RIM) von CAD-Systemen legen fest, welche Daten eines Objektes beschrieben und in welcher Art und Weise sie abgespeichert werden. Die Modelle heutiger CAD-Systeme unterstützen vorwiegend die Beschreibung geometrischer Produktinformationen.

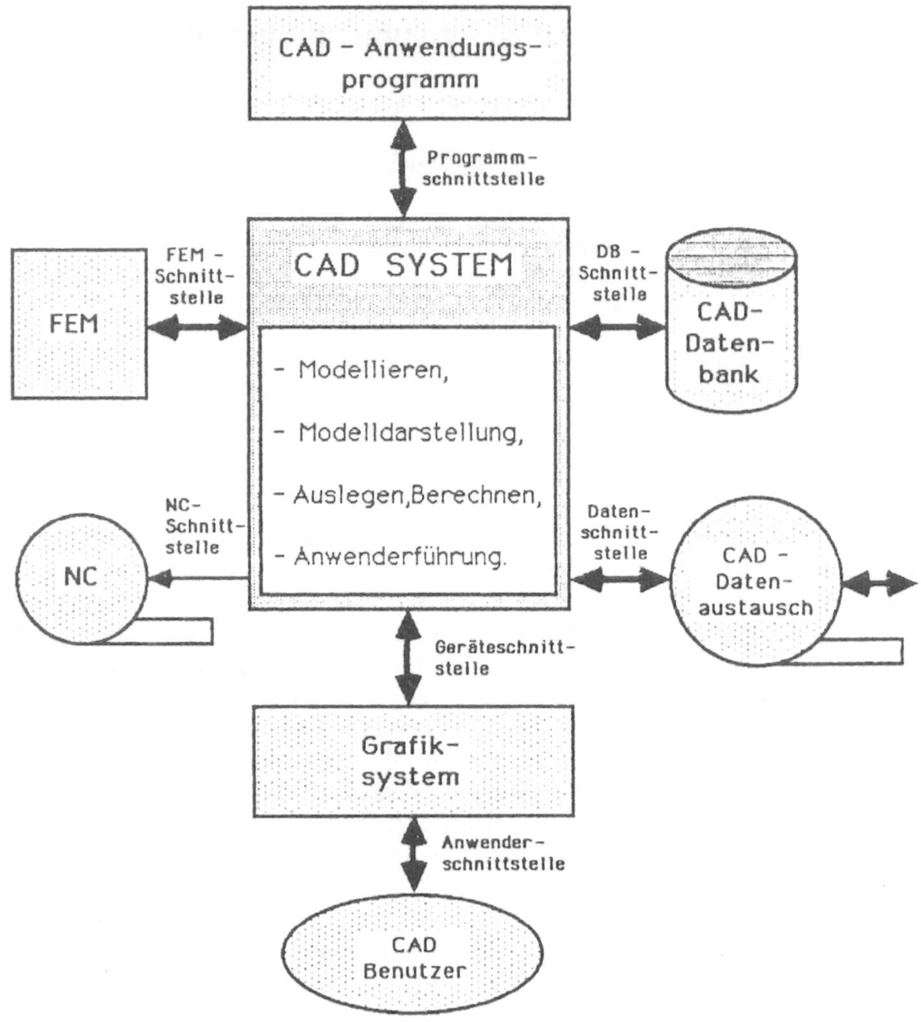

Abb. 1. Mögliche CAD/CAM-Schnittstellen

Die folgenden Abschnitte werden sich schwerpunktmäßig mit der Klasse der Volumenmodellierer beschäftigen und aufzeigen, wo derzeit Probleme beim Datenaustausch liegen und wie man sie speziell im Rahmen des CAD*I-Projektes lösen will.

2. Standardisierungsbemühungen im Bereich Schnittstellen

Die Volumenmodellierer stellen die höchste Stufe der rechnergestützten Geometriemodellierung dar. Dieses Modellierungswerkzeug ermöglicht dem Anwender eine vollständige Abbildung realer Produktgeometrien auf ein rechnerinternes Modell, charakterisiert durch seine Oberflächen, Volumen etc. Verglichen mit den "klassischen" 2D/3D-CAD-Systemen (z.B. basierend auf den Drahtmodellen) ist der Leistungsumfang - im wesentlichen Verarbeitung von Makrogeometrien - und die entsprechende Marktdurchdringung von Volumenmodellierern noch relativ gering und auf wenige Anwendungsfunktionen beschränkt, jedoch mit steigender Tendenz.

Die zukünftige Bedeutung von Volumenmodellierern in der industriellen Anwendung ist von dem Integrationsgrad derartiger Systeme in die unternehmensweite Datenverarbeitung abhängig /1/. Integration bedeutet hier Weiterverarbeitung der im Volumenmodell gespeicherten Geometriedaten durch weitere rechnergestützte CAx - Bereiche, wie z.B. Berechnung, Fertigung.

Vor diesem Hintergrund ist die Entwicklung standardisierter Schnittstellen zum Datenaustausch zwischen Volumenmodellierern und ankoppelbaren Anwendungen zu sehen.

2.1 Die Historie der Volumenmodell-Schnittstellen

Ein erster Forschungsauftrag zur Entwicklung einer Volumenschnittstelle wurde von 'CAM-I' im Rahmen des Geometric Modeling Project (GMP) an McAuto 1979 vergeben. Die Ergebnisse sind integriert im Abschnitt 5 des ersten CAD-Schnittstellenstandards ANSI Y14.24M /3/ als "Basic Shape Description". Zwischen 1979 und 1982 wurde unter der Leitung von CAM-I an einer Schnittstellenspezifikation, einschließlich Implementierung und Test, zur Übertragung von B_Rep - (Berandungsflächendarstellung) und CSG (Constructive Solid Geometry) - Modellen gearbeitet, bekannt unter der Bezeichnung "XBF-1" und "XBF-2" /7/. 1983-1985 wurde bei IGES die Spezifikation für den Datenaustausch von Volumenmodellen (B_Rep und CSG) auf der Basis von XBF erweitert. Diese Version ist bekannt unter dem Namen ESP (Experimental Solid Proposal) und wurde zumindest im Bereich der B_Rep's nicht implementiert /13/.

Diese 'klassischen' CAD-Schnittstellenansätze /26, 27/ können der ersten Schnittstellengeneration zugeordnet werden. Die mit diesen Schnittstellen gesammelten Erfahrungen bezüglich Spezifikation, Pre-/Postprozessoren und Test, sind die Grundlage einer neuen Generation bedarfsgerechter, zukunftsorientierter CAD-Schnittstellen. Die Anforderungen an zukünftige CAD-Schnittstellen lassen sich aus den folgenden Unzulänglichkeiten derzeit bekannter Schnittstellenkonzepte ableiten /9/:

- keine oder unvollständige Orientierung an gegebenen CAD-Modellphilosophien
- redundante und nicht eindeutige Elementebeschreibung
- spezifizierter Elementeumfang (z.B. Geometrieelemente) entspricht nicht dem von den CAD-Systemen unterstützten Elementeumfang
- fehlende oder unzureichende Struktur- und Semantikdefinitionen sowie keine klare Elementeklassifizierung
- kein kompaktes Austauschformat
- nicht oder nur eingeschränkt erweiterbar hinsichtlich zukünftiger Entwicklungen
- Beschreibung des Austauschformates nur in verbaler Form vorhanden
- fehlende oder unzureichende Implementierungsrichtlinien und somit uneinheitliche Prozessorimplementierungen

– keine Prozesskontrolle während Pre-/Postprozessorlauf (z.B. Fehlerausgabe, Prozessorstatusausgabe, Statistiken).

2.2 Aktuelle und zukünftige Standardisierungsaktivitäten

Als zukünftige CAD-Schnittstellen werden IGES 4.0, PDES, CAD*I und STEP u.a. diskutiert: Diese Schnittstellenkonzepte werden nachfolgend besprochen, da diese Entwicklungen den zukünftigen Anforderungen an CAD-Schnittstellen am meisten Rechnung tragen.

2.2.1 IGES 4.0 Initial Graphics Exchange Specification, Version 4.0

IGES 4.0 wird eine Erweiterung von IGES 3.0 sein, soll aber gleichzeitig den Abschluß der IGES-Entwicklung bilden /14,17,18/. Durch Übernahme des CSG-Teils von ESP soll IGES 4.0 in der Lage sein, Volumenmodelle (CSG) zu übertragen. Desweiteren wird der Elementeumfang um nichtgeometrische Elemente aus Fertigung und Anlagenbau erweitert werden.

2.2.2 PDES Product Data Exchange Specification

Neben IGES wird an einer zweiten, völlig neu konzipierten Schnittstellenentwicklung namens PDES gearbeitet, die u.a. die Zeichnungserstellung, mechanische Konstruktion, Elektrotechnik und Architektur abdeckt /19/. PDES wird den Funktionsumfang von IGES umfassen, sich aber in Daten- und Speicherungsformaten bezüglich IGES unterscheiden. Es ist davon auszugehen, daß PDES und STEP identisch sein werden.

2.2.3 CAD*I Computer Aided Design * Interfaces

CAD*I ist ein 1984 gestartetes ESPRIT-Projekt (No. 322) der EG unter Beteiligung der europäischen Industrie und Forschung /4,10/. In folgender Aufstellung sind die einzelnen Partner des Projektes aufgeführt:

– Bayerische Motorenwerke AG (BRD)
– Cisigraph (Frankreich)
– Cranfield Institute of Technology (England)
– Danmarks Tekniske Hoejskole (Dänemark)
– Erdisa (Spanien)
– Gesellschaft für Strukturanalyse (BRD)
– Katholieke Universiteit Leuven (Belgien)
– Kernforschungszentrum Karlsruhe GmbH (BRD)
– Leuven Measurement and Systems (Belgien)
– NEH Consulting Engineers APS (Dänemark)
– Rutherford Appleton Laboratory (England)
– Universität Karlsruhc (BRD)

Das Kernforschungszentrum Karlsruhe hat dabei die Gesamtleitung des Projektes übernommen. Die CAD*I-Projektarbeit erfolgt in acht Arbeitsgruppen mit folgenden Forschungs- und Entwicklungs- Schwerpunkten:

- CAD data exchange interfaces:
  - wireframes (Arbeitsgruppe WG1)
  - solids (Arbeitsgruppe WG2)
  - surfaces (Arbeitsgruppe WG3)
- CAD data base interface and networks (Arbeitsgruppe WG4)
- advanced Modelling (Arbeitsgruppe WG5)
- interface to Finite Element analysis
  (Arbeitsgruppe WG6-WG8)

Wesentliche Projektziele sind die Entwicklung eines CAD*I- Austauschformates, die Prozessorentwicklung und die Einwirkung auf die internationalen Standardisierungsbemühungen in Richtung STEP. Ein erstes, arbeitsfähiges Konzept der Arbeitsgruppe WG2 zum Autausch von Volumenmodellen (CSG und B_Rep) liegt seit 1986 vor /23/.

2.2.4 STEP Standard for the Exchange of Product Model Data

Die zuvor genannten Standardisierungsbemühungen, insbesondere PDES und CAD*I, sehen einen Schwerpunkt ihrer Arbeit in der Entwicklung eines internationalen ISO-Standards "STEP", der voraussichtlich 1990 industriell einsetzbar sein soll /15/. Der geplante Standard soll sowohl alle Bereiche eines Produktmodells /12/ als auch die zeitliche Komponente (Entwicklungsvorgang) der Modellierung umfassen. Der (geplante) zeitliche Ablauf dieser Standardisierungs-Aktivitäten ist in nachfolgender Tabelle zusammengefaßt.

Name ..	Country	Organisation	1984	85	86	87	88	89	90
IGES 4.0	USA	NBS			|--------------|				
PDES	USA	NBS	|-------------------------------------|------------------>						
CAD*I	EG	ESPRIT		|------|--------|------------------|				
STEP	Int.	ISO	|-------------------------------------|------------------>						

3. Beschreibung der CAD*I-Volumen-Schnittstellen

Die Beschreibung der CAD*I - Schnittstelle erfolgt entsprechend eines Drei - Ebenen - Konzeptes /2/ in:

a) Applikations-Ebene,
b) logische Ebene,
c) physikalische Ebene.

Auf der Applikationsebene wird definiert, welche CAD-spezifischen Informationen übertragen werden sollen. Aus der Menge möglicher Datenstrukturen der zu betrachtenden Volumenmodellierer wird auf der logischen Ebene ein sogenanntes Referenzmodell (Referenz Schema) abgeleitet, welches mit Hilfe einer formalen Sprache HDSL (High level Data Specification Language) beschrieben wird. Auf der physikalischen Ebene wird ein Dateiformat definiert, dessen Syntax und Semantik mit Hilfe der

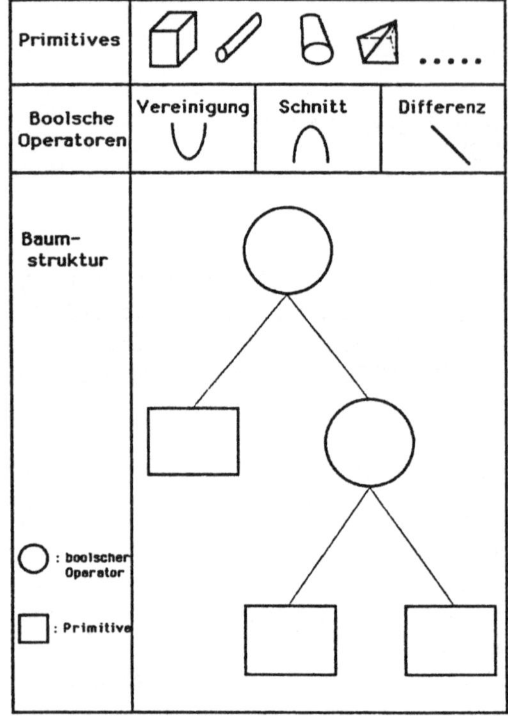

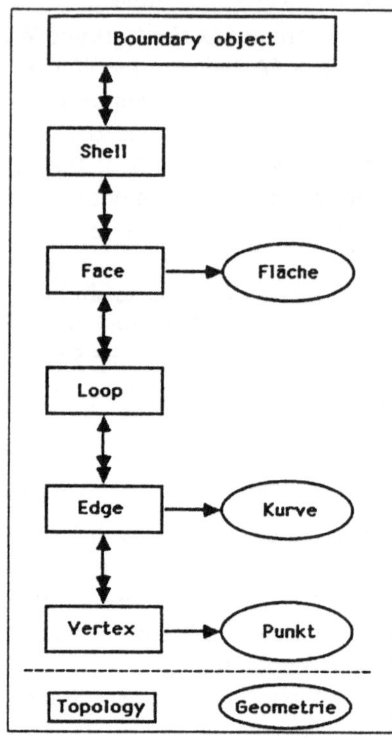

Abb. 2. Das CSG-Modell   Abb.3: Das B_Rep-Modell

BNF-Notation formal beschrieben wird und das sich aus dem formal spezifizierten Referenzmodell der logischen Ebene ableitet.

3.1 Die Applikationsebene

Die Applikationsebene spezifiziert die für die jeweiligen Anwendungen (z.B. mechanische oder Elektro- Konstruktion) relevanten Informationen in abstrakter, verbaler oder graphischer Form. Vorraussetzung zur Erstellung eines jeden Schemas ist die genaue Kenntnis der Applikation. Im CAD*I-Projekt wurde darüberhinaus versucht, auch zukünftige Erweiterungen (z.B. in Richtung Produktmodelle) zu berücksichtigen beziehungsweise Mechanismen für eine leichte Erweiterung der Spezifikation bereitzustellen.

3.1.1 Die abzubildenden Volumenmodellierer

Ausgangspunkt für die Definition der Spezifikation waren die in den verschiedenen CAD-Systemen gebräuchlichen Arten der Modelldarstellung. Derzeit sind insgesamt sechs verschiedene Volumenmodellarten bekannt /16,21/. Gängige CAD-Marktsysteme stützen sich im wesentlichen auf folgende interne Modelldarstellungen:

A. Constructive Solid Geometry (CSG)

Das CSG - Modellprinzip /8/ besteht aus einer graphenartigen Baumstruktur, deren Knoten die Mengenoperationen (Vereinigung, Differenz und Schnittmengenbildung) und deren Blätter die Basisvolumen, in erster Linie die sogenannten PRIMITIVES, darstellen (Abb.2).

B. Flächenberandungsmodell (B_Rep)

Ein B_Rep-Modell /6/ ist aufgebaut aus Topologie und Geometrie (vgl. Abb.3). Das Volumen wird (möglichst) exakt durch analytisch beschreibbare Geometrien (Flächen, Kanten und Punkte) begrenzt, die Topologie regelt den Zusammenbau der geometrischen Elemente. Die topologischen Elemente SHELL und LOOP sind eine geschlossene und orientierte Zusammenfassung ihrer Unterelemente FACE und EDGE und bezeichnen eine geschlossene Oberfläche des Körpers bzw. eine geschlossene Berandung einer Fläche. Besitzt ein B_Rep mehrere SHELL's bzw. ein FACE mehrere LOOP's, so beinhaltet das Objekt Hohlräume bzw. durch die Fläche gehende 'Bohrungen'.

C. Polyedermodell (Polyhedrons)

Das Polyeder-Modell ist ein Sonderfall des B_Rep's, der das Volumen approximativ durch Tangentialebenen beschreibt. In der Spezifikation wurde der Polyeder (obwohl darstellbar durch ein B_Rep) wegen seiner kompakten Darstellung aufgenommen.

D. Kombinationsmodell (Hybryd Modell) aus CSG und B_Rep

Dieses Modell /25/ beinhaltet intern ein Objekt gleichzeitig in zwei verschiedenen Darstellungen: als CSG- und als B_Rep-Modell. Da diese verschiedenen Datenstrukturen und Systemphilosophien innerhalb einer einzigen Spezifikation behandelt werden, ergibt sich für das CAD*I - Format eine universelle (und dadurch aber auch eine sehr komplexe) Datenstruktur.

3.1.2 Die unterstützten Flächen- und Kurven- Elemente

Die derzeitige Version der Spezifikation (Version 2.1) unterstützt die folgenden, analytisch beschreibbaren Flächen und Kurven:

A. Flächen

a) Ebene-Fläche: charakterisiert durch einen Punkt auf der Ebene und durch ihren Normalenvektor

b) Zylinder-Fläche: charakterisiert durch den Radius, den Richtungsvektor der Mittelachse und durch einen Punkt auf der Mittelachse

B. Kurven

a) Gerade: charakterisiert durch die Zwei - Punkte -Gleichung

b) Kreis: gegeben durch den Radius, den Mittelpunkt, einen Referenzpunkt und einem Vektor senkrecht zur Fläche, in der der Kreis definiert ist. Der Referenzpunkt dient zur Parametrisierung des Kreises (Verwendung des Kreises als Kreisbogen) und liegt in der Kreisebene, verschieden vom Mittelpunkt

Gerade und Kreis können auch als 2D-Elemente verwendet werden, wobei sich dann die Anzahl der Attribute entsprechend vermindert.

3.1.3 Strukturen und Referenzen

Die Struktur des CAD*I neutralen Datenformates ist in Abb.4 dargestellt. Nachfolgend die Erläuterungen:

A. Attribute
Unter einem Attribut versteht man:

a) einen einzelnen, festen Wert (vom vordefinierten Typ integer, real, string, logical oder userdefined_name) (z.B: X - Koordinate eines Punktes),

b) oder die Zusammenfassung von Attributen zu einer Struktur. Ein Attribut ist immer Bestandteil eines Entity's und kann (da es keinen Namen hat) nicht referiert werden (z.B: Point (D3))

B. Entity

Ein Entity ist die Zusammenfassung einzelner Attribute zu einer referenzierbaren Struktur, wobei die Referenz auf den Namen des Entity's erfolgt. Der Name des ENTITY's besteht aus einer Nummer vom Typ integer.

C. Property

Ein Property bezeichnet eine bestimmte Eigenschaft des Entity's, auf welches das PROPERTY referiert. Zur Zeit ist nur eine Materialkomponente definiert.

D. References

werden benötigt, um Relationen zwischen Entities darzustellen.

a) INTERNAL REFERENCE: Eine interne Referenz ist eine Referenz zu einem Entity innerhalb des neutralen Files. Parameter ist der NAME. Dabei wird unterschieden zwischen:

1. REF_ONLY : eins zu eins - Relation
2. REFERENCE : eins zu n - Relation

b) EXTERNAL REFERENCE : Referenz zu einem Entity, das im empfangenden System bereits existiert. Parameter sind USER_DEFINED_NAME und TYPE - Descriptor.

c) LIBRARY REFERENCE : Referenz zu einem Entity, das im empfangenden System in einer Teilebibliothek existiert. Parameter sind PART_LIBRARY (der Name der Teilebibliothek), USER_DEFINED_NAME und TYPE-Descriptor.

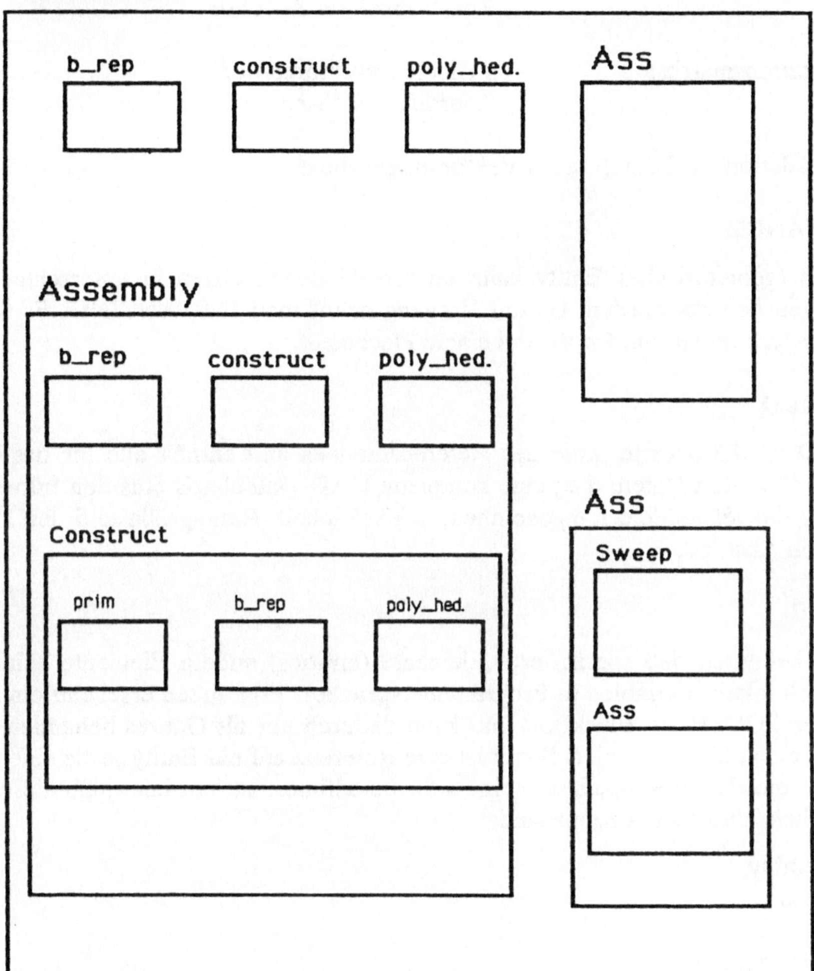

Abb. 4. CAD*I-Referenz-Schema

E. USER_DEFINED_NAME

Möglichkeit, Entities über beliebig zu vergebenden, alphanumerischen Namen zu referenzieren.

F. PLACEMENT

Entity oder Attribut zur Positionierung eines geometrischen Entity's. Die Reihenfolge lautet: Rotation, dann Translation. Typen der Rotation:

a) Achsenrotation: Achsenvektor, Winkel

b)   Globale Rotation: Rot.-Winkel um X-Achse
                                  Rot.-Winkel um Y-Achse
                                  Rot.-Winkel um Z-Achse

c)   Rotationsmatrix :   3 Richtungsvektoren der
                                  Koordinatenachsen

Die Translation wird durch einen Vektor ausgedrückt.

G. INSTANCE

Dasselbe (geometrische) Entity kann an verschiedenen Orten in unterschiedlichen Raumlagen benutzt werden. Diesen Vorgang nennt man INSTANCING. Es besteht aus einer Reference zum Entity und einem Placement.

H. WORLD

WORLD ist die oberste Stufe des Referenzmodells und enthält alle für das CAD-Modell relevanten Daten, d.h., eine komplette CAD-Datenbasis plus den Informationen über die verwendete Längeneinheit, Winkeleinheit, Raumgröße und den kleinstmöglichen Abstand.

I. SCOPE

SCOPE bedeutet, daß spezifizierte Elemente (entities) andere Elemente beinhalten (Vergleich lokale Variablen in Programmiersprache). Von außen erscheint ein Entity mit einem SCOPE als 'BlackBox' und kann dadurch nur als Ganzes behandelt (referenziert, manipuliert) werden. Somit ist eine Referenz auf ein Entity sowie eine Manipulation eines Entity's, welches in einem Scope definiert ist, nur innerhalb dieses Scopes möglich. Entity's mit Scope sind:

a)   Assembly
b)   B_Rep
c)   Construct
d)   Hybrid Model
e)   Linear -, Rotational Sweep
f)   Polyeder Modell
g)   World

J. ASSEMBLY

Ein ASSEMBLY ist gleichbedeutend mit einer Baugruppe. Es beinhaltet entweder Unterbaugruppen (assemblies) oder Komponenten (components) oder Einzelteile (constructs).

K. CONSTRUCT

Das Construct ist der Repräsentant des CSG-Modells. Es existiert innerhalb von Assemblies, besitzt einen Scope, in dem seine Entities enthalten sind und ein Result, welches das Volumen durch das Auswerten der Bool'schen Funktion generiert. Der Scope eines Constructs kann neben dem Bool'schen Baum CSG-Primitives, Polyhedrons oder B_Reps enthalten. Desweiteren kann als Operand des Boolschen Baumes ein anderes Construct referiert werden.

L. PRIMITIVE

PRIMITIVE ist ein CSG- Grundkörper, der nur in einem CONSTRUCT existieren kann. Ein PRIMITIVE wird zuerst in seinen Abmessungen definiert und dann durch Rotation und Translation im Raum plaziert (PLACEMENT).
In der Spezifikation sind an PRIMTIVES definiert:

- Quader: X-Dimension, Y-Dimension, Z-Dimension, Placement
- Kugel: Radius, Placement
- Zylinder: Radius, Länge, Placement
- Kegelstumpf: Grosser Radius, Kleiner Radius, Länge, Placement
- Pyramidenstumpf: wird durch den einbeschriebenen Kegelstumpf und durch die Anzahl der Ecken definiert, Placement
- Prisma: Radius, Länge, Anzahl der Ecken, Placement
- Torus: Grosser Radius, Kleiner Radius, Placement
- Halbraum: XY-Ebene, Materialrichtung positive z - Achse, Placement

Desweiteren zählen die Sweeps in der CAD*Spezifikation zu den PRIMITIVES. Sweeps besitzen eine Sonderstellung. Sie sind definiert durch ihre Gestaltungsfunktion, d.h. aus einer berandeten Fläche als Basis und einer Volumenerzeugungsvorschrift (Rotation oder Translation der Basisfläche). Es ist erlaubt, daß die Basisfläche mehrere Berandungen (Löcher) besitzt.

3.1.4 Sonstige Eigenschaften der CAD*I-Spezifikation

A. STRICTLY SEQUENTIAL

Die neutrale File ist rein sequentiell, d.h. es treten nur Rückwärtsreferenzen auf. Dadurch ist es in einem Prozessordurchlauf auszuwerten und besitzt eine klare Struktur.

B. KOORDINATEN-SYSTEM

Es wird nur mit einem, globalen 'WORLD'-Koordinatensystem gearbeitet und alle Entity's und Attribute werden auf dieses Koordinatensystem zurückgerechnet.

C. PARAMETRISCHE MODELLE

Um parametrische Modelle zu unterstützen, hat man die Möglichkeit eingeführt, anstelle von Attributen auf Entity's zu referenzieren, d.h. man ersetzt eine Konstante durch eine Variable. Beispiel: Anstelle der X-Koordinate eines Punktes (Typ: real) steht eine Referenz auf ein Entity REAL, welches abhänging von Funktionen, Anwenderdirektiven oder anderen geometrischen Elementen beliebige Werte vom Typ real annehmen kann.

D. MACRO

Mit Hilfe eines MACRO's wird in einem CAD-System eine Geometrie zur Laufzeit des Systems durch den Anwender erzeugt. Die erhaltene Geometrie ist danach unabhängig von dem MACRO als fester Bestandteil des Modells vorhanden. In der CAD*I - Schnittstelle hat man die Möglichkeit, solche Makros auch allein zu übertragen, d.h. das empfangende System müßte sich das Modell selbst erzeugen.

3.2 Die Logische Ebene

Aufgabe der logischen Ebene ist es, die verbal oder graphisch beschriebenen Inhalte der Applikationsebene in einer einheitlichen und eindeutigen Weise darzustellen und gegebenenfalls um weitere Funktionen zu ergänzen. Zur Beschreibung der Datenstrukturen und den zwischen ihnen existierenden (oder möglichen) Referenzen wird in dem CAD*I - Projekt eine eigene, formale Sprache (HDSL) benutzt. Desweiteren werden auf der logischen Ebene Richtlinien für eine spätere Implementierung festgelegt.

3.2.1 Die Datendefinitionssprache HDSL

HDSL steht als Abkürzung für "High level Data Specification Language". Die HDSL erlaubt eine formelle Beschreibung von Datenstrukturen in einer den Programmiersprachen ADA oder PASCAL ähnlichen Sprache. Es ist damit möglich, komplexe Datenstrukturen wie z.B. Assembly oder B_Rep klar und vor allem eindeutig darzustellen.

Anhand der HDSL-Definition des Datentyp DIRECTION sollen einige Eigenschaften der HDSL kurz erläutert werden (vollständige Definition siehe /23/): —

```
ENTI <DIRECTION> = GENERIC (TYPE OF DIM)
                   STRUCTURE
                     x : ANY(REAL);
                     y : ANY(REAL);
                     z : CASE TYPE OF
                             D2 :: NIL;
                           D3 :: ANY(REAL);
                             END_CASE;
                   END;
```

A. ENTI <TYP-NAME> = ...;

bedeutet, daß ein Entity vom Typ TYP-NAME definiert wird.

B. STRUCTURE .... END;

bedeutet, daß die Definition der Struktur des Entity's über Struktur-Attribute erfolgt.

C. x : ANY(REAL);

bedeutet, daß das Attribut x, also die x - Koordinate des Richtungsvektors einen Wert vom Typ REAL hat, welcher entweder explict vorhanden ist oder durch Auswerten einer Referenz zu einem Entity (ENTI <REAL>) erhalten wird.

D. GENERIC (TYPE OF DIM)

bedeutet, daß das Entity eine generische Struktur besitzt, d.h. in Abhängigkeit des Parameters DIM (entspricht hier der Dimension) kann sich der strukturelle Aufbau des Entity's ändern.

E. z: CASETYPE OF .... END_CASE;

bedeutet, daß sich das Struktur-Attribut z, also die z-Koordinate des Richtungsvektors, in Abhängigkeit eines Parameters ändern kann. In diesem Beispiel heißt dies, daß ein 2-dimensionaler Richtungsvektor (Parameter DIM = D2) kein Attribut für die z - Koordinate besitzt, während ein 3 - dimensionaler Richtungsvektor (Parameter DIM = D3) durch die drei Attribute x, y und z definiert ist.

3.2.2 Die verschiedenen Ebenen der Implementierungen

Die Frage der auch in CAD*I unvermeidlichen Subsetbildung bei der Implementierung wurde dergestalt gelöst, daß man zwar Subsets zuläßt, diese aber als solche wiederum spezifiziert. Damit vermeidet man vor allem die bei anderen Schnittstellen vorhandenen, willkürlichen und nachträglichen Subsetbildungen und die damit erhaltenen Probleme. Die möglichen Subsets bei CAD*I sind wie folgt aufgeteilt:

A. Geometriebezogen

    1. zwei-dimensionale Drahtmodelle
    2. drei-dimensionale Drahtmodelle
    3. Flächenmodelle
    4. Volumenmodelle: CSG-, B_Rep- oder Polyederorientiert)
    5. Kombinationsmodelle
    6. Modelle, die alle geometrischen Daten handhaben

B. Strukturbezogen

    1. ohne Assembly-Struktur
    2. nichtrekursive Assembly-Struktur
    3. rekursive Assembly-Struktur

C. Parametrik-Modell bezogen

    1. keine Parametrik, keine Makros
    2. entweder Makros oder Parametrik
    3. Parametrik und Makros

D. Referenzen bezogen

    1. keine externen Referenzen, keine Library-Referenz
    2. keine externen Referenzen
    3. keine Library-Referenz
    4. volle Referenzierungsmöglichkeiten

3.3 Die physikalische Ebene

Die physikalische Ebene legt fest, wie und wo die in der logischen Ebene definierten Datentypen und Datenstrukturen gespeichert werden, was bedeutet, daß man Regeln sowohl für das Format der Dateien, die zum Datenaustausch benutzt werden, als auch das Format der Daten festlegen muß.

3.3.1 Das physikalische Fileformat

Das Format wurde im Hinblick auf den Datenaustausch zwischen verschiedenen Hardwaresystemen auf eine Übertragung per Magnetband wie folgt ausgelegt:

- 9 Spuren
- 1600 bpi
- Industrie Standard "no-label"
- Record-Format: 80 Byte fixed length
- Block-Format: 800 Byte fixed length

3.3.2 Das Metafile-Konzept

Um in einem physikalischen File mehrere, verschiedene Formate (z.B. IGES, VDAFS, Texte, Graphiken,... als Ergänzung zu dem neutralen File) übertragen zu können, besitzt jedes CAD*I-File eine führende und eine abschließende Metafile - Karte. Jedes neutrale File wiederum wird von einem weiteren, speziellen Kartenpaar umschlossen. Damit ist es möglich,

- daß ein physikalisches File mehrere neutrale Files enthält,
- daß neben dem neutralen File auch Texte oder Graphiken übertragen werden,
- daß vom selben Produkt mehrere Präsentationen in Form von verschiedenen Datenaustauschformaten vorhanden sind, die dann von entsprechenden Prozessoren weiterverarbeitet werden können.

3.3.3 Alphabet

Da das neutrale File in einer für den Menschen lesbaren Form übertragen werden soll, wurde für das Alphabet der ISO-Standard Zeichensatz "ISO 6937/2 1983(E)" ausgewählt. In Byte ausgedrückt enthält er die Zeichen zwischen 32 und 126. Für die spätere Verwendung der BNF wurde dieser Zeichensatz nochmals in die Klassen Space, Digit, Lower, Upper und Special gegliedert.

- Space: entspricht dem Leerzeichen
- digit: 0-9
- lower: Kleinbuchstaben
- Upper: Grossbuchstaben
- Special: Sonderzeichen

3.3.4 Regeln zum Übertragen der HDSL-Definition in die NF-Sprache

Durch Zusammensetzung von Zeichen aus dem Alphabet erhält man Wörter (Tokens), die man mit Hilfe regulärer Ausdrücke in verschiedene Klassen einteilt. Den Wortschatz erhält man durch die Menge aller möglichen Elemente dieser Wortklassen. Im nächsten Schritt wird die Grammatik bzw. die Syntax der Sprache, d.h. Regeln zum Bilden von erlaubten Sätzen aus dem Wortschatz, mit Hilfe der BNF - (Backus Naur Form) Notation definiert. Durch diese Vorgehensweise /22,23/ ist es möglich, die 'neutrale File'-Sprache eindeutig festzulegen und durch ein Programm überprüfen zu lassen. Für das in Kapitel 3.2.1. gezeigte Beispiel des DIRECTION - Entity's und für das DIRECTION - Attribut ergeben sich folgende Darstellungen:

Entity::

BNF- >   < direction_entity> :: = DIRECTION (name: < any (real) >,
                                                          < any (real) >,
                                                          [< any (real) >]);

NF - Beispiel - > DIRECTION (:1.2, 1.1, 2.2, 3.3:);

Attribut::

BNF- >   < direction>   :: = DIRECTION(:   < any(real) >,
                                                          < any(real) >,
                                                          [< any(real) >]);

NF-Beispiel- > DIRECTION (:1.1, 2.2, 3.3:);

Beide Beispiele für die Darstellung von Richtungsvektoren auf einem neutralen File zeigen einen Vektor, einmal als Entity mit dem internen Namen 12 (#12) und einmal als Attribut, mit den Komponenten $x=1.1$, $y=2.2$ und $z=3.3$. Abb. 5 zeigt ein neutrales File, das von dem PROREN-Preprozessor (PROREN ist ein CAD-System der Fa. ISYKON, Bochum) erzeugt wurde und einen einfachen Quader beinhaltet. Richtungsvektoren sind als Attribute des geometrischen Elements 'ebene Fläche ` (PLANE) zu erkennen. Deutlich wird auch der sequentielle Aspekt (nur Rückwärtsreferenzen) des neutralen Files; z.B. erfolgt zuerst die Definition der Punkte (POINT_CONSTANT) mit den internen Namen 2 und 3 (#2,#3) bevor sie von dem Geradenelement (LINE) mit dem internen Namen 10 (#10) referenziert werden.

Abbildung 5 zeigt ein neutrales File:

```
CAD*I_FORMAT_BEGIN_19851011 Metafile
CAD*I_FORMAT_BEGIN_19860611 PFT-Preprocessor
HEADER ('Mittelstaedt M./Weick W.',
    'Kernforschungszentrum Karlsruhe',
    'MICRO-VAXII',
    'VMS_4.4',
    'Proren-Preprocessor 1.0',
    '1987-MAY-14 16:26:29',
    'Testversion',
    '3C',
    '0',
    '0',
```

Abb. 5. (Fortsetzung)

```
   '0',10,5,3);
WORLD(OPEN);
WORLD_HEADER(+1.00000E+00,+1.00000E-25,
      +1.00000E+34,+1.00000E-34);
SCOPE;
B_REP(#1:OPEN);
SCOPE; (10)
POINT_CONSTANT(#2:+0.00000E+00,+0.00000E+00,+0.00000E+00;
      #3:+0.00000E+00,+0.00000E+00,+5.00000E+01;
      #4:+0.00000E+00,+1.00000E+02,+5.00000E+01;
      #5:+0.00000E+00,+1.00000E+02,+0.00000E+00;
      #6:+2.00000E+02,+0.00000E+00,+0.00000E+00;
      #7:+2.00000E+02,+0.00000E+00,+5.00000E+01;
      #8:+2.00000E+02,+1.00000E+02,+5.00000E+01;
      #9:+2.00000E+02,+1.00000E+02,+0.00000E+00);
LINE(#10:#2,#3;
   #11:#3,#4;
   #12:#4,#5;
   #13:#2,#5;
   #14:#6,#7;
   #15:#7,#8;
   #16:#8,#9;
   #17:#6,#9;
   #18:#3,#7;
   #19:#4,#8;
   #20:#5,#9;
   #21:#2,#6);
PLANE(#22:POINT_CONSTANT(:+0.00000E+00,
               +0.00000E+00,
               +0.00000E+00:),
      DIRECTION(:-1.00000E+00,
            +0.00000E+00,
            +0.00000E+00:);
   #23:POINT_CONSTANT(:+2.00000E+02,
               +0.00000E+00,
               +0.00000E+00:),
      DIRECTION(:+1.00000E+00,
            +0.00000E+00,
            +0.00000E+00:);
   #24:POINT_CONSTANT(:+0.00000E+00,
               +0.00000E+00,
               +5.00000E+01:),
      DIRECTION(:+0.00000E+00,
            +0.00000E+00,
```

Abb. 5. (Fortsetzung)

```
                   +1.00000E+00:);
      #25:POINT_CONSTANT(:+0.00000E+00,
                 +0.00000E+00,
                 +0.00000E+00:),
         DIRECTION(:+0.00000E+00,
                 +0.00000E+00,
                 -1.00000E+00:);
      #26:POINT_CONSTANT(:+0.00000E+00,
                 +1.00000E+02,
                 +0.00000E+00:),
         DIRECTION(:+0.00000E+00,
                 +1.00000E+00,
                 +0.00000E+00:);
      #27:POINT_CONSTANT(:+0.00000E+00,
                 +0.00000E+00,
                 +5.00000E+01:),
         DIRECTION(:+0.00000E+00,
                 -1.00000E+00,
                 +0.00000E+00:));
VERTEX(#28:#2;
    #29:#3;
    #30:#4;
    #31:#5;
    #32:#6;
    #33:#7;
    #34:#8;
    #35:#9);
EDGE(#36:#10,#28,#29;
    #37:#11,#29,#30;
    #38:#12,#30,#31;
    #39:#13,#28,#31;
    #40:#14,#32,#33;
    #41:#15,#33,#34;
    #42:#16,#34,#35;
    #43:#17,#32,#35;
    #44:#18,#29,#33;
    #45:#19,#30,#34;
    #46:#20,#31,#35;
    #47:#21,#28,#32);
LOOP(#48:(//(:#36,.T.:),
      (:#37,.T.:),
      (:#38,.T.:),
      (:#39,.F.:)/);
    #49:(//(:#40,.F.:),
```

Abb. 5. (Fortsetzung)

```
      (:#41,.F.:),
      (:#42,.F.:),
      (:#43,.T.:)/);
    #50:(/(:#44,.T.:),
      (:#41,.T.:),
      (:#45,.F.:),
      (:#37,.F.:)/);
    #51:(/(:#39,.T.:),
      (:#46,.T.:),
      (:#43,.F.:),
      (:#47,.F.:)/);
    #52:(/(:#38,.F.:),
      (:#46,.F.:),
      (:#42,.T.:),
      (:#45,.T.:)/);
    #53:(/(:#47,.T.:),
      (:#40,.T.:),
      (:#44,.F.:),
      (:#36,.F.:)/));
FACE(#54:#22,(/#48/),.T.;
  #55:#23,(/#49/),.T.;
  #56:#24,(/#50/),.T.;
  #57:#25,(/#51/),.T.;
  #58:#26,(/#52/),.T.;
  #59:#27,(/#53/),.T.);
SHELL(#60:(/(:#54:),
      (:#55:),
      (:#56:),
      (:#57:),
      (:#58:),
      (:#59:)/));

END_SCOPE;
B_REP(#1:CLOSE);
END_SCOPE;

WORLD(CLOSE);
CAD*I_FORMAT__END_19860611 PFT-Preprocessor
CAD*I_FORMAT__END_19851011 Metafile
```

Abb. 5. Beispiel eines neutralen Files

4. CAD*I Prozessorenentwicklung

Um die Arbeitsfähigkeit, die Qualität oder eventuelle Fehler der Spezifikation zu testen, wurde die Umsetzung der Spezifikation in entsprechende Software zum Bestandteil des Projektes erklärt. In einer kleineren Arbeitsgruppe wurden dazu feste Regeln in Bezug auf :

– Programmiersprache (Fortran)
– Softwaredesign
– weitestmögliche gemeinsame Nutzung von Moduln
– Testverfahren

aufgestellt. Im wesentlichen werden folgende Programme entwickelt:

A. PREPROZESSOREN

Der Preprozessor hat die Aufgabe, die Daten aus der dem CAD-System eigenen Datenbank zu lesen, in das CAD*I - Datenformat zu konvertieren und schlußendlich die Daten auf ein neutrales File zu schreiben.

B. COMPILER-GENERATOR

Der Compiler - Generator /5/ ist ein Automat, der, ausgehend von einer vorgebenen Sprachdefinition, beliebige Daten auf ihre syntaktische und semantische Korrektheit gemäß den Regeln der Sprache überprüft. Im CAD*I - Projekt wurde dieses Programm entwickelt, um die Korrektheit von neutralen Files zu prüfen und damit die Erstellung von Pre- und Postprozessoren zu vereinfachen.

C. POSTPROZESSOREN

Der Postprozessor hat die Aufgabe, die Daten eines neutralen File zu lesen, in das RIM des jeweiligen CAD-Systems zu konvertieren und schließlich in die Datenbank zu transferieren.

Die nachfolgende Graphik (Abb.6) verdeutlicht den derzeitigen Stand der Prozessoren in Bezug auf die Austauschmöglichkeiten via des neutralen Files sowie die derzeitigen Entwicklungsarbeiten. Besonders zu erwähnen ist, daß innerhalb CAD*I weltweit der erste Datenaustausch zwischen B_Rep-Systemen (PROREN und TECHNOVISION) stattgefunden hat.

5. Ausblicke und zukünftige Aktivitäten

Die bisherigen Beschreibungen der CAD*I - Schnittstelle zur Übertragung von Volumenmodellen entspricht dem Entwicklungsstand der Mitte 1986 (Version 2.1) erreicht wurde. Seitdem sind u.a. folgende Änderungsvorschläge und Erweiterungen in den z.Zt. vorliegenden Spezifikationsvorschlag zur Version 3.1 eingearbeitet worden:

– Einführung von Draht- und Flächenmodellen
– Überarbeitung der Sweep's
– Vervollständigung der B_Rep-Geometrieelemente um weitere analytische Kurven und Flächen /11/:

a) Ellipse
b) Hyperbel
c) Parabel
d) Polygon

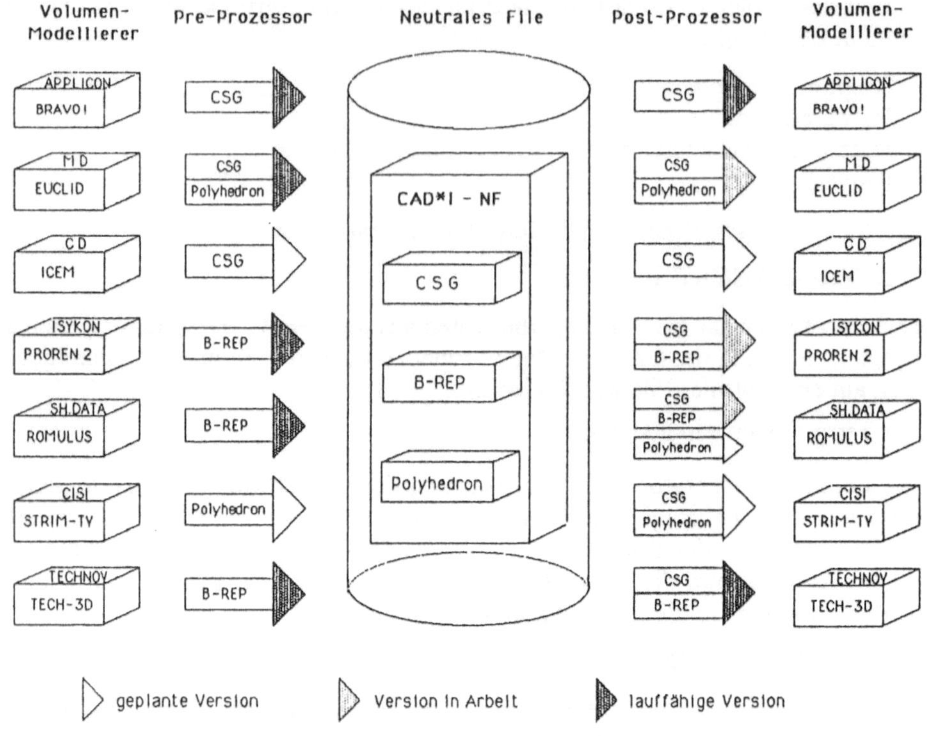

Abb. 6. Stand der Prozessorimplementierungen

e) Strecke
f) Kegel - Fläche
g) Konus - Fläche
h) Kugel - Fläche
i) Torus - Fläche

— Überarbeitung der B_Rep-Topologie bezüglich Einführung eines weiteren, topologischen Elementes: VERTEX-LOOP.
— Entities zur Übertragung von Freiformkurven und -flächen auf der Basis rationaler und gebrochen rationaler Bezier und B - Spline Darstellungen:
    a) B_Spline-Kurve
    b) B_Spline-Surface
— Überarbeitung des Mechanismus zur Plazierung von Grundkörpern und Objekten.
— Überarbeitung der HDSL hinsichtlich der semantischen Analyse.

Die nächste CAD*I-Version 3.1. soll ab Juni 1987 offiziell verfügbar sein. Daran wird sich eine Phase der Umstellung und Erweiterung der Prozessoren auf die neue Spezifikation anschließen. Dazu gehört auch eine Erweiterung der bisherigen Testmethoden und der zugehörigen Testwerkzeuge. Durch Vertretungen von CAD*I-Mitgliedern in den internationalen und auch nationalen Normungsgremien wird auch weiterhin versucht werden, die Ziele und Ideen von CAD*I zu verbreiten und umzusetzen und die durch diese Prozesse erhaltenen Impulse in die Spezifikation rückfließen zu lassen.

6. Abkürzungen

- CAD: Computer Aided Design
- CAD*I: CAD Interfaces
- CAT: Computer Aided Testing .
- CIM: Computer Integrated Manufacturing
- ESP: Experimental Solid Proposal
- ESPRIT: European Strategic Project for Research and Development in Information Technology
- FEM: Finite Elemente Methode
- IGES: Initial Graphics Exchange Specification
- PDDI: Product Data Definition Interface
- PDES: Product Data Exchange Specification
- RIM: RechnerInternes Modell
- SET: Standard D'Echange et de Transfert
- STEP: Standard for the Exchange of Product model data
- XBF: Experimental Boundary File

7. Literaturverzeichnis

/1 / Anderl,R.; Troendle,K. (1983): Modellaustausch, Notwendigkeit für die Integration von CAD/CAM-Anwendungen. VDI-Z Bd.125 Nr.4

/2 / ANSI (1975): Study Committee on Data Base Management Systems, Interim Report, ANSI/ X3/ SPARC, ACM SIGMOD Newsletter

/3 / ANSI (1981): Digital Representation for Communication of Product Definition Data. ANSI Y14.26M

/4 / Bey, I.; Leuridan, J. (1986): Project 322: CAD-Interfaces ESPRIT' 85, Status Report on Continuing Work. North Holland Amsterdam

/5 / Brändli, N. (1986): The application of compiler -generators for the generation of post-/ preprocessors in the ESPRIT- project CAD*I. VDI Berichte Nr. 610.5 Eurographics'85

/7 / CAM-I (1982): Geometric Modeling Project Boundary File Design XBF-2

/8 / Encarnacao, J.;Schlechtendahl,E.G. (1983): Computer Aided Design. Springer Verlag Berlin Heidelberg New York Tokyo

/9 / Encarnacao, J.; Schuster, R.; Vöge, E. (1986): Product Data Interfaces in CAD/CAM-Applications. Springer-Verlag Berlin Heidelberg New York Tokyo

/10/ ESPRIT (1986): CAD*I Status Report 2, ESPRIT Project 322: CAD Interfaces. KfK/PFT Report, Karlsruhe

/11/ Goult, R. J.; Chinnery, M.J. (1987): Revised CAD*I neutral format proposal for curves and surfaces, (DRAFT 4.0)

/12/ Grabowski, H.; Glatz, R. (1986): Schnittstellen zum Austausch produktdefinierender Daten. VDI-Z Bd.128 Nr.10, 05/1986

/13/ IGES (1984): E.S.P. Experimental Solids Proposal

/14/ IGES (1987): Welcome to Initial Graphics Exchange Specification. Newcomer Material, NBS January 1987

/15/ ISO (1987): EXTERNAL REPRESENTATION OF PRODUCT DEFINITION DATA STEP PROJECT PLAN. DOCUMENT 0.0, Working Paper ISO TC184/SC4/WG1, Update 01/87

/16/ Johnson, R.H. (1986): SOLID MODELING: A STATE OF THE ART REPORT. Featuring Evaluations of 29 Commercial Systems, 2nd Edition, NORTH-HOLLAND Amsterdam

/17/ NBS (1986): Initial Graphics Exchange Specification (IGES). Version 3.0, National Bureau of Standards

/18/ NBS (1986): IGES Mail Ballot RFC's and CO's for Version 4.0 Document

/19/ PDES (1985): The PDES Logical Layer Methodology Paper. PDES internal publication 1985

/20/ Requicha,A.A.G. (1980): Representations for Rigid Solids; Theorie, Methods and Systems. ACM Computing Surveys, Vol.12,No.4,pp. 437 - 464.

/21/ Requicha, A.A.G.; Voelcker, H.B. (1983): Solid Modelling: Current Status and Research Directions. IEEE Computer Graphics Appl.

/22/ Salomaa Arto K. (1978): Formale Sprachen, Springer-Verlag

/23/ Schlechtendahl,E.G. (1986): Specification of a CAD*I Neutral File for Solids. Version 2.1, ESPRIT Project 322, Springer-Verlag Berlin Heidelberg New York Tokyo

/24/ Schuster, R. (1986): Progress in the Development of CAD/CAM Interfaces for Transfer of Product Definition Data. In: Encarnacao J et. al. (ed) Product Data Interfaces in CAD/CAM Applications, Springer-Verlag Berlin Heidelberg New York Tokyo, p 238

/25/ Vergeest,J.S.M.; Broek,J.J. (1986): COMMUNICATION BETWEEN DISSIMILAR CAD/CAM YSTEMS MAY REQUIRE MODEL REPRESENTATION CONVERSIONS. CAPE'86, Copenhagen

/26/ Wilson, P.R.,et. al. (1985): Interfaces for Data Transfer Between Solid Modeling Systems. IEEE Computer Graphics Appl., January 1985

/27/ Wilson,P.R. (1986): DATA TRANSFER AND SOLID MODELING. Int. workshop on standardization in Computer Graphics, Genua 12/1986

Datenaufbereitung aus CAD-Systemen zur Durchführung von Strukturoptimierungen

M. Weck
F. Förtsch
Th. Rochlitz

Laboratorium für Werkzeugmaschinen und
Betriebslehre der RWTH Aachen

1. Einleitung

Zur Verbesserung von Bauteileigenschaften werden in zunehmendem Maße Verfahren der Strukturoptimierung angewendet. Diese Verfahren arbeiten vielfach mit Analyseprogrammen nach der Methode Finiter-Elemente (FEM). Ein anzustrebendes Ziel ist es, im Optimierungsprozeß nicht nur die FE-Bauteilbeschreibung zu variieren, sondern direkt die originale Bauteilstruktur zu verändern. Möglichkeiten dafür bieten sich an, wenn das Bauteil in einem CAD-System (CAD: Computer Aided Design) beschrieben ist und Kopplungsprogramme zur anschließenden FE-Netzwerkgenerierung vorhanden sind.

Wie Abb. 1 darstellt, treten dabei vielfältige Schnittstellenproblematiken auf. Schnittstellen müssen definiert und geschaffen werden aus dem CAD-System heraus, weiterhin zur FE-Analyse und zur FE-Auswertung, um nur die wichtigsten zu nennen.

Dieser Beitrag beschreibt Programme zur FE-Datenaufbereitung aus CAD-Systemen sowie Verfahren zur Strukturoptimierung im Hinblick auf eine durchgängige Kette vom CAD-System über das FE-Berechnungsverfahren zur Strukturoptimierung.

2. Datenaufbereitung

Naheliegend ist eine direkte Übernahme der durch ein CAD-System erzeugten Geometrien durch FE-Systeme. Dieser Vorgang kann entweder durch ein Kopplungsmodul oder über eine gemeinsame Datenbank abgewickelt werden. Eine direkte Übernahme der Konstruktionsdaten zur Berechnung erweist sich als nicht möglich. Zur FE-Berechnung werden nämlich nicht alle ursprünglichen Geometrieabmessungen eines Bauteils benötigt /1, 2/. Die Bauteile werden nur in einer idealisierten Form verwendet. Flächen, z.B. Spanten oder Rippen, wie sie in vielen Maschinenteilen auftreten, werden lediglich durch eine Fläche beschrieben, die geometrisch keine Dicke besitzt. Diese wird über einen Skalarparmeter der Fläche zugeordnet. Die Umsetzung der realen Geometrie in die Berechnungsgeometrie wird als Idealisierung bezeichnet. Zur Bewältigung dieser Aufgabe werden Systeme gefordert, die aus den genannten

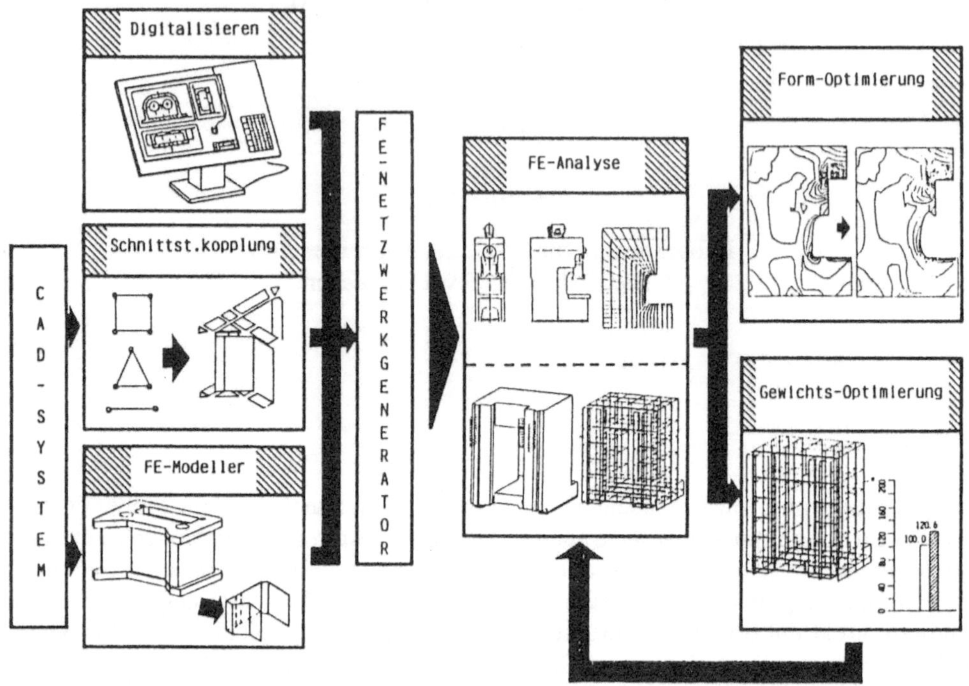

Abb. 1. Datenaufbereitung aus CAD-Systemen zur Durchführung der
Strukturoptimierung

Gründen ein aktives Mitwirken des Anwenders erfordern. Die Generierung eines berechnungsrelevanten FE-Modells aus einem CAD-System auf "Knopfdruck" ist nicht
möglich.

Die bisher übliche Methode zur Geometrieerfassung komplexer Bauteilstrukturen
ist das Digitalisieren einer technischen Zeichnung (siehe Abb. 1). Vor dem eigentlichen Digitalisierungsvorgang liegt die Hauptarbeit in der korrekten und einwand-
freien Aufbereitung der technischen Zeichnung durch den Berechnungsingenieur, die
dieser zunächst ohne Rechnerunterstützung durchführt. Er entscheidet, ob Fasen und
kleinere Bohrungen vernachlässigt werden können, wählt die beschreibenden Geometrieelemente (Schalen oder Volumenelemente), legt die wichtigen Bereiche fest, in
denen genaue Berechnungsergebnisse erwünscht sind, was eine feinere Netzaufteilung
erfordert. Anschließend erstellt er eine Digitalisierungsvorlage, nach der die Bauteilgeometrie abgegriffen und gespeichert wird /3/. Das Abdigitalisieren setzt als Arbeits-
unterlage eine technische Zeichnung voraus. Ist das Bauteil schon durch ein CAD-System beschrieben, stellt das erneute Identifizieren der Geometrie einen Rückschritt
dar, zumal auch mit Ungenauigkeiten beim Digitalisieren von Punktkoordinaten zu
rechnen ist.

Eine weitere Möglichkeit, FE-Geometrien zu erzeugen, ist die Nutzung der im CAD-System gespeicherten Geometrie samt CAD-Geometrie-Systembefehlen. Dabei muß die Bauteilgeometrie in einzelne Elemente zerlegt werden, um über definierte Schnittstellen an FE-Netzwerkgeneratoren weitergegeben zu werden (Schnittstellenkopplung). Es sind nur ganz bestimmte Geometrieelemente, wie Hexaeder, Pentaeder, Dreieck, Viereck und Balken, zugelassen /4/. Wie Abb. 2 darstellt, werden diese Geometrieelemente dazu verwendet, die Geometrie neu aufzubauen.

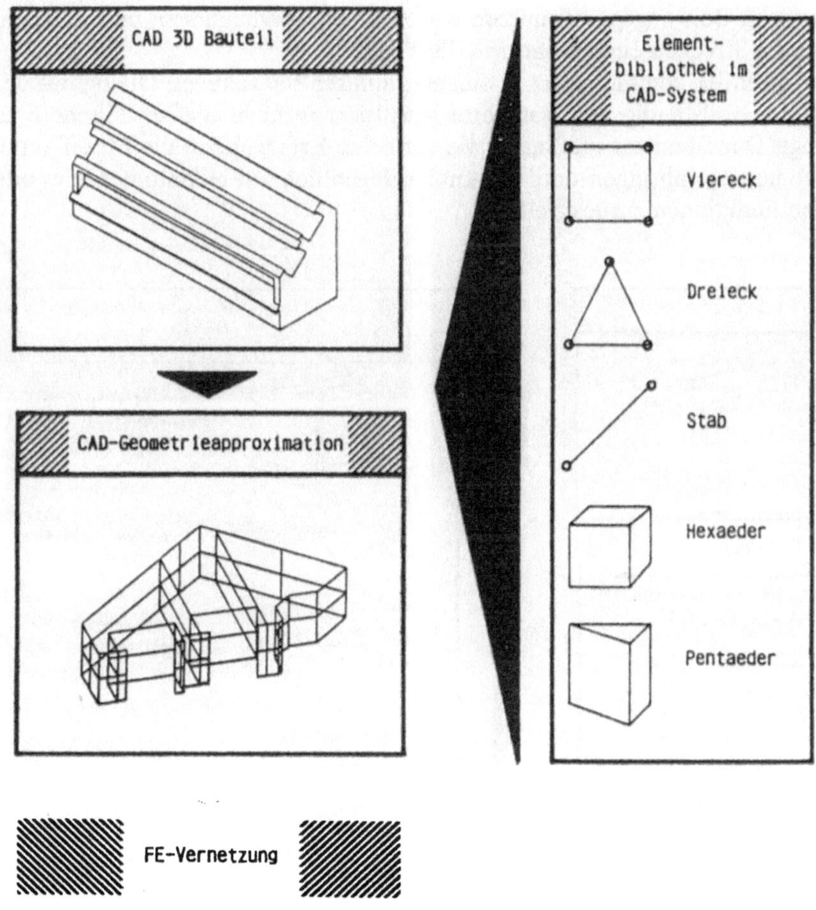

Abb. 2. Bauteilidealisierung im CAD-System am Beispiel eines Drehbankbettes (Schnittstellenkopplung)

Komplexere Geometrieelemente können nicht übergeben werden, so daß sich bei dieser Vorgehensweise die Geometriebeschreibung als "Flaschenhals" erweist. Als Fazit läßt sich über diese Möglichkeit der Kopplung sagen, daß eine erneute Konstruktion der berechnungsrelevanten Geometrie nötig ist, und das spezielle FE-Befehle zur Idealisierung einer Bauteilstruktur im CAD-System nicht vorhanden sind.

Die dritte Alternative ist die Verwendung eines graphisch-interaktiven Systems, das in der Lage ist, dreidimensionale Konstruktionsdaten aus CAD-Systemen zu übernehmen und für die FE-Vernetzung aufzubereiten. Zunächst ist die 3D-Geometriestruktur aus dem CAD-System in den FE-Modellierer einzulesen. Wichtig ist, daß die Ausgabeschnittstelle vom CAD-System in der Lage ist, dreidimensionale Geometriedaten auszugeben. Durch graphisch-interaktive Manipulation der Struktur wird eine idealisierte FE-Geometriebeschreibung erstellt. Anschließend ist diese Struktur an jeden FE-Netzwerkgenerator weiter zu übergeben. Einige Idealisierungsschritte des FE-Modellierers sind in Abb. 3 dargestellt, wie z.B. Verschieben von Flächen, Weglassen von Bohrungen, Ausnutzen von Symmetriebedingungen und Flächengenerierung durch Strecken einer Kontur in die Tiefe.

Der Anwender kommuniziert in einem graphisch-interaktiven Dialog mit dem System, da eine vollständig automatisierte Idealisierung nicht die gewünschten Ergebnisse bringt. Der Benutzer muß nach wie vor seine Erfahrung in die Modifikation der Bauteilgeometrie einbringen und kann nur gelegentlich auf teilautomatische oder automatische Funktionen zurückgreifen.

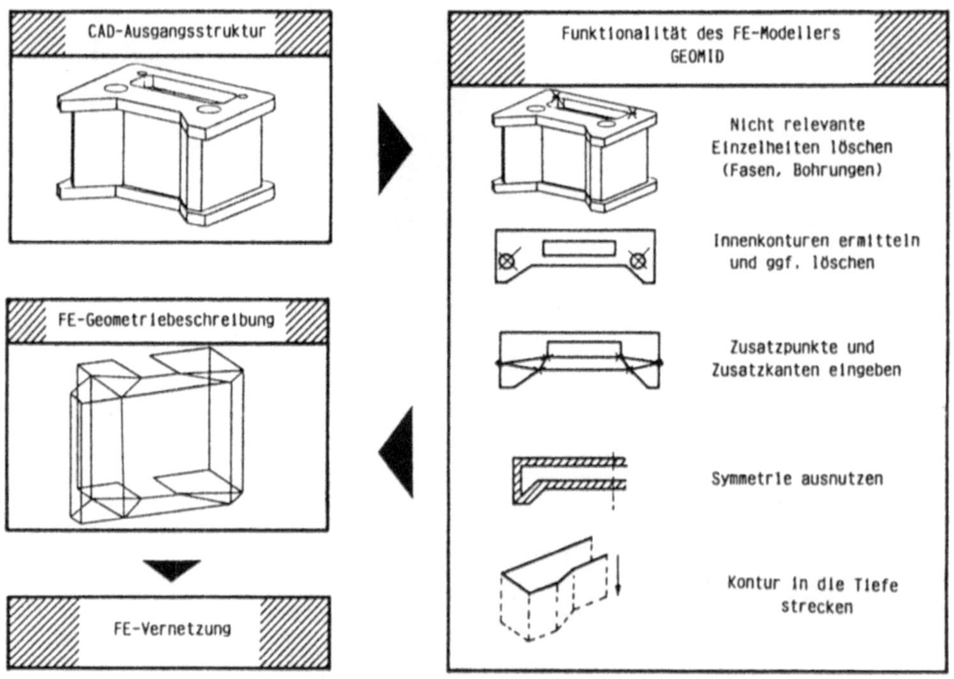

Abb. 3. Idealisierung eines Ständerbauteils in einem
FE-Modellierer

Zur Realisierung eines Systems mit den dargestellten Möglichkeiten wird am Werkzeugmaschinenlabor (WZL) der RWTH Aachen ein Programmsystem zur CAD-FE-Kopplung aufgebaut. Wie in Abb. 4 dargestellt, besteht es aus einem Kommandoprozessor, der sowohl Eingabe vom Tablett als auch von der Tastatur zuläßt.

Ein Graphikmodul dient zur Darstellung der Struktur in beliebigen Ansichten und Ausschnitten. Alle geometrischen und topologischen Daten sowie Material- und Randbedingungsdaten sind in einer Datenbank abgespeichert. Ein Funktionsmodul hält die Befehle zur Idealisierung einer CAD-Struktur bereit. Durch definierte Schnittstellen zum Kommandoprozessor und zum Datenbankmodul ist das System modular aufgebaut. CAD- und FE-Schnittstellenprogramme übernehmen das Einlesen der CAD-Geometrie und die Ausgabe von FE-Geometrie. Im vorliegenden Fall wurde eine ASCII-Schnittstelle gewählt, die in der Lage ist, 3D-Informationen in lesbarer Form auszugeben. Der Arbeitsplatz des Berechnungsingenieurs besteht aus einem graphischen Terminal, einem alphanumerischen Terminal mit Tastatur und einem Tablett mit Menüfeld. Das System unterstützt die graphisch-interaktive Arbeit in starkem Maße durch Sichtkontrolle der Idealisierungsschritte am Bildschirm und Eingabe von Befehlen über Menüfelder.

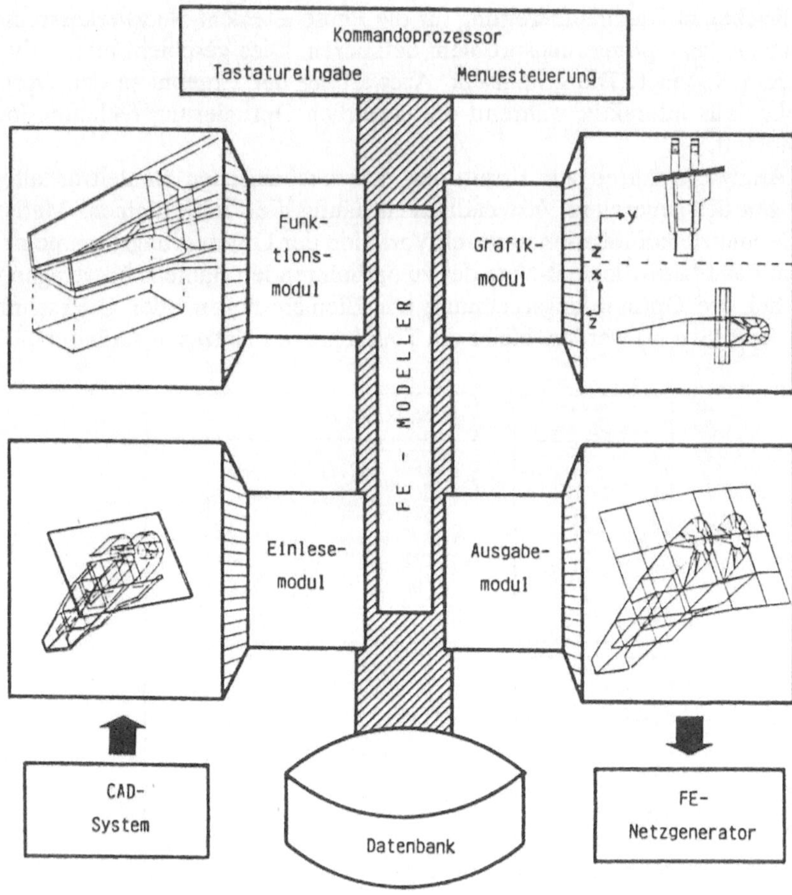

Abb. 4. Programmsystem GEOMID zur CAD-FE-Kopplung

3. Strukturoptimierung

Bereits in den 60er Jahren wurden Systeme zur Strukturoptimierung entwickelt. Dabei kristallisierten sich zwei Hauptentwicklungsrichtungen heraus. Der direkten Anwendung von Methoden der mathematischen linearen oder nichtlinearen Programmierung auf das Strukturoptimierungsproblem stand die Ableitung von Optimalitätskriterien gegenüber. Mit beiden Ansätzen konnten effektive Programmsysteme zur Strukturoptimierung entwickelt werden /z.B. 5, 6, 7/. Beide Vorgehensweisen sind im allgemeinen iterativer Natur, d.h. ausgehend von einer Bauteilgeometrie wird dies solange iterativ verändert, bis eine optimale Lösung erzielt ist. Innerhalb dieser Iterationsschleifen erfolgt die Berechnung von Zielfunktion (z.B. Steifigkeit, Bauteilvolumen u.ä.) und Restriktionen (z.B. geometrische Bedingungen) sowie eventuell über Ableitungen nach den Optimierungsparametern. In Abb. 5 ist die Struktur und der prinzipielle Ablauf eines Systems zur Strukturoptimierung dargestellt. Zusätzlich zu der zuvor beschriebenen Datenaufbereitung für die Finite-Element-Netzwerkerstellung muß der Benutzer das Optimierungsproblem definieren. Dies geschieht interaktiv im Dialog mit dem Rechner. Die graphische Auswertung der Ergebnisse der Optimierung erfolgt ebenfalls interaktiv, während die eigentlich Optimierungsrechnung im Batch-Betrieb abläuft.

Als Analyseverfahren zur Ermittlung des mechanischen Bauteilverhaltens wird dabei wegen der generellen Verwendbarkeit häufig die Finite-Element-Methode verwandt. Geometriemodifikationen durch Variation der Optimierungsparameter müssen deshalb in das Finite-Element-Netz des zu optimierenden Bauteils übertragen werden. Solange bei der Optimierungsrechnung nur Elementdicken oder Querschnittsparameter variiert (Sizing) werden, bleibt die Topologie des Netzes unverändert.

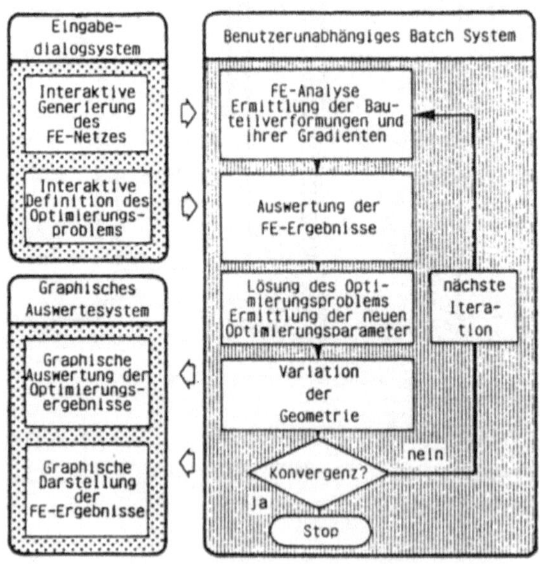

Abb. 5. Prinzipielle Darstellung eines Systems zur Strukturoptimierung /7/

So sind bei der Verwendung z.B. von ebenen Schalenelementen zur FE-Diskretisierung des Bauteils die Elementdicken den Elementen als Skalar zugeordnet, der sich ohne Netzmodifikation einfach ändern läßt. Bei der Shapeoptimierung, bei der, wie der Name sagt, die Form des Bauteils oder von Bauteilbereichen modifiziert wird, ist die Änderung des Finite-Element-Netzwerks notwendig. Solange diese Änderungen nicht zu groß sind, dies bedeutet auch mehr oder weniger lokaler Natur sind, gibt es eine einfache Möglichkeit der Modifizierung des Netzes. Über die Archivierung der Erstellungshistorie des Netzes ist es möglich, die Netzgeometrie über die Eingabe nur weniger Parameter zu verändern. Dieses Verfahren wird bei der Shapeoptimierung von Ausrundungen bezüglich der Spannungen erfolgreich angewandt /8/. Dabei konnten bei technisch relevanten Problemstellungen sehr gute Ergebnisse erzielt werden. So ist die Ausrundung einer C-Gestell-Presse, wie sie in Abb. 6 prinzipiell dargestellt ist, optimiert worden. Die Darstellung des Spannungsverlaufs über der Ausrundung im unteren Teil der Abbildung 6 zeigt, daß die Maximalspannung um über 30% reduziert werden konnte und ein nahezu linearer Spannungsverlauf erzielt wurde.

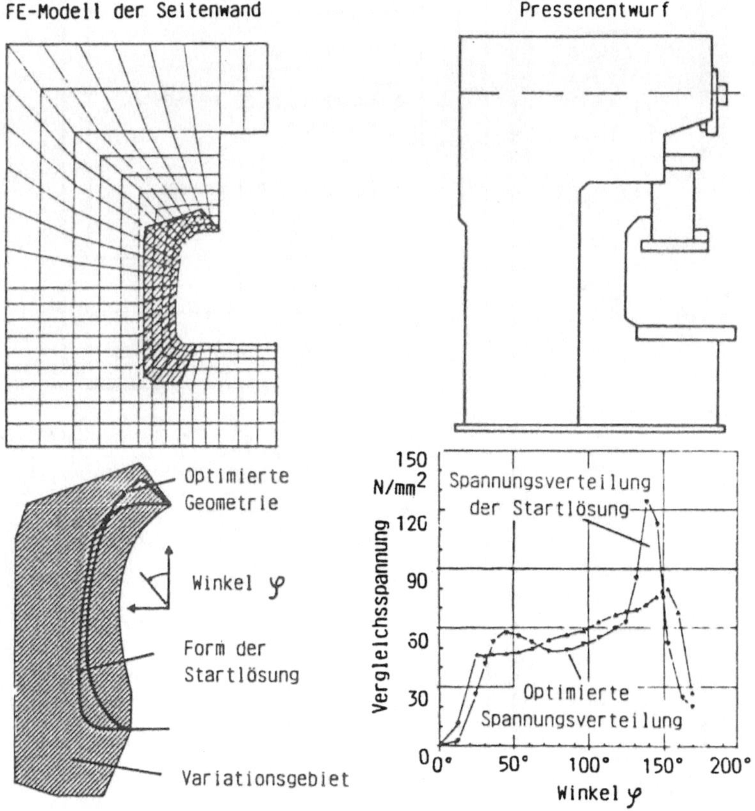

Abb. 6. Spannungsoptimierung an der Ausrundung einer
C-Gestell-Presse

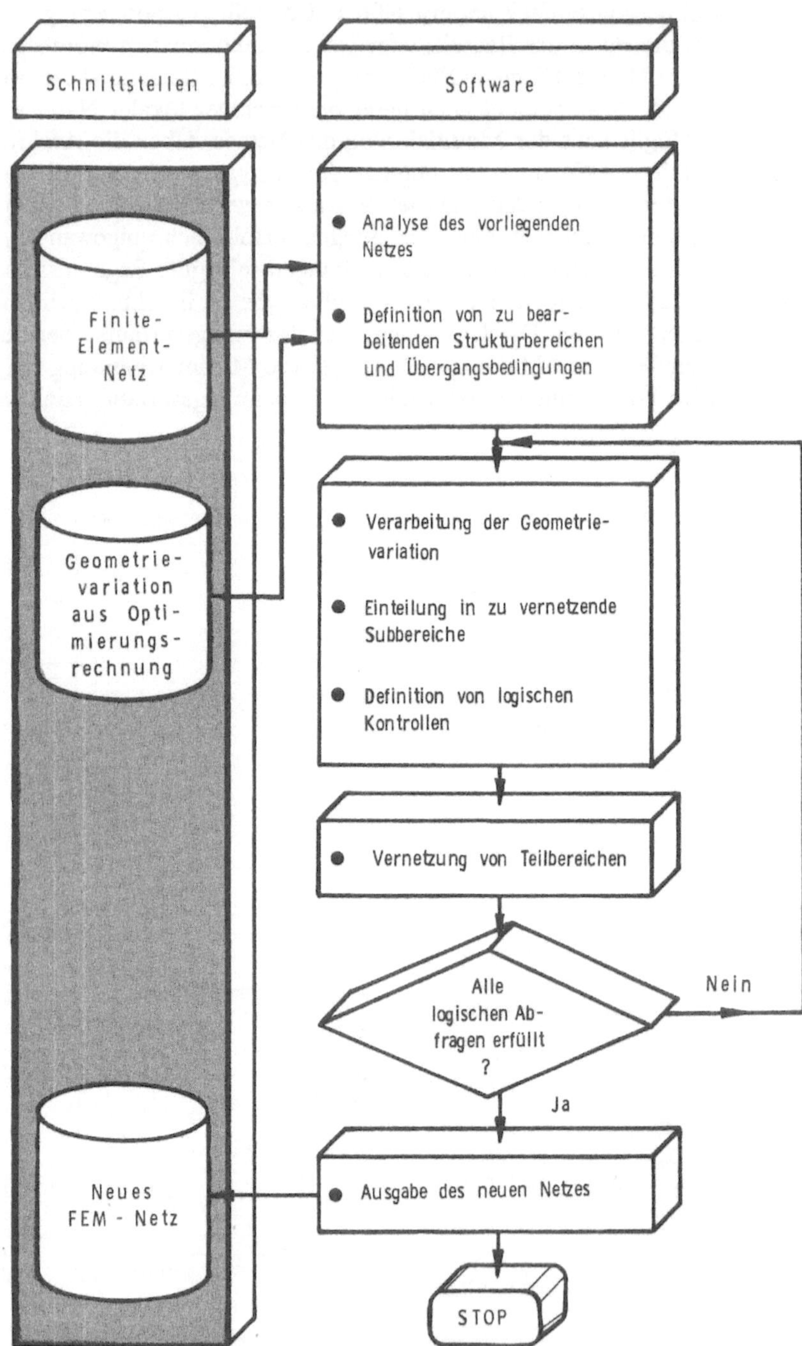

Abb. 7. Funktionsblöcke eines intelligenten Netzwerkgenerators

4. Ausblick

Der dargestellte Stand der Netzwerkaufbereitung mit der Übernahme von CAD-Daten in die Netzgenerierung und der Stand der auf der Ebene der Finite-Elemente-Netzwerke arbeitenden Systeme zur Strukturoptimierung zeigt grundsätzliche Probleme auf. Die Rückführung der optimierten Finite-Element-Geometrie in die CAD-Geometrie ist bislang ungelöst. Gerade das ist aber im Hinblick auf die Erstellung der Zeichnungen und der weiteren Fertigungsunterlagen gewünscht. Die Alternative, die Strukturoptimierung gleich auf der Ebenen der CAD-Geometrie durchzuführen, stößt auf die gleichen Schwierigkeiten, da die Umsetzung von CAD-Geometrie in FE-Geometrie nicht umgangen wird. Eine kurzfristige Lösung der dargestellten Problematik besteht in der Entwicklung "intelligenter" Netzwerkgeneratoren, die auch bei großen Geometriemodifikationen automatisch eine vernünftige Netzgenerierung gewährleisten. In Abb. 7 sind die prinzipiellen Funktionsblöcke eines solchen Netzgenerators dargestellt. Schnittstellen sind hier zum einen das Finite-Element-Netz der Ausgangsstruktur des Bauteils und zum anderen die vom Optimierungssystem definierten Geometriemodifikationen.

Aus der Analyse dieses Istzustandes und seiner Variation wird ein möglicherweise iterativer Prozeß abgeleitet, der in einem neuen Finite-Element-Netzwerk endet. Vorteil dieser Vorgehensweise ist auch, daß dieser Prozeß in den beschriebenen benutzerunabhängigen Optimierungsrechenablauf integrierbar ist.

Die Rückführung der optimalen Finite-Element-Geometrie in die optimale CAD-Geometrie kann sich dann an den erfolgten Optimierungsrechenlauf anschließen. Dazu ist eine Protokollierung der durchgeführten Idealisierung vonnöten, um unveränderte Teile der Struktur bei der Optimierung wieder aufzubauen. Die modifizierten Teile müssen jedoch graphisch-interaktiv vom Benutzer eingegeben werden.

5. Literatur:

/1/ Revelli, V.D.: Getting CAD and FE to cooperate. Computers in Mechanical Engineering, Sept. 1985

/2/ Bultin, G.: CAD/FEM Verbindung. Internationaler FEM-Kongreß Baden-Baden, 1983

/3/ Weck, M.; Heinrichs, H.: Programmsystem GEODIG/FINDIG Benutzerhandbuch. WZL, RWTH Aachen, 1979

/4/ Weck, M.; Rochlitz, Th.: Erfahrungen bei der Kopplung CAD/FEM. In: CAE-Journal 6/85, S. 52-55

/5/ Hoernlein, H.R.E.M.: Take-off in Optimum Structural Design. In: Computer Aided Optimal Design: Structural and Mechanical Systems. Ed. C.A. Mota Soares, Berlin, Springer-Verlag, 1987

/6/ Steinke, P.: Verfahren zur Spannungs- und Gewichtsoptimierung von Maschinenbauteilen. Fortschr.-Ber. VDI-Z, Reihe 1, Nr. 107, 1983

/7/ Weck, M.; Förtsch, F.: Gußteiloptimierung - Methoden zur Steifigkeits und Gewichtsoptimierung. VDI-Ber. Nr. 604, 1986

/8/ Weck, M.; Förtsch, F.: Spannungsoptimierung offener Ausrundungen in Maschinenbauteilen, Konstruktion 38. H. 6, S. 213-219, 1986

Autorenliste

Dr. R. Anderl
Universität Fridericiana
(TH) Karlsruhe
Inst. f. Rechneranwendung in Planung
und Konstruktion
Postfach 6980
7500 Karlsruhe 1

Dr. K. Beucke
HOCHTIEF AG
Bockenheimer Landstr. 24
6000 FRANKFURT/M. 1

P. Caprano
HOCHTIEF AG
Bockenheimer Landstr. 24
6000 FRANKFURT/M. 1

Prof.Dr. H. Emde
Technische Hochschule Darmstadt
Fachbereich Architektur
Petersenstraße 15
6100 Darmstadt

U. Elwert
CO-PLAN Elwert
Raunenegg-Str. 1/1
7980 Ravensburg

B. Firmenich
HOCHTIEF AG
Bockenheimer Landstr. 24
6000 FRANKFURT/M. 1

F. Förtsch
Rheinisch-Westfälische
Technische Hochschule Aachen
Laboratorium für Werkzeugmaschinen
und Betriebslehre
Steinbachstr. 53 B
5100 Aachen

Dr. J. Guthoff
Grubenäcker 48
7000 Stuttgart 31

Dr. W. Haas
RIB/RZB Datenverarbeitung im
Bauwesen GmbH
Albstadtweg 3
7000 Stuttgart 80

Dr. L. Haefner
Landesgewerbeanstalt Bayern BMC
CAD-Beratungsstelle
Postfach 30 22
8500 Nürnberg 1

F. Liu
Technische Hochschule Darmstadt
Fachbereich Maschinenbau
Petersenstr. 30
6100 Darmstadt

Dr. P. Lorenz
Fraunhofer-Gesellschaft
Arbeitsgruppe Datenverarbeitung
Wilhelminenstr. 7
6100 Darmstadt

Th. Rochlitz
Rheinisch-Westfälische
Technische Hochschule Aachen
Laboratorium für Werkzeugmaschinen
und Betriebslehre
Steinbachstr. 53 B
5100 Aachen

B. Schilli
Universität Fridericiana
(TH) Karlsruhe
Inst. f. Rechneranwendung in Planung
und Konstruktion
Postfach 69 80
7500 Karlsruhe 1

Prof.Dr. M. Weck
Rheinisch-Westfälische
Technische Hochschule Aachen
Laboratorium für Werkzeugmaschinen
und Betriebslehre
Steinbachstr. 53 B
5100 Aachen

W. Weick
Kernforschungszentrum Karlsruhe
Projektträger Fertigungstechnik (PFT)
Postfach 36 40
7514 Eggenstein-Leopoldshafen

P. Wilck
CAD Mikrofilm GmbH
Lietzenburgerstr. 44
1000 Berlin 30

M. Ziegler
Technische Universität Berlin
Institut für Schiffs- u. Meerestechnik
Sonderforschungsber. 203
Salzufer 17-19
1000 Berlin 12